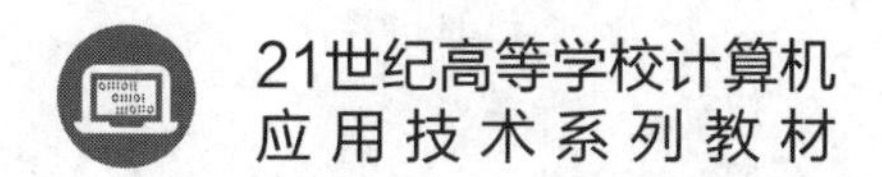

数据结构

——Java语言描述

牛小飞　李盛恩　汤晓兵　著

清华大学出版社
北京

内容简介

本书简要回顾了Java语言的类、接口、泛型、数组等基本概念。在此基础上，介绍了算法分析的基本方法和数据结构的基本概念，全面系统地讨论了线性表、栈、队列、二叉树等基本数据结构的实现技术以及如何使用这些基本数据结构实现优先级队列和图等数据结构，给出了解决查找和排序两个经典问题所使用的二叉搜索树、红黑树、B树、哈希表等数据结构的设计和实现。

本书使用Java语言，采用泛型编程实现数据结构，对代码进行了详细的讲解。本书配套资源中的project给出了各数据结构的完整代码。

本书可作为普通高等学校计算机科学与技术、软件工程、人工智能、数据科学与大数据技术等专业的"数据结构"课程的教材，也可作为工程技术人员的参考读物。

图书在版编目(CIP)数据

数据结构：Java语言描述/牛小飞，李盛恩，汤晓兵著. —北京：清华大学出版社，2023.9
21世纪高等学校计算机应用技术系列教材
ISBN 978-7-302-64155-1

Ⅰ.①数… Ⅱ.①牛… ②李… ③汤… Ⅲ.①数据结构－高等学校－教材 ②JAVA语言－程序设计－高等学校－教材 Ⅳ.①TP311.12 ②TP312.8

中国国家版本馆CIP数据核字(2023)第131909号

责任编辑：陈景辉 李 燕
封面设计：刘 建
责任校对：申晓焕
责任印制：沈 露
出版发行：清华大学出版社
　　网　址：http://www.tup.com.cn，http://www.wqbook.com
　　地　址：北京清华大学学研大厦A座　　**邮　编**：100084
　　社 总 机：010-83470000　　**邮　购**：010-62786544
　　投稿与读者服务：010-62776969，c-service@tup.tsinghua.edu.cn
　　质量反馈：010-62772015，zhiliang@tup.tsinghua.edu.cn
　　课件下载：http://www.tup.com.cn，010-83470236
印 装 者：北京同文印刷有限责任公司
经　销：全国新华书店
开　本：185mm×260mm　　**印　张**：17.75　　**字　数**：432千字
版　次：2023年9月第1版　　**印　次**：2023年9月第1次印刷
印　数：1～2000
定　价：59.90元

产品编号：100781-01

前言

数据结构是计算机学科本科教学计划的核心课程，对学生基本的计算机问题求解能力的培养具有重要意义。

作为一门必修课程，数据结构既是对以往课程的深入和拓展，也是为将来更加深入地学习其他专业课程打下基础。课程中所学习的线性表、栈、队列、二叉树等数据结构以及排序和查找算法是操作系统、编译原理、数据库、计算机网络等后续课程的基础。

数据结构适合在大学二年级开设，学生应该先修计算机导论、Java 程序设计和离散数学。

本书主要内容

参考教育部高等学校计算机科学与技术教学指导委员会编制的高等学校计算机科学与技术专业核心课程教学实施方案中的建议，全书分为三篇，共有 10 章。

基础篇包括第 1～3 章。第 1 章为 Java 语言回顾，内容包括类、接口、异常处理和常用的异常类、泛型、数组和引用类型的转型。第 2 章为算法与算法分析，内容包括算法、算法分析和程序性能测量。第 3 章为数据结构，内容包括数据结构的基本概念、数据结构的描述、抽象数据类型及实现。

数据结构篇包括第 4～6 章。第 4 章为线性表，内容包括线性表的基本概念、线性表的数组描述、线性表的链式描述、数组描述和链式描述的比较。第 5 章为栈与队列，内容包括栈、队列、双端队列。第 6 章为树与二叉树，内容包括树、二叉树、二叉树的性质、二叉树的实现、二叉树的常用操作、树的遍历和树的描述。

综合运用篇包括第 7～10 章。第 7 章为查找，内容包括基本概念、静态查找、动态查找、二叉搜索树、AVL 树、红黑树、B 树、哈希表。第 8 章为优先级队列，内容包括基本概念、堆、优先级队列的实现、最优二叉树、偶堆。第 9 章为排序，内容包括基本概念、直接插入排序、快速排序、堆排序、归并排序、基数排序、计数排序。第 10 章为图，内容包括图的基本概念、图的描述、图的实现、图的搜索与应用、最短路径、最小生成树、图的其他描述。

本书特色

(1) 注重理论，突出重点。

本书详细介绍了线性表和二叉树等内容，通过大量的图示、例题和代码讲解，突出了链式描述和递归的教学，同时在内容方面兼顾知识的系统性。

(2) 强调实现，联系实际。

本书强调数据结构的实现，借鉴了 Java 类库的代码风格，有助于读者养成良好的编程习惯。本书将线性表、栈、队列和二叉树的应用融合到查找、排序、图等具体问题中，为重要的知识点配备了丰富的习题和代码。

(3) 风格简洁,使用方便。

本书风格简洁,对一些概念进行了梳理,对于非重点的内容不做过多论述,以便读者在学习过程中明确内容之间的逻辑关系,更好地掌握数据结构的内容。

配套资源

为便于教与学,本书配有源代码、教学课件、教学大纲、教学进度表、习题题库和实验指导书。

(1) 获取源代码的方式:先刮开并用手机版微信 App 扫描本书封底的文泉云盘防盗码,授权后再扫描下方的二维码,即可获取。

源代码

(2) 其他配套资源可以扫描本书封底的"书圈"二维码,关注后回复本书书号,即可下载。

读者对象

本书主要面向广大从事信息技术的专业人员、从事高等教育的专任教师、高等学校的在读学生及相关领域的广大科研人员。

在本书的编写过程中,作者参考了诸多相关资料,在此对相关资料的作者表示衷心的感谢。

限于作者水平和时间仓促,书中难免存在疏漏之处,欢迎广大读者批评指正。

作　者

2023 年 4 月

基 础 篇

数据结构篇

基 础 篇

第1章 Java语言回顾

本章学习目标

- 掌握类和对象的概念
- 掌握接口的实现和常用接口的使用
- 理解常用的异常类
- 了解泛型

Java 语言的主要概念包括类、对象、接口、异常类、泛型和数组。类用于表示抽象概念，即群体，对象用于表示个体。接口是一个很重要的概念，它用于约定功能，即定义数据类型，而类用于实现接口，面向对象的编程就是面向接口的编程。面向过程的编程语言会通过函数返回值指明遇到了非正常情况，而面向对象的 Java 语言则通过抛出对象表示在代码的第几行遇到了哪种异常情况。泛型用于描述成员的数据类型可变的类和接口，Java 语言使用类型擦写实现泛型。

1.1 类

类用于声明数据类型，这样的数据类型叫作引用类型或用户自定义的类型。类是现实世界的概念在机器世界的映像。

1.1.1 类与对象

人类通过长期的观察思考，从这张桌子、那张桌子等个体发明了概念桌子。人类通过概念描述问题、思考问题、解决问题。概念是抽象的，代表群体，个体是概念的具体化。

类(Class)用于表达概念，对象用于表达个体。桌子就是类，具体的桌子就是对象(Object)，又叫作实例(Instance)。

1. 声明类

声明类的语法如下：

```
[public] class name {
        declare field
        declare method
        declare class
        declare interface
}
```

假设求解实际问题时，要在平面设置一个点，然后不断移动这个点到新位置。为此声明Point类和move方法(Method)，对应点这个概念以及移动这个动作。程序设计使用与求解问题相同的概念，有利于理解程序的功能，方便程序的维护。

例1.1 声明Point类。

示例代码如下：

```
1   public class Point {
2       private float x;
3       private float y;
4       public Point(float x, float y) {
5           this.x = x;
6           this.y = y;
7       }
8       public void move(float toX, float toY) {
9           x = toX;
10          y = toY;
11      }
12  }
```

代码第1～12行声明了Point类。其中，第2、3行声明了字段(Field)x、y，字段用于表示对象的状态，对象的状态就是字段值的组合。第4～7行声明了构造器(Constructor)，构造器与类同名，用于设置对象的初始状态。第8～11行声明了move方法，方法是对象可以执行的动作，用于改变对象的状态。

2. 创建对象

Java语言使用new表达式创建对象。常用的new表达式的形式如下：

new 构造器

例1.2 语句Point p=**new** Point(1.0F, 2.0F)的执行过程。

(1) 执行new表达式，包括以下3个操作。

① 构建对象：申请内存用于存储字段，各字段取默认值。Java语言规定，数值类型字段的默认值为0，布尔类型字段的默认值为false，引用类型字段的默认值为null。

② 执行构造器：为各字段赋初值，形成对象的初始状态。

③ 生成对象标识：就像人拥有身份证号一样，对象拥有标识(Identifier，ID)。ID可以是指针，也可以是句柄，具体形式与Java虚拟机的实现有关。

new表达式的结果是对象的ID。

(2) 将ID赋予变量p。由于依据p能找到对象，就说p引用了对象，因此变量p又叫作引用变量，p引用的对象简称对象p。

为了方便理解，使用图示的方式表示对象、引用变量以及二者之间的关系。执行语句后，引用变量p和对象如图1.1所示。因为根据引用变量能找到对应的对象，所以图1.1中使用了箭头表达此含义。

如果要移动对象p到位置(3.0F, 4.0F)，则使用方法调用表达式p.move(3.0F, 4.0F)，即让对象p执行move方法。对象执行方法后，其状态发生了变化，如图1.2所示。

让对象执行方法，又叫作向对象发送消息。面向对象程序设计的核心思想就是根据需要生成若干对象，然后向对象发送消息，改变对象的状态，从而模拟现实世界的运作。

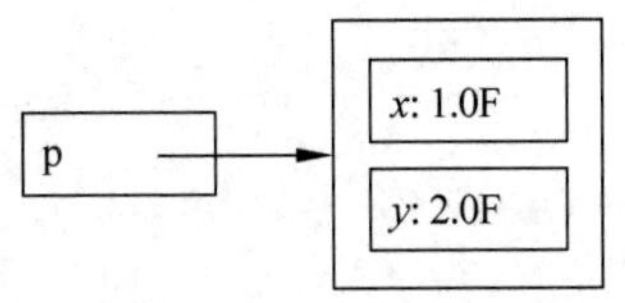

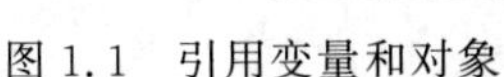
图 1.1 引用变量和对象

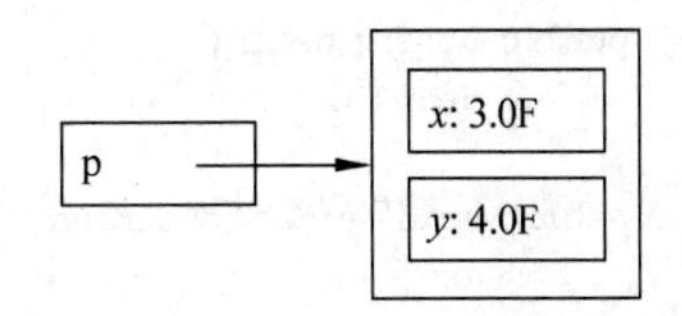

图 1.2 执行 p.move(3.0F,4.0F)后的对象状态

典型的例子就是 Windows 操作系统资源管理器的图形界面。每个文件化身为一个图标,代表一个对象,双击鼠标就产生了事件,根据鼠标所处的位置,将双击鼠标这个消息发送给图标代表的对象,对象执行诸如打开文件、关闭文件等操作。

1.1.2 类的扩展

类之间的扩展关系用于表达概念之间的 is-a 关系。例如,Student 类扩展于 Person 类表达了学生和人之间的 is-a 关系。

例 1.3 声明 Person 类和 Student 类,后者扩展于前者。

示例代码如下:

```
1  public class Person {
2      private static String token = "Person";
3      private String ID;                    // 身份证号
4      String name;
5      protected int age;
6      public Person(String id, String name) {
7          ID = id;
8          this.name = name;
9      }
10     public static String getToken() {
11         return token;
12     }
13     public String getID() {
14         return ID;
15     }
16     public String getName() {
17         return name;
18     }
19     public void setAge(int a) {
20         age = a;
21     }
22 }
23 public class Student extends Person {
24     private static String token = "Student";
25     private String ID;                    // 学号
26     private String major;
27     public Student(String id, String sno, String sname) {
28         super(id, sname);
29         ID = sno;
30     }
31     public static String getToken() {
32         return token;
33     }
```

```
34      public String getID() {
35          return ID;
36      }
37      public void setMajor(String m) {
38          major = m;
39      }
40      public String toString() {
41          return super.getToken() + " " + super.getID() + " " + getName() + " " + age + " "
            + getToken() + " " + ID + " " + major;
42      }
43  }
```

代码第 1～22 行声明了 Person 类，第 23～43 行使用 **extends** Person 声明了 Student 类。**extends** 的基本词义是扩展，Student **extends** Person 的含义就是 Student 类是在 Person 类的基础上增加了字段和方法而形成的类，从而表达 Student is a Person 的语义。Student 类称为 Person 类的子类，Person 类称为 Student 类的父类。

Java 语言规定：类只能扩展于一个类，不能扩展于多个类，即 extends 之后只能出现一个类。

若类的声明没有使用 extends，则这个类扩展于 Object 类，Object 类是所有类的始祖。例如，Person 类就扩展于 Object 类。

扩展使 Student 类既拥有 Student 类声明的字段和方法，也拥有 Person 类声明的字段和方法，如图 1.3 和图 1.4 所示，其中，斜体字表示 Person 类声明的字段和方法。

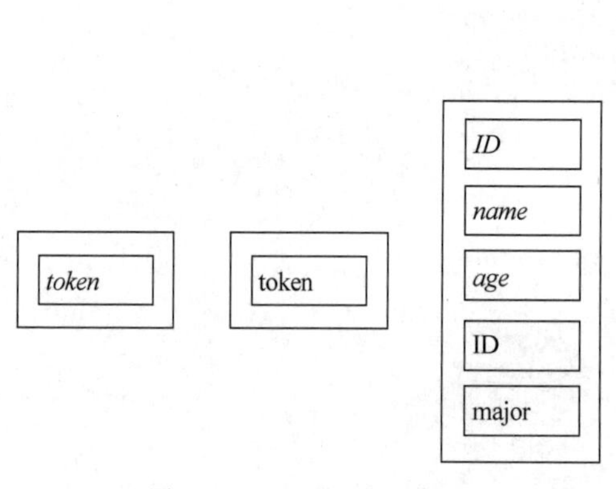

图 1.3　Student 类的字段

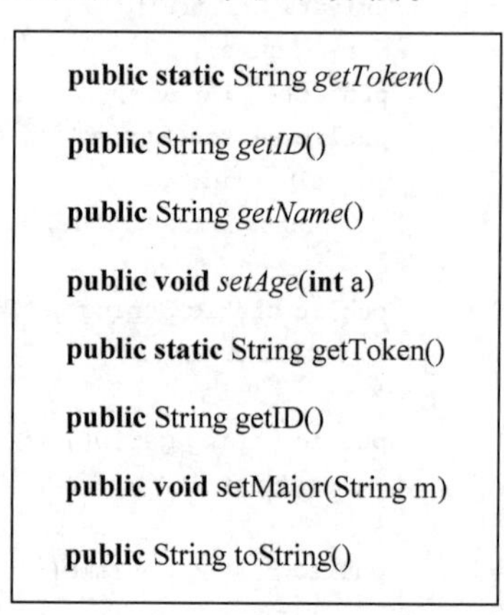

图 1.4　Student 类的方法

Student 类不能使用 Person 类的私有字段和方法，例如字段 ID(斜线)。Student 类可以使用 Person 类的其他字段和方法，或者说 Student 继承(Inherit)了这些字段和方法。

子类不继承父类的构造器。如果父类没有声明默认构造器(无参构造器)，则子类的构造器的第一行代码必须调用父类的构造器。

1. 同名问题

子类和父类可能有相同名字的字段和相同签名的方法，Java 语言采用多种方式处理同名问题。

1) 隐藏

如果子类和父类存在名字相同的字段，则子类的字段会隐藏(Hiding)父类的字段，访问父类的字段需要加前缀 **super**。

方法的签名由方法名+参数1的类型+…+参数 n 的类型缩写名构成。例如，**public void** setAge(**int**)方法的签名为setAgeI。**public static** String getToken()方法的签名为getTokenV。

如果子类和父类存在签名相同的类方法，则子类的类方法会隐藏父类的类方法，访问父类的类方法需要加前缀 **super**。

2）覆盖

如果子类和父类存在签名相同的实例方法，则子类的实例方法会覆盖(Overriding)父类的实例方法。

例 1.4 隐藏和覆盖示例。

例1.3的代码第41行的super.getToken方法是Person类的方法，getToken方法是Student类的方法，前者需加super限定词。字段ID是Student类的字段ID。

toString方法是Object类声明的方法，Person类继承了该方法，Student类从Person类继承了该方法，第40～42行定义的toString方法覆盖了Person类的toString方法。

2. 子类型和超类型

类之间的扩展关系引入了子类型(Subtype)/超类型(Super Type)关系。如果A类扩展于B类，则A类是B类的直接子类型，B类是A类的直接超类型。如果A类是B类的直接子类型，B类是C类的直接超类型，则A类是C类的子类型，C类是A类的超类型。

3. 子类型和超类型的转型

从概念上讲，子类型和超类型具有is-a关系，子类型拥有超类型的一切(字段和方法)，因此子类型可自动转型(Type Conversion)为超类型。

同理，超类型不是子类型，因此超类型不能转型为子类型。但由于子类型可转型为超类型，超类型的变量可能引用了子类型的对象，因此这种转型也应该存在。

例 1.5 子类型与父类型的转型。

示例代码如下：

```
1   public static void main(String[] args) {
2       Person p = new Person("12345", "王敏");
3       Student s = new Student("12346", "001", "李明");
4       p = s;
5       System.out.println(p.getToken());
6       System.out.println(p.getID());
7       s = (Student) p;
8       System.out.println(s.getToken());
9       System.out.println(s.getID());
10  }
```

输出结果：

```
Person
001
Student
001
```

代码第4行的变量p引用了Student对象，但将其视为Person对象，只能执行Person类的方法。对于签名相同的方法，类方法和实例方法的表现不尽相同。代码第5行的p.getToken()调用的是Person类的getToken方法的代码，代码第6行的p.getID()调用的是 Student 类的 getID 方法的代码，因为前者是类方法，而后者是实例方法。

第 7 行将变量 p 赋予变量 s，虽然变量 s 和 p 引用了同一个对象，这时必须强制转型，否则 Java 编译器报错。若变量 p 引用的对象不是 Student 对象，则运行时 Java 虚拟机会抛出异常，导致程序崩溃。

例 1.6 toString()方法的作用。

示例代码如下：

```
1   public static void main(String[] args) {
2       Person p = new Person("12345", "王敏");
3       Student s = new Student("12346", "001", "李明");
4       System.out.println(p);
5       System.out.println(s);
6   }
```

输出结果：

```
book.chap1.Person@7e9e5f8a
Person 12346 李明 0 Student 001 null
```

代码的第 4 行和第 5 行分别在计算机屏幕上输出变量 p 引用的 Person 对象和变量 s 引用的 Student 对象。println 方法自动调用 toString 方法将对象转换为字符串。

Person 类继承了 Object 类的 toString 方法，代码如下：

```
public String toString() {
    return getClass().getName() + "@" + Integer.toHexString(hashCode());
}
```

toString 方法返回的字符串由类名和 hashCode 方法返回的整数的十六进制字符串组成，如输出结果的第 1 行所示。

Student 类覆盖了从 Person 类继承的 toString 方法，返回的字符串如输出结果的第 2 行所示。

1.1.3 嵌套类

嵌套类(Nested Class)是类中声明的类。直接在.java 文件中声明的类叫顶层类(Top Class)，前面介绍的类都是顶层类。

声明嵌套类的类叫作外围类(Enclosing Class)。Java 语言对嵌套次数没有限制，因此使用术语第 n 层外围类区分不同的外围类。

例如，在下面的类声明中，B 类是 C 类的第 1 层外围类，又叫作 C 类的直接外围类，A 类是 B 类的第 1 层外围类，A 类是 C 类的第 2 层外围类。

```
class A{
    class B{
        class C{

        }
    }
}
```

根据声明所处的位置，嵌套类分为成员类(Member Class)和局部类(Local Class)，无名的局部类又叫作匿名类(Anonymous Class)。

内部类(Inner Class)是没有被 static 修饰的成员类,或者是没有出现在 static 上下文的局部类。

1. 成员类

除了声明字段和方法外,类还可以声明类和接口。类中声明的类叫作成员类。

例 1.7 声明 School 类,它声明了成员类 Student 类。

示例代码如下:

```
1   public class School {
2       private String name;
3       public School(String name) {
4           this.name = name;
5       }
6       void print(Student s) {
7           System.out.println(name + "----" + s.name);
8       }
9       private class Student {
10          private String name;
11          public Student(String name) {
12              this.name = name;
13          }
14          void print() {
15              System.out.println(School.this.name + "----" + name);   //.this
16          }
17      }
18      public static void main(String[] args) {
19          School sc = new School("某学校");
20          School.Student stu1 = sc.new Student("张明");                //.new
21          stu1.print();
22          School.Student stu2 = sc.new Student("王玲");                //.new
23          stu2.print();
24          sc.print(stu1);
25      }
26  }
```

代码第 9~17 行声明了 Student 类,Student 类是 School 类的成员类。由于没有被 static 修饰,因此 Student 类是 School 类的直接内部类。

Java 虚拟机没有嵌套类这个概念,所有类都处于相同的地位。Java 语言为了方便程序员而提供了嵌套类,Java 编译器负责将嵌套类转换为普通类。

针对上面声明的类,Java 编译器生成 School 类和 School$Student 类,并为这两个类增加了若干变量和方法,使得 School 类和 Student 类能相互访问对方的字段和方法,即使它们是私有字段和方法,例如,第 7 行,School 类使用了 Student 类的私有字段 name,第 15 行,Student 类使用了 School 类的私有字段 name。

之所以能这样书写代码,原因在于 Java 编译器为外围类和嵌套类生成了若干 setter 和 getter 方法,并将读写字段的操作转换为调用相应的方法。

内部类的特殊之处在于内部类对象必须关联外围类对象。Java 编译器为 Student 类增加了字段 this$0,这个字段引用了 School 对象,如图 1.5 所示。

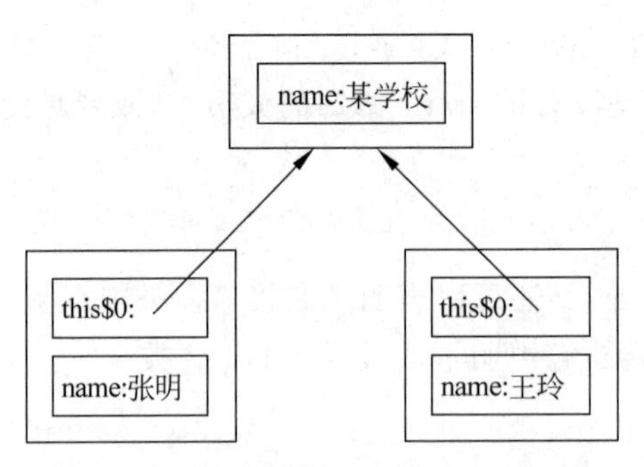

图 1.5 内部类和外围类对象之间的关系

内部类访问外围类的字段必须使用类名.this 作为前缀,例如,第 15 行,print 方法使用 School.this.name 访问所关联的 School 对象的字段 name。

创建 Student 对象时,必须提供与之关联的 School 对象。第 20 行和第 22 行需要使用带前缀的 new 表达式 sc.new,变量 sc 引用了外围类对象。

如何使用内部类需要发挥想象力。例 1.7 将 Student 类声明为 School 类的内部类的原因之一是将校名存储于 School 对象,同一个学校的 Student 对象共享这个 School 对象,与每个 Student 对象都存储校名相比,减少了存储空间;原因之二是 Student 类只为 School 类服务,其他地方不会使用这个类。

例 1.8 创建多重嵌套的内部类对象以及引用外围类的字段。

示例代码如下:

```
1   class A {
2       private int a = 1;
3       B.C c;
4       public class B {
5           private int a = 2;
6           public class C {
7               private int a = 3;
8               public void f() {
9                   System.out.println(A.this.a + " " + A.B.this.a + " " + a);
10              }
11          }
12      }
13  }
14  public static void main(String[] args) {
15      A a = new A();
16      A.B b = a.new B();
17      A.B.C c = b.new C();
18      c.f();
19      A.B.C c1 = new A().new B().new C();
20      c1.f();
21  }
```

输出结果如下:

```
1 2 3
1 2 3
```

A、B、C 类都声明了变量 a，C 类存取 A 类和 B 类的变量 a 时，需要使用 this，如第 9 行所示。

B 类和 C 类都是嵌套类，嵌套类可以作为类型使用。嵌套类作为类型时，必须使用其第 1 层的类名、第 2 层的类名……直至顶层的类名作为前缀，例如，第 16 行的 A.B，第 17、19 行的 A.B.C。如果在 A 类内使用 C 类，则使用 B.C，如第 3 行所示。

例 1.9 扩展嵌套类。

示例代码如下：

```
1   class A {
2       class B {
3       }
4   }
5   class C extends A.B {
6       public C(A w) {
7           w.super();
8       }
9   }
```

代码第 5 行的 C 类扩展于 B 类，C 类的构造器必须调用 B 类的构造器。由于 B 类是 A 类的内部类，B 对象关联了 A 对象，因此 C 类的构造器需传入 A 对象，并以 w.super()的形式调用 B 类的构造器，如第 6、7 行所示。

例 1.10 A 类扩展了 B 类，使用内部类模拟对 B 类的扩展。

以下是 A 类扩展 B 类的代码。

```
1   class B {
2       protected int a = 1;
3       public void f() {
4           System.out.println("f() of B");
5       }
6       public void g() {
7           System.out.println("g() of ");
8       }
9   }
10  class A extends B {
11      private int a = 2;                          // 隐藏
12      private int b = 3;                          // 新增
13  //      public void f()                         // 继承
14      public void g() {                           // 覆盖
15          System.out.println("g() of A");
16      }
17      public void h() {                           // 新增
18          System.out.println(a + " " + super.a + " " + b);
19      }
20      public static void main(String[] args) {
21          A a = new A();
22          a.f();
23          a.g();
24          a.h();
25      }
26  }
```

第 11 行，A 类增加了字段 a，第 12 行 A 类增加了字段 b。A 类继承了 f 方法，第 14～16

行覆盖了 g 方法,第 17～19 行新增了 h 方法。

以下是使用内部类模拟扩展的代码。

```
1   class B {
2       private int a = 1;
3       public void f() {
4           System.out.println("f() of B");
5       }
6       public void g() {
7           System.out.println("g() of ");
8       }
9       class A {                         // 模拟扩展 B 类
10          private int a = 2;            // 隐藏
11          private int b = 3;            // 新增
12          public void f() {             // 继承
13              B.this.f();
14          }
15          public void g() {             // 覆盖
16              System.out.println("g() of A");
17          }
18          public void h() {             // 新增
19              System.out.println(a + " " + B.this.a + " " + b);
20          }
21      }
22      public static void main(String[] args) {
23          B.A a = new B().new A();
24          a.f();
25          a.g();
26          a.h();
27      }
28  }
```

第 12 行通过调用 B 类的 f 方法模拟继承。第 15～17 行和第 18～20 行通过声明同名方法模拟覆盖和继承。

下面通过分析实例变量的构成,来回答为什么可以使用内部类模拟扩展。使用扩展,A 类的实例变量如图 1.6(a)所示,使用内部类,A 类以及外围类的实例变量如图 1.6(b)所示。虽然二者的实现方式不同,但是 A 类可以使用的实例变量完全相同,这是模拟扩展的基础。不同的是,使用模拟实现扩展占用的存储空间多,访问外围类的字段要通过间接寻址实现,花费的时间多。另外,内部类 A 和外围类 B 没有子类型/超类型关系,二者之间不能转型。

Java 语言只提供了类的单扩展机制,明白了上述模拟扩展的道理,就可以使用内部类模拟类的多扩展机制。

例 1.11 声明 LinkedList 类和 Node 类,Node 类只用于 LinkedList 类。

示例代码如下:

```
1   public class LinkedList {
2       private Node head;
3       private static class Node {
4           private int data;
5           private Node next;
6           Node(int d, Node n) {
7               data = d;
```

```
8               next = n;
9           }
10      }
11      void display() {
12          for (Node p = head; p != null; p = p.next)        // 访问私有字段 next
13              System.out.println(p.data);                   // 访问私有字段 data
14      }
15  }
```

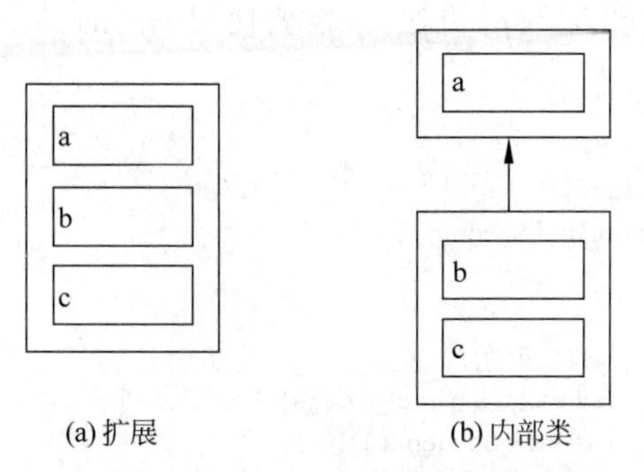

(a) 扩展　　(b) 内部类

图 1.6　扩展和内部类的字段映像图

代码第 3～10 行使用 static 修饰符声明了 Node 类，因此 Node 类不是 LinkedList 类的内部类，Node 对象不关联 LinkedList 对象，但二者可以互相访问对方的所有字段和方法，例如，第 12、13 行访问了私有字段 next 和 data。与将 Node 类声明为顶层类相比，节省了编写大量 setter 和 getter 方法的开销。

2. 局部类

局部类是块内声明的类，最常见的局部类是在方法中声明的局部类。

例 1.12　C 类需使用两种方法实现接口 I。

示例代码如下：

```
1   interface I {
2       public void f();
3   }
4   public class C {
5       public I getI1() {
6           class localClass implements I {
7               public void f() {             // 第 1 种实现方式
8               }
9           }
10          return new localClass();
11      }
12      public I getI2() {
13          class localClass implements I {
14              public void f() {             // 第 2 种实现方式
15              }
16          }
17          return new localClass();
18      }
19  }
```

因为方法不能重名的限制，C 类不能有两个 f 方法，所以代码第 6～8 行和第 13～15 行通过使用局部类以两种方式实现了接口 I。

3. 匿名类

匿名类就是无名的局部类,多用于实现接口或声明子类,声明匿名类的语法为:

```
new 接口或类名(…){类的声明}
```

如果用匿名类实现接口,则 new 后接接口名()。如果声明子类,则 new 后接父类的构造器。

例 1.13 Student 类已有 print 方法,现需要使用不同的 print 方法。

示例代码如下:

```
1   class Student {
2       public void print() {
3       System.out.println("Student");
4       }
5   }
6   public class AnonymousClass {
7       public static void main(String[] args) {
8           Student1stu = new Student() {
9           public void print() {
10              System.out.println("subClass");
11          }
12          };
13          stu.print();
14      }
15  }
```

输出结果:

```
subClass
```

解决办法就是声明 Student 的子类,并覆盖 print 方法。代码第 1~5 行声明了 Student 类。代码第 8~12 行声明了匿名类,它是 Student 类的子类,它只有 print 方法,覆盖了 Student 类的 print 方法,变量 stu 引用了匿名类的对象。

1.2 接口

接口用于约定功能,类用于实现功能,这样的分工有利于代码维护。为了避免改动已有的代码,接口一经声明,就不能再做改变。Java 声明接口的语法如下:

```
[public] interface name {
        declare field
        declare method
        declare class
        declare interface
}
```

因为接口用于公开约定的功能,所以有以下规定:

(1) 字段的默认修饰符是 public static final,而且必须要赋初值。

(2) 方法的默认修饰符是 public abstract。

(3) 接口不能被实例化,即不存在接口对象。

Java 8 引入了 default 和 static 修饰符用于修饰方法，使得接口可以添加新的功能，而不会影响已有的代码。abstract 和 default 方法统称为接口的实例方法。

例 1.14　声明接口 Shape。

示例代码如下：

```
1   public interface Shape {
2       public abstract double area();
3       public abstract double circumference();
4       public default void name() {
5           System.out.println("Shape");
6       }
7       public static void hello() {
8           System.out.println("shape say hello to you");
9       }
10  }
```

1.2.1　接口的实现

接口的抽象方法需要类来实现，类可以实现多个接口。语法如下：

```
public class C implements I1, I2, …, In{
    …
}
```

I_1，I_2，…，I_n 接口称为 C 类的直接超接口，C 类继承了直接超接口的 abstract 方法和 default 方法，但是不继承静态字段和静态方法。类需要全部覆盖（实现）继承的 abstract 方法，否则就是抽象类。类可以根据需要决定是否覆盖 default 方法。

类和其直接超接口之间具有子类型和超类型关系。

例 1.15　Circle 类实现了 Shape 接口。

示例代码如下：

```
1   public class Circle implements Shape {
2       private double radius;
3       public Circle(double r) {
4           radius = r;
5       }
6       public double area() {
7           return Math.PI * radius * radius;
8       }
9       public double circumference() {
10          return 2.0 * Math.PI * radius;
11      }
12      public static void main(String[] args) {
13          Circle c = new Circle(2.0);
14          System.out.println(c.area() + " " + c.circumference());
15          c.name();
16  //      c.hello();
17      }
18  }
```

Circle 类继承了 Shape 接口的 area、circumference 和 name 方法，并覆盖了前两个方

法,但是没有继承 hello 方法,因为它是静态方法。代码第 14 行调用的是 Circle 类的 area 和 circumference 方法,第 15 行调用了 Shape 接口定义的 name 方法,因为它是 default 方法,Circle 类继承了它。第 16 行是错误的,因为 hello 方法是 Shape 接口定义的静态方法,Circle 类没有继承它。

1.2.2 接口的扩展

像类一样,接口可以扩展其他接口,而且可以扩展多个接口。其语法如下:

```
public interface I extends I1, I2, …, In {
    …
}
```

$I_1, I_2, \cdots, I_n$ 接口称为 I 接口的父接口,I 接口是 $I_1, I_2, \cdots, I_n$ 接口的子接口。子接口继承了父接口的 abstract 方法、default 方法和静态字段,但是不继承静态方法。如果子接口和父接口有重名的实例方法和字段,则使用接口名作为前缀加以区分。

若接口不扩展于任何接口,则它默认声明与 Object 类的 public 实例方法的签名相同、返回类型相同、throws 子句相同的抽象方法。

1.2.3 常用的接口

下面介绍常用的 Java 类库的接口,这些接口都是泛型接口,会出现类型变量 T,使用具体的类型替换类型变量 T 就可以得到参数化接口。1.4 节将介绍泛型。

1. Comparable 接口

Comparable 接口位于 java.lang 包,有唯一的抽象方法 compareTo 方法。

```
public interface Comparable<T> {
    public int compareTo(T x);
}
```

compareTo 方法用于比较对象 this 和对象 x 的大小。当 this 与 x 相等、this 小于 x、this 大于 x 时,compareTo 方法分别返回 0、负数、正数。

类继承了 Object 类的 equals 方法,equals 方法用于比较两个对象是否相等。所以要求 compareTo 方法和 equals 方法保持一致,即如果 compareTo 方法返回 0,则 equals 方法返回 true,反之亦然。

如果 C 类实现了 Comparable<C>接口,则 C 的对象可比较大小。

例 1.16 Circle 类实现了 Comparable<Circle>接口,根据半径 radius 决定圆的大小。示例代码如下:

```
1   public class Circle implements Comparable<Circle> {
2       private float x;
3       private float y;
4       private float radius;
5       public Circle(float x, float y, float r) {
6           this.x = x;
7           this.y = y;
8           radius = r;
```

```
9       }
10      public float getx() {
11          return x;
12      }
13      public String toString() {
14          return "(" + x + "," + y + ")," + radius;
15      }
16      public int compareTo(Circle c) {
17          return Float.compare(radius, c.radius);
18      }
19  }
```

代码第16～18行实现了compareTo方法。因为半径radius的类型为float，而float类型除了数值外，还有正、负无穷大以及NaN，所以，不要使用if语句和比较运算实现compareTo方法，而是像第17行那样直接调用Float类的compare方法。

2. Comparator接口

Comparator接口位于java.util包，有唯一的抽象方法compare方法。

```
public interface Comparator<T> {
    public int compare(T x, T y);
}
```

compare方法用于比较类型为T的任意对象x和y的大小。当x与y相等、x小于y、x大于y时，compare方法分别返回0、负数、正数。

compare方法和equals方法也要保持一致，并且需要满足以下要求：

(1) compare(x, y)＝－compare(y, x)。

(2) 满足传递性，即如果compare(x, y) > 0，且compare(y, z) > 0，则compare(x, z) > 0。

(3) 如果compare(x, y)＝＝0，则对任意的z，compare(x, z)和compare(y, z)有相同的正负号。

例1.17 使用Arrays类的sort方法对Circle数组排序，第1次按半径radius排序，第2次按坐标x排序。

示例代码如下：

```
1   public class Exp17 {
2       public static void main(String[] args) {
3           Circle[] a = { new Circle(2f, 2f, 1), new Circle(1f, 1f, 5),
                           new Circle(3f, 3f, 4) };
4           Arrays.sort(a);
5           for (Circle c : a)
6               System.out.println(c);
7           Arrays.sort(a, new Comparator<Circle>() {
8               public int compare(Circle c1, Circle c2) {
9                   return Float.compare(c1.getx(), c2.getx());
10              }
11          });
12          for (Circle c : a)
13              System.out.println(c);
14      }
15  }
```

输出结果如下：

```
(2.0,2.0),1.0
(3.0,3.0),4.0
(1.0,1.0),5.0
----------------------------
(1.0,1.0),5.0
(2.0,2.0),1.0
(3.0,3.0),4.0
```

Java 类库的 Arrays 类使用 sort 方法排序，有以下两种形式：

(1) sort(Object[] a)。

(2) sort(T[] a, Comparator<? super T> c)。

第(1)种形式要求数组元素所引用的类实现了 Comparable 接口，排序时使用 compareTo 方法比较大小。第(2)种形式的第 2 个参数 c 是实现了 Comparator 接口的类的对象，排序时使用 compare 方法比较大小。

代码第 4 行使用第(1)种形式的排序。代码第 7 行使用第(2)种形式的排序，代码第 7～11 行定义了匿名类，生成了它的一个对象用于排序。

3. Iterable 接口

Iterable 接口位于 java.lang 包，有唯一的抽象方法 iterator 方法。

```
public interface Iterable<T> {
    Iterator<T> iterator();
}
```

4. Iterator 接口

Iterator 接口位于 java.util 包，有抽象方法 hasNext 和 next 方法。

```
public interface Iterator<E> {
        boolean hasNext();
        E next()
}
```

如果数据集有未被访问过的数据，则 hasNext 方法返回 true，否则返回 false。next 方法返回下一个未被访问过的数据。

Iterable 接口和 Iterator 接口统称为迭代器。

例 1.18 MyList 类使用数组存储了 5 个整数，为了方便使用者逐一读取这 5 个整数，实现了 Iterable<Integer>接口。

示例代码如下：

```
1   public class MyList implements Iterable<Integer> {
2       int[] a = { 8, 2, 1, 4, 6 };
3       public Iterator<Integer> iterator() {
4           return new Itr();
5       }
6       private class Itr implements Iterator<Integer> {
7           int pos = 0;
8           public boolean hasNext() {
9               if (pos < a.length)
10                  return true;
```

```
11                  return false;
12              }
13              public Integer next() {
14                  return a[pos++];
15              }
16          }
17          public static void main(String[] args) {
18              MyList list = new MyList();
19              Iterator<Integer> it = list.iterator();
20              while (it.hasNext())
21                  System.out.println(it.next());
22              for (Integer e : list)
23                  System.out.println(e);
24          }
25      }
```

代码第 3～5 行实现了 iterator 方法。第 6～16 行的内部类 Itr 实现了 Iterator<Integer>接口。对于 hasNext 方法，字段 pos 是在数组查找是否还有未返回数据的起始下标，对于 next 方法，字段 pos 是数据在数组的下标。

代码第 19～21 行是使用迭代器遍历 MyList 存储的数据。实现了迭代器的类还可以使用增强型的 for 语句遍历数据，如第 22、23 行所示。

5. Function 接口

一般来讲，Function 接口是只有一个抽象方法的接口。java.util.function 包声明了大量的函数接口，包括消费者、供应者、一元和二元函数接口等，这些接口的第一行是注解@FunctionalInterface，Java 编译器检查接口是否只有一个抽象方法。

1）消费者/供应者函数接口

```
@FunctionalInterface
public interface Consumer<T> {
    void accept(T t);
}

@FunctionalInterface
public interface Supplier<T> {
    T get();
}
```

accept 方法消耗传入的对象 t，即对 t 进行处理。get 方法返回对象供调用者使用。

2）一元和二元函数接口

```
@FunctionalInterface
public interface Function<T, R> {
    R apply(T t);
}

@FunctionalInterface
public interface BiFunction<T, U, R> {
    R apply(T t, U u);
}
```

Function 接口和 BiFunction 接口分别表示一元函数接口和二元函数接口。

引入函数接口的目的是能将方法作为方法的参数。例 1.17 第 7 行 Arrays.sort 的第 2

个参数就是函数接口。

如果方法的参数是函数接口，调用方法的时候可以传入实现了这个函数接口的对象、Lambda 表达式或方法引用。

Lambda 表达式是匿名方法，一般不需要声明参数类型，由 Java 编译器通过推理决定。例 1.17 第 7 行的 sort 可用以下语句替换：

```
Arrays.sort(a, (l, r) -> {
    return Float.compare(l.getx(), r.getx());
});
```

方法引用的语法为类名::方法名或引用变量名::方法名。例 1.17 第 7 行的 sort 也能使用方法引用，首先需要定义用于比较两个 Circle 对象的方法：

```
private static int compareCircle(Circle c1, Circle c2) {
    return Float.compare(c1.getx(), c2.getx());
}
```

然后将第 7 行改写为：

```
Arrays.sort(a, Exp17::compareCircle);
```

例 1.19　改写例 1.11 的 display 方法，使得能对数据进行任意的处理，而不是仅在屏幕上显示数据。

由于需要对数据进行任意的处理，所以必须向 display 方法传入方法，由这个方法完成对数据的处理，因此将 Consumer 接口作为 display 方法的参数。为了方便比较，下面给出 display 方法修改前后的代码。

修改前：

```
1   void display() {
2       for (Node p = head; p != null; p = p.next)
3           System.out.println(p.data);
4       }
```

修改后：

```
1   void display(Consumer<Integer> c) {
2       for (Node p = head; p != null; p = p.next)
3           c.accept(p.data);
4   }
```

1.3 异常处理和常用的异常类

如果 Java 虚拟机运行过程中出现了异常情况，那么 Java 虚拟机会抛出异常对象，这个对象记录了发生异常的代码的位置、引起异常的原因以及方法的调用关系等信息。

Java 语言规定，Throwable 类为所有异常类的始祖。Error 类和 Exception 类是 Throwable 类的子类，RuntimeException 类是 Exception 类的子类。

Error 类和 RuntimeException 类及其后代表示难以恢复的异常，称为 unchecked exception 型异常，其他异常类称为 checked exception 型异常。

声明抛出 checked exception 型异常的方法时必须用 throws 列举所有抛出的异常，调用抛出 checked exception 型异常的方法时必须使用 try-catch 语句捕获异常对象、处理异常，或者将异常对象交给上一级调用者处理，否则 Java 编译器会报错。

例 1.20　IOException 类是 Java 类库声明的 checked exception 型异常类，这个例子说明如何使用此类型的异常。

示例代码如下：

```
1   public class Exp20 {
2       public void f1() throws IOException {
3           throw new IOException();
4       }
5       public void f2() {
6           try {
7               f1();
8           } catch (IOException e) {
9               … // 省略了处理异常的代码
10          }
11      }
12      public void f3() throws IOException {
13          f1();
14      }
15  }
```

代码第 2、3 行声明了 f1 方法，第 3 行抛出了 IOException 异常，所以第 2 行必须使用 throws 子句加以声明。

代码第 5～11 行声明了 f2 方法，它调用了抛出异常的 f1 方法。第 6～10 行使用了 try-catch 语句调用 f1 方法，捕获抛出的异常对象并处理。因此，f2 方法的声明就不必使用 throws 子句。

代码第 12～14 行声明了 f3 方法，它调用了 f1 方法，但没有使用 try-catch 语句捕获异常对象，而是留给 f3 方法的调用者处理，因此 f3 方法的声明必须使用 throws 子句告知这个方法可能抛出 IOException 异常。

java.lang 包声明了若干异常类，基本覆盖了常见的异常情况。下面列出本书要使用的异常类，这些类都属于 unchecked exception 型异常，不需要使用 try 语句捕获，如果 Java 虚拟机抛出了这样的异常，则程序将中止执行。

- IllegalArgumentException：向方法传入了非法的参数。
- IllegalStateException：处于非法的状态。
- NullPointerException：使用 null 调用方法、存取字段等。
- IndexOutOfBoundsException：数据越界。
- UnsupportedOperationException：调用了不支持的方法。

例 1.21　编写 rangeCheck 方法检查参数 index 是否处于区间[0, size)内，如果参数 index 不在有效范围内，则抛出 IndexOutOfBoundsException 异常。

示例代码如下：

```
1   private void rangeCheck(int index) {
2       if (index < 0 || index >= size)
3           throw new IndexOutOfBoundsException(String.valueOf(index));
4   }
```

```
1   public T get(int index) {
2       rangeCheck(index);
3       return (T) listElem[index];
4   }
```

由于 IndexOutOfBoundsException 是 unchecked exception 型异常,因此 rangeCheck 方法不需要使用 throws 列举抛出的异常,get 方法调用 rangeCheck 方法也不需要使用 try-catch 语句。unchecked exception 型异常使代码很简练,但是,一旦发生了异常,将导致程序崩溃。

1.4 泛型

编写通用型的编码、支持通用型的编码是程序员和程序语言设计者的追求目标。Java 语言提供了接口和类的扩展机制,借助这些机制,程序员就能采用面向接口和多态的编程方法编写通用型的代码。

在某些应用场合会遇到数据有多种表现形式的情况。例如,性别的取值可以是'男'、'女',"男"、"女", true、false,1、0 等,这些值属于不同的类型,即性别的类型是可变的。

为了处理像性别这样的类型可变的数据,Java 语言引入了类型变量的概念。类型变量代表某个类型,用于说明变量、方法的参数、方法的返回值等的类型。

泛型用于描述这样的类、接口和方法,这些类、接口和方法的声明中出现了类型变量。泛型对编写通用型的代码提供了支持。

1.4.1 泛型类

例 1.22 设计 Holder 类,它存储了类型可变的数据,并提供 set 方法和 get 方法用于存取数据。

示例代码如下:

```
1   public class Holder<T> {
2       private T data;
3       public void set(T t) {
4           data = t;
5       }
6       public T get() {
7           return data;
8       }
9   }
```

代码第 1 行的<T>叫作类型参数表,用于声明类所用到的类型变量,T 叫作类型变量,若类型参数表声明了多个类型变量,则类型变量之间用逗号分隔,如<T, E>。

类型变量可用作字段、参数、方法的返回值的类型,如第 2、3、6 行所示。

声明了类型变量的类叫作**泛型类**,例如,Holder 类就是泛型类。

例 1.23 在 Holder 类的基础上增加 public int cmp(T x)方法,用于比较字段 data 和参数 x 所引用的对象的大小,将这个类命名为 Holder1。

如果直接给出以下代码,则 Java 编译器会报错。

```
public int cmp(T x) {
    return data.compareTo(x);
}
```

上述代码调用了 compareTo 方法，因此要求 data 所属的类型实现了 Comparable 接口。但类型 T 是可变化的类型，它可能实现了 Comparable 接口，也可能未实现这个接口。为了确保类型 T 实现了 Comparable 接口，在声明类型变量 T 时要使用如下形式：

```
T extends E
```

E 可以是类、接口，也可以是另一个类型变量。E 叫作 T 的上界，限制 T 只能是类型 E 或其子类型。

下面给出类 Holder1 的声明：

```
1   public class Holder1 < T extends Comparable < T >> {
2       T data;
3       public void set(T data) {
4           this.data = data;
5       }
6       public T get() {
7           return data;
8       }
9       public int cmp(T x) {
10          return data.compareTo(x);
11      }
12  }
```

声明类型变量 T 更一般的形式为：

```
T extends E & I1 & I2 & … & In
```

其中，E 是类、接口或类型变量，I_i 必须是接口，E & I_1 & I_2 & … & I_n 叫作交集类型(Intersection Type)，这种形式限制 T 必须同时是各类型的子类型。

例如，T extends A & I，其中 I 是接口。若 A 是类，则 T 是 A 类或其某个子类，而且这个类实现了 I 接口。若 A 是接口，则 T 是接口，这个接口扩展了 A 接口和 I 接口。

1.4.2 参数化类及其成员

泛型类不能作为类型使用。通过使用类、接口或类型变量替换泛型类的类型变量而得到的类称为参数化类，参数化类可作为类型使用。用于替换类型变量的类型叫作类型实参。

例如，分别使用类型实参 Integer 和 String 替换泛型类 Holder 的类型变量 T，就可以得到 Holder < Integer >类和 Holder < String >类，它们是参数化的类。

通过类型替换 $\theta=[F_1=T_1, F_2=T_2, \cdots, F_n=T_n]$，即用类型实参 T_i 替换类型变量 F_i，$1\leqslant i\leqslant n$，由泛型类 $C<F_1, F_2, \cdots, F_n>$得到参数化类 $C<T_1, T_2, \cdots, T_n>$。

若 m 是泛型类 $C<F_1, F_2, \cdots, F_n>$的成员，m 的类型为 T，则 m 也是参数化类 $C<T_1, T_2, \cdots, T_n>$的成员，m 的类型为 $T[F_1=T_1, F_2=T_2, \cdots, F_n=T_n]$。

例如，Holder < String >类具有以下类型的成员：

- **private** String data;
- **public void** set(String data)

- **public** String get()

通过使用参数化类，Java 编译器就可以进行类型检查，如果涉及不当的类型使用，则 Java 编译器会报错。

示例代码如下：

```
1   public static void main(String[] args) {
2       Holder<String> hs = new Holder<String>();
3       hs.set("Hello");
4       String str = hs.get();
5       System.out.println(str);
6       Integer i = (Integer)hs.get();
7   }
```

代码第 2 行定义了变量 hs，其类型是 Holder<String>。第 3 行调用 set 方法，Java 编译器知道该方法的参数类型是 String，传入"hello"符合类型匹配的要求。第 4 行调用 get 方法，Java 编译器知道它返回类型为 String 的对象，赋值给变量 str 也符合类型匹配的要求。第 6 行，由于 get 的返回值类型是 String，String 不能转型为 Integer，因此 Java 编译器报错。

替换类型变量要遵守以下规则。

(1) 只能使用满足限定条件的类型替换类型变量。

例如，泛型类 Holder1<T **extends** Comparable<T>>的类型变量 T 带有限制条件，要求 T 是某个类 C，并且类 C 实现了 Comparable<C>接口，或者是某个接口 I，并且接口 I 扩展于 Comparable<I>接口。

Holder1<String>是正确的，因为 String 类实现了 Comparable<String>接口。Holder1<Point>是错误的，Point 是例 1.1 中声明的类，它没有实现 Comparable<Point>接口。

假设有以下的接口声明：

```
interface I extends Comparable<I> {}
```

Holder1<I>是正确的，因为 I 扩展于 Comparable<I>接口。

(2) 只能使用已声明的类型变量替换类型变量。

例如，以下代码中 A 类是泛型类，B 类扩展于 A<E>类(注意，A<E>是参数化的类，而不是泛型类，因为关键字 extends 后面必须是一个类，而泛型类不能作为类型使用)，因为类型变量 E 没有出现在 B 类的类型参数表，所以 Java 编译器会报错，应该将 A<E>改写为 A<T>。

```
class A<T>{}
class B<T> extends A<E>{}
```

1.4.3 泛型类的静态成员

泛型类和普通类一样，除了有实例字段、方法和类型成员外，还可以有静态字段、方法和类型成员。但是，静态成员不能使用类型变量，如以下的第 3、4、9、13 行代码所示；参数化的类不能引用类变量，只能通过泛型类名引用类变量，例如，第 18 行是错误的表达方式，第 17 行是正确的表达方式。

示例代码如下：

```
1   public class GenericStaticMember<T> {
2       static int a = 1;
3   //  static T b;
4   //    public static void f(T x) {
5   //    }
6       private class Inner {
7           void f(T x) {
8           }
9   //      static void g(T x) {
10  //      }
11      }
12      private static class SInner {
13  //      void f(T x) {
14  //      }
15      }
16      public static void main(String[] args) {
17          System.out.println(GenericStaticMember.a);
18  //      System.out.println(GenericStaticMember<String>.a);
19      }
20  }
```

1.4.4 泛型接口和参数化接口

泛型接口是声明了类型变量的接口，接口名后面是类型参数表，用于列举接口使用的类型变量。

例如，Java 类库的接口 Comparable 是泛型接口，其声明如下：

```
public interface Comparable<T> {
    public int compareTo(T o);
}
```

通过替换类型变量，泛型接口衍生了一系列参数化接口。例如，Comparable<Circle>接口就是从泛型接口 Comparable<T>通过使用 Circle 类替换类型变量 T 而得到的参数化接口。同样，还可以得到 Comparable<Person>等接口。

参数化类和参数化接口统称为**参数化类型**。

1.4.5 泛型方法

泛型方法是声明了类型变量的方法，类型参数表位于修饰符和返回值类型之间。

通过替换类型变量，泛型方法衍生了一系列参数化的方法。但通常不给出泛型方法的类型实参，而是让 Java 编译器推导类型实参，这样，调用参数化的方法与调用普通方法在形式上是完全相同的。

例 1.24 编写在任意类型的数组中查找特定值的方法，如果找到，则返回与给定值相等的数组元素的下标，否则返回－1。

示例代码如下：

```
1   public class Exp24 {
2       public static <T> int find(T[] data, T x) {
3           for (int i = 0; i < data.length; i++) {
4               if (x.equals(data[i]))
```

```
5                   return i;
6               }
7               return -1;
8           }
9           public static void main(String[] args) {
10              Integer[] data1 = { 1, 20, 4 };
11              String[] data2 = { "abc", "123", "ABC", "a123" };
12              System.out.println(find(data1, 20));                    // T是 Integer
13              System.out.println(find(data2, "123"));                 // T是 String
14              System.out.println(find(data2, 123));                   // T是 Object
15              System.out.println(Exp24.<Object>find(data2, 123));     // T是 Object
16          }
17      }
```

代码第 2～8 行定义了泛型方法 find(T[], T)，它的第 1 个参数是数组，数组元素的类型是 T，第 2 个参数的类型也是 T，暗含二者的类型必须一致的约束。

第 12 行调用 find 方法，第 1 个实参 data1 的数组元素的类型是 Integer，第 2 个实参是常数 20，类型为 int，通过自动装箱可转型为 Integer，因此，Java 编译器推导出 T 的类型为 Integer。

第 14 行调用 find 方法，第 1 个实参和第 2 个实参的类型分别为 String 和 Int，两个实参的类型不一致，但 String 类和 Integer 类的最小公共超类型是 Object 类，因此，Java 编译器推导出 T 的类型为 Object。

也可以直接调用参数化的方法，即在方法名前给出类型实参表，如代码第 15 行所示。

1.4.6 通配符、带通配符的参数化类型和捕获转型

虽然 Holder<Student>类和 Holder<Person>类都是从泛型类 Holder<T>得到的参数化的类，但二者之间不具备子类型和超类型的关系，因为没有使用 extends 声明二者之间有扩展关系。

为了在参数化类型之间建立子类型和超类型关系，Java 引入了通配符?，有以下 3 种形式：

(1) ? 匹配任意的类型。

(2) ? extends T 匹配任意的类型，且这个类型的上界是 T。

(3) ? super T 匹配任意的类型，且这个类型的下界是 T。

通配符用于替换泛型类或泛型接口的类型变量，得到带通配符的参数化类型。例如，用不同的通配符替换泛型类 Holder<T>的类型变量 T，得到不同的带通配符的参数化的类：

```
Holder<?>、Holder<? extends Person>, Holder<? super Student>, Holder<? super Circle>, Holder<? extends Comparable<Circle>>
```

带通配符的参数化类型不是具体的类或接口，而是一系列的类或接口。例如，Holder<? extends Person>可以是 Holder<Person>类、Holder<Student>类、Holder<Circle>类等。同样，Holder<?>也表示一系列的类，所以，它不能出现在需要具体类的地方，例如，以下的写法是错误的：

```
C extends GenericHolder<?>
new GenericHolder<?>()
```

1. 捕获转型

$C<F_1, F_2, \cdots, F_n>$是泛型类或泛型接口，类型变量的上界为 $U_1, U_2, \cdots, U_n$，$C<T_1$，

T_2,…,T_n >是带通配符的参数化类型。捕获转型(Capture Conversion)将 C < T_1,T_2,…,T_n >变换为 C < S_1,S_2,…,S_n >,它是不带通配符的参数化的类或参数化的接口。$\theta=[F_1=S_1,F_2=S_2,\cdots,F_n=S_n]$为类型替换,转换规则如下:

(1) 如果 $T_i=?$,则 S_i 是新引入的类型变量,其上界为 $U_i\theta$,$U_i\theta$ 表示使用类型替换 θ 对 U_i 的类型变量进行替换后的类型,下界是 null。

(2) 如果 $T_i=?$ super B_i,则 S_i 是新引入的类型变量,其上界为 $U_i\theta$,下界为 B_i。

(3) 如果 $T_i=?$ extends B_i,要求 B_i 是 $U_i\theta$ 的子类型,或 $U_i\theta$ 是 B_i 的子类型,否则 Java 编译器报错,则 S_i 是新引入的类型变量,其上界为 $U_i\theta$ 和 B_i 特殊的类型,下界为 null。

(4)其他,$S_i=T_i$。

引入记号<:,T <: S 表示 T 是 S 的子类型。类型变量 T 的下界是 B,上界是 U,意味着 B <: T,T <: U。为了说明方便,用[B, U] 表示类型变量的界,B 为下界,U 为上界。

受限制的类型变量,即形如 T extends E 声明的类型变量,其上界为 E,下界为 null。不受限制的类型变量的上界为 Object,下界为 null。

根据捕获转换规则,因为泛型类 Holder < T >的类型变量的上界为 Object,所以 Holder <?>转型后为 Holder < S >,S 的界为[null, Object]。Holder <? super Student >转型后为 Holder < S >,S 的界为[Student, Object]。Holder <? extends Person >转型后为 Holder < S >,S 的界为[null, Person]。Holder < Student >类和 Holder < E >类的类型实参不含通配符,转型后没有发生变化。

2. 带通配符的参数化类型的成员

带通配符的参数化类型 C < T_1,T_2,…,T_n >与捕获转换后的不带通配符的参数化类型 C < S_1,S_2,…,S_n >具有相同的成员。

例如,Holder <? extends Person >捕获转换后为 Holder < S >,其成员有:

```
private S data;
public void set(S data)
public S get()
```

类型变量 S 的界为[null, Person]。

同样,Holder <? super Student >捕获转换后为 Holder < S >,其成员有:

```
private S data;
public void set(S data)
public S get()
```

类型变量 S 的界为[Student, Object]。

例 1.25 带通配符的参数化类型的若干问题示例。

示例代码如下:

```
1   public class Exp25 {
2       public void f(Holder <? extends Person > x) {
3           x.set(new Person());
4           x.set(new Student());
5           Person p = x.get();
6           Student s = x.get();
7       }
8       public void g(Holder <? super Student > x) {
```

```
9            x.set(new Person());
10           x.set(new Student());
11           Person p = x.get();
12           Student s = x.get();
13       }
14   }
```

第2～7行声明了方法f,参数x的类型经捕获转型后是Holder<S>类,S的界是[null, Person],即S一定是Person的子类型,至于是哪个子类型却是不确定的。

Holder<S>类的方法set的参数的类型是S,其实参必须是S或S的子类型。第3行是错误的,因为S有可能是Student,而Person不是Student的子类型。第4行是错误的,因为S有可能是Student的某个子类型。实际上,set方法的实参除了null外,其他任何类型的实参都是错误的。

Holder<S>类的方法get的返回值的类型是S。第5行是正确的,因为S一定是Person的子类型。第6行是错误的,因为S有可能是Person。

第8～13行声明了方法g,参数x的类型经捕获转型后是Holder<S>,S的界是[Student, Object],即S一定是Student的超类型,至于是哪个超类型却是不确定的。

从上面的分析可知,第9、11、12行是错误的,第10行是正确的。

1.4.7 参数化类型之间的子类型/超类型关系

一般类型的子类型和超类型的关系由类型之间的扩展关系决定,参数化类型之间的子类型和超类型关系是建立在类型的包含关系之上的。

1. 类型之间的包含关系

假设T和S是非参数化的类、接口或类型变量,如果满足以下条件之一,则类型S包含类型T。

(1) T和S是相同的类型。

(2) T是类型,S是类型变量,S的界为[B, U],并且B<: T,T< : U。

(3) T和S都是类型变量,界分别为$[B_T, U_T]$和$[B_S, U_S]$,并且$B_S <: B_T$,$U_T <: U_S$。

如果S_i包含T_i,$1 \leqslant i \leqslant n$,则不带通配符的参数化类型$C<S_1, S_2, \cdots, S_n>$包含不带通配符的参数化类$C<T_1, T_2, \cdots, T_n>$。

判断带通配符的参数化类与其他参数化类的包含关系,要先进行捕获转型,再判断。

2. 参数化类型之间的子类型/超类型关系

(1) 不带通配符的参数化类型$C<T_1, T_2, \cdots, T_n>$的直接超类型是$C<S_1, S_2, \cdots, S_n>$,如果$C<S_1, S_2, \cdots, S_n>$包含$C<T_1, T_2, \cdots, T_n>$。

(2) 带通配符的参数化类型$C<T_1, T_2, \cdots, T_n>$与$C<S_1, S_2, \cdots, S_n>$具有相同的直接超类型,$C<S_1, S_2, \cdots, S_n>$是捕获转型后的不带通配符的参数化类型。

由类型之间的包含关系诱导的参数化类型之间的子类型/超类型关系丰富了子类型/超类型关系。例如,泛型类A和B声明如下:

```
class A<T>{}
class B<T> extends A<T>{}
```

B<Student>的超类型除了 A<Student>外，还有 A<? extends Student>、A<? Super Student>、A<? extends Person>等。

例 1.26　编写 g 方法，它具有参数 h，要求只能传入实参 Holder<X>，X 是 Student 的超类型，例如 Holder<Student>、Holder<Person>。方法体内只有 1 条语句 h.set(h.get())。

思路一：使用 Holder<? **super** Student>作为参数 h 的类型，这样就满足了对实参的要求，但是方法体内的语句不能通过编译。错误的原因在 1.4.6 节介绍过。

```
private static void g(Holder<? super Student> h) {
    h.set(h.get());
}
```

思路二：使用泛型方法。语句能通过编译，也能传入像 Holder<Student>、Holder<Person>这些符合要求的实参，但也能传入不符合要求的实参，如 Holder<Point>。

```
private static <E> void g(Holder<E> h) {
    h.set(h.get());
}
```

最终的解决方法是综合运用上述两种思路，代码如下：

```
public static void g(Holder<? super Student> h) {
    gg(h);
}
private static <E> void gg(Holder<E> h) {
    h.set(h.get());
}
```

g 方法之所以能调用 gg 方法，是因为 Holder<? **super** Student>经过捕获转型后为 Holder<S>，S 的界为[Student, Object]，gg 方法的参数类型为 Holder<E>，E 的界为[null, Object]，所以 Holder<S>是 Holder<E>的子类型。

1.4.8　类型擦除、Raw 类型及其成员

泛型是自 Java 1.5 才引入的概念，为了和以前的代码兼容，Java 语言采用了类型擦除策略实现泛型。

1. 类型擦除

类型擦除是一个变换，它将参数化类型和类型变量变换为普通的类和接口。具体规则如下。

(1) $G<T_1, T_2, \cdots, T_n> \Rightarrow |G|$。

(2) $T.C \Rightarrow |T|.C$。

(3) $T[] \Rightarrow |T|[]$。

(4) T，上界为 $E \& I_1 \& I_2 \& \cdots \& I_n \Rightarrow |E|$。

(5) 其他类型保持不变。

|T|表示类型 T 擦除后的类型。

例如，Holder<Person>类、Holder<? extends Person>类、Holder<E>类擦除后均为 Holder。数组 Holder<Person>[]擦除后为数组 Holder[]。

2. Raw 类型

以下类型为 Raw 类型。

(1) 类和接口：名字为泛型类、泛型接口的类、接口，例如 Holder。

(2) 数组：数组元素的类型为 Raw 的数组，例如 Holder[]。

(3) 类型成员：名字为 Raw 类型的非继承的类型成员，例如：

```
class A<T>{
    class B{}
}
class A<T>{
    class B<S>{}
}
```

A.B 是 Raw 类型。

3. Raw 类型的成员

Raw 类型的成员是将类型擦除应用于其对应的泛型成员的结果。类型擦除应用于字段就是擦除字段的类型，应用于方法就是对方法的参数类型、返回值类型进行擦除，对参数化的方法还要擦除实参表。例如，Raw 类 Holder 的成员有：

```
private Object data;
public void set(Object data)
public Object get()
```

4. unchecked conversion

Raw 类型是出自同一个泛型的所有参数化类型的超类型。为了保证代码的兼容性，Java 语言可自动将 Raw 类型转型为参数化类型，这种转型称为 unchecked conversion。除非满足以下条件，否则 Java 编译器将给出 unchecked 警告信息：

(1) 参数化类型的所有类型实参都是通配符?。

(2) 使用了@suppressWarnings("unchecked")。

例 1.27 Raw 类 Holder 的使用示例。

示例代码如下：

```
1   public static void main(String[] args) {
2       Holder h1 = new Holder();
3       h1.data = new Person();
4       h1.set(new Person());
5       Holder<String> h2 = h1;
6       Holder<?> h3 = h1;
7   }
```

代码第 2 行，Java 编译器给出了不要使用参数化类型的警告。因为泛型类 Holder<T>的字段 data 的类型是 T，Raw 类 Holder 的字段 data 的类型是 Object，即类型擦除前后字段 data 的类型发生了变化，Java 编译器对第 3 行给出了警告。因为 set 方法的参数类型擦除前后发生了变化，Java 编译器对第 4 行给出了警告。第 5 行将 Raw 类转型为参数化类型，Java 编译器给出了 unchecked 警告。第 6 行将 Raw 类转型为带通配符?的参数化类型，Java 编译器不发出警告信息。

在 Java 的发展历史中，Raw 类型的出现早于带通配符?的参数化类型，由于自动转型以及1.6.2节介绍的窄化转型规则，Raw类型和带通配符?的参数化类型在使用上没有区别，未来Java可能不再使用Raw类型，而使用带通配符?的参数化类型替代Raw类型。

例1.28　Holder和Holder<?>的使用示例。

示例代码如下：

```
1   public static void main(String[] args) {
2       Holder r = new Holder();
3       Holder<?> w = new Holder<String>();
4       r = w;              // widening conversion
5       w = r;              // unchecked conversion
6   }
```

代码第4、5行，r=w，w=r，似乎Raw类Holder和参数化类Holder<?>没有区别，但这是Java编译器自动实现转型的结果。第4行的转型是因为Holder是Holder<?>的直接超类型，第5行的转型是因为unchecked conversion。

Holder是Raw类型，Holder<?>是参数化类型，虽然可以将Holder视为Holder<?>，但二者是不同的类型。

1.4.9　泛型的实现

泛型类Holder< T >的代码存储在文件Holder.java中，经过类型擦除，编译后的字节码存储在文件Holder.class中，文件Holder.class记录了类声明给出的所有类型信息。通过使用程序javap进行反编译，可以验证以上结论。

1. 使用javap -p

javap -p给出了类的所有成员，这些成员的类型就是泛型类Holder< T >的成员，包含类型T。

```
$ javap -p Holder
  Compiled from "Holder.java"
  public class Holder<T> {
      private T data;
      public Holder();
      public void set(T);
      public T get();
}
```

2. 使用javap -c

javap -c给出了类的各方法编译后的虚拟机指令代码。set方法和get方法的代码对字段data进行了读写，data的类型是Object，即对类型变量T擦除后的类型，get方法的返回类型也是Object。

```
$ javap -c Holder
Compiled from "Holder.java"
public class Holder<T> {
  public Holder();
    Code:
       0: aload_0
       1: invokespecial    #12          // Method java/lang/Object."<init>":()V
```

```
        4: return
  public void set(T);
    Code:
        0: aload_0
        1: aload_1
        2: putfield         #23           // Field data:Ljava/lang/Object;
        5: return
  public T get();
    Code:
        0: aload_0
        1: getfield         #23           // Field data:Ljava/lang/Object;
        4: areturn
}
```

由泛型类 Holder<T>衍生的 Raw 类 Holder，以及参数化类，如 Holder<String>、Holder<Person>等都使用 Holder.class 作为字节码文件。Java 编译器利用 Holder.class 存储的类型信息进行类型检查，自动添加转型操作。

例 1.29 Java 编译器对参数化类型的方法调用进行类型检查，必要时添加转型指令。

示例代码如下：

```
1    public static void main(String[] args) {
2        Holder<String> h = new Holder<String>();
3        h.set("Hello");
4        String str = h.get();
5    }
```

set 方法在字节码文件中的参数类型为 Object，但 h 引用的是 Holder<String>对象，它的 set 方法的参数类型应为 String，为了保证这一点，第 3 行 Java 编译器对传入的对象"Hello"进行类型检查。get 方法的返回值类型在字节码文件中是 Object，h 的 get 方法的返回值类型是 String，Java 编译器会添加转型指令，第 4 行语句将变为 str=(String)h.get()。

下面 javap -c 的结果证实了这一点，“15：invokevirtual #25”调用了 get 方法，其返回值类型为 Object，“18：checkcast #29”就是 Java 编译器添加的转型指令。

```
public static void main(java.lang.String[]);
    Code:
        0: new              #16           // class Holder
        3: dup
        4: invokespecial    #18           // Method Holder."<init>":()V
        7: astore_1
        8: aload_1
        9: ldc              #19           // String Hello
       11: invokevirtual    #21           // Method Holder.set:(Ljava/lang/Object;)V
       14: aload_1
       15: invokevirtual    #25           // Method Holder.get:()Ljava/lang/Object;
       18: checkcast        #29           // class java/lang/String
       21: astore_2
       22: return
}
```

Java 语言使用类型擦除实现泛型，很好地解决了与旧代码的兼容问题，但与 C++相比，既限制了泛型编程的能力，又对初学者造成了一定的困惑。

例 1.30 类型擦除造成方法的签名相同。

例如,以下两个方法不能使用相同的名字。

- **private static** < E > **void** gg(Holder < E > h);
- **public static void** g(Holder <? **super** Student > h);

从方法重载角度来看,因为两个方法的参数类型不同,即使让它们同名也不会有问题。但经过类型擦除后,两个方法的参数类型都是 Holder,如果两个方法同名,就会造成它们拥有相同的签名,违反了方法重载的规定,Java 编译器会报错。

例 1.31 MyHolder 类扩展于 Holder < Integer >类。

示例代码如下:

```
1   public class MyHolder extends Holder < Integer > {
2       public void set(Integer x) {
3           System.out.println("MyHolder" + ":" + x);
4       }
5       public static void main(String[ ] args) {
6           MyHolder mh = new MyHolder();
7           Holder < Integer > hi = mh;
8           hi.set(123);
9           Holder h = mh;
10          h.set("10");
11      }
12  }
```

Holder < Integer >类有成员 set 方法,第 2~4 行声明的 MyHolder 类的 set 方法覆盖了 Holder < Integer >类的 set 方法。

代码第 7 行是子类型转换为父类型。第 8 行调用了 Holder < Integer >类的 set 方法,由于 set 方法是实例方法,并且变量 hi 引用了 MyHolder 对象,因此实际执行的是第 2、3 行的代码。

Raw 类 Holder 是 Holder < Integer >的超类型,也是 MyHolder 的超类型。第 10 行调用了 Holder 类的 set 方法,其参数类型为 Object,因此第 10 行符合语法要求。

运行上述代码,出现以下结果:

```
MyHolder:123
Exception in thread "main" java.lang.ClassCastException: class java.lang.String cannot be cast
to class java.lang.Integer (java.lang.String and java.lang.Integer are in module java.base of
loader 'bootstrap')
    at book.chap1.MyHolder.set(MyHolder.java:1)
    at book.chap1.MyHolder.main(MyHolder.java:12)
```

运行出现异常出乎意料,异常信息中的行号 1 和 12 更让人感到莫名其妙。

由于 Java 泛型采用了类型擦写的实现方式,Holder 类和 Holder < Integer >类共用了同一个字节码文件 Holder.class,set 方法的参数类型是 Object。因此,MyHolder 类继承了 set(Object)方法,而不是 set(Integer)。为了兼顾各方面的要求,Java 编译器为类 MyHolder 添加了一个方法,其示意性代码为:

```
public void set(Object x){
    Integer y = (Integer) x;            // 异常由这行代码抛出
    set(y);
}
```

第10行调用的是类Holder的实例方法set(Object)，变量h引用了MyHolder对象，执行的是上述的set(Object)方法，执行语句y=(Integer)x时，字符串"10"不能转换为Integer，抛出异常。

1.4.10 具体化(Reifiable)类型和new表达式的语法

使用类时，Java虚拟机首先要加载类的字节码文件，Java虚拟机根据字节码文件创建类。

因为有些类型信息在编译时就被擦除了，所以并不是所有类型在运行时都拥有自己的字节码文件。例如，Holder<Integer>类在编译时会擦除<Integer>，Holder<Integer>借用了Holder类的字节码文件。所以，对于Java虚拟机而言，创建的是Holder类，而不是Holder<Integer>类。

Reifiable类型指在运行时具有完整类型信息的类型，或者说是Java虚拟机能识别的类型，包括：

(1) 普通类和接口，如Person、Student等。

(2) Raw类型，如Holder。

(3) 带通配符?的参数化类型，如Holder<?>。

(4) 基本类型，如int、float等。

(5) 数组元素为具体化类型的数组。

(6) 嵌套类型，如果R、S、T是具体化类型，则R.S.T也是具体化类型。

以下场合必须使用具体化类型：

(1) 创建数组对象时必须使用具体化类型。

例如，Holder<Integer>[] a=(Holder<Integer>[]) new Holder<?>[6];。

(2) instanceof的运算数必须是具体化类型。

例如，if(p instanceof Holder<?>)。

(3) catch子句的参数必须是具体化类型。

1.5 数组

数组是Java语言自定义的类，不需要使用public class声明。数组实现了Cloneable接口和java.io.Serializable接口。数组分为基本类型的数组、类或接口类型的数组和类型变量数组。Object类是所有数组的超类。

数组有public修饰的字段length、componentType以及若干存储数组元素的空间。length存储了数组元素的个数，componentType记录了数组元素的类型。Java语言规范并没有要求数组元素必须在内存连续存放，只是要求根据下标能找到对应的数组元素。

1.5.1 泛型无关的数组

创建数组实际上是创建数组对象，只是习惯上把数组对象也叫作数组。创建数组时要指明数组元素个数和数组元素类型。

例如,下面的语句创建了有两个数组元素、数组元素类型为 Point 的数组。

```
Point[] a = new Point[2];
```

这条语句执行后,会生成数组对象,其 ID 存储于变量 a 中,各数组元素值为 null,如图 1.7 所示。

创建数组后,数组元素 a[0]和 a[1]没有引用任何 Point 对象,所以执行语句 a[0].move(1.0f, 1.0f)将抛出异常 NullPointerException。

习惯上,称 a[i]为数组 a 的第 i 个数组元素,也可将[]理解为数组的方法。这样,a[i]的含义就是让 a 引用的数组对象执行方法[],参数为 i,方法执行后返回第 i 个数组元素,这个数组元素是一个引用变量,其值为 Point 对象的 ID。

让数组元素引用数组就形成了多维数组,即通过嵌套构造多维数组。下面的代码生成了 2 行 2 列的类型为 Point 的数组。

```
1   public static void main(String[] args) {
2       Point[][] a = new Point[2][];
3       for (int i = 0; i < a.length; i++) {
4           a[i] = new Point[2];
5       }
6   }
```

代码第 2 行声明变量 a 引用二维数组,new 操作生成一个有两个数组元素、数组元素类型是 Point[]的数组。第 2 行的语句执行后的结果如图 1.8 所示。

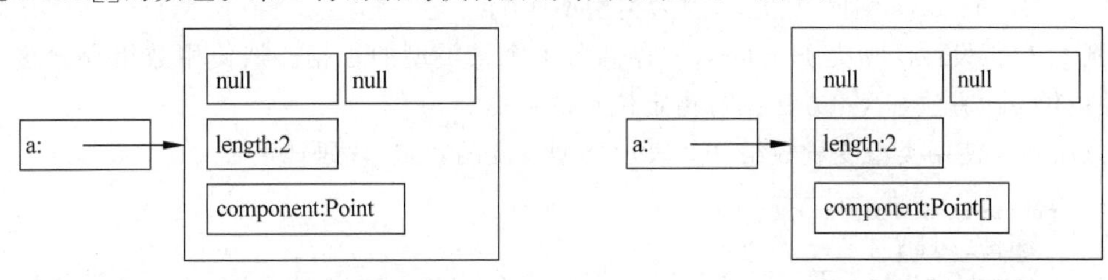

图 1.7 引用变量和数组对象　　图 1.8 数组元素是数组的数组

第 3、4 行的语句为数组 a 的每个数组元素生成具有两个数组元素的数组,如图 1.9 所示。

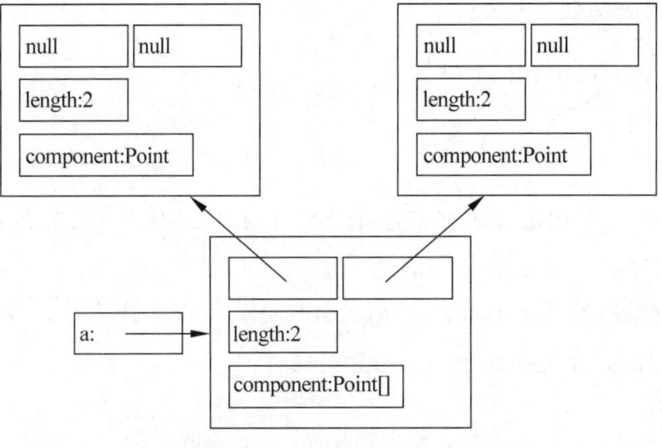

图 1.9 二维数组示意图

代码第2～5行可以替换成以下语句，有相同的执行结果。

```
Point[][] a = new Point[2][2];
```

Java 语言多维数组的构造方式允许生成不规则的数组，例如下三角数组。

1.5.2 泛型相关的数组

因为创建数组时必须使用具体化类型，所以创建泛型相关的数组时需要多加注意。

例 1.32 创建有3个数组元素、数组元素类型为 Holder<String>的数组。

示例代码如下：

```
1   public static void main(String[] args) {
2       Holder<String>[] a1 = new Holder<String>[3];
3       Holder<String>[] a2 = new Holder<>[3];
4       Holder<String>[] a3 = (Holder<String>[]) new Holder<?>[3];
5       a3[0] = new Holder<>();
6       a3[1] = new Holder<?>();
7       a3[2] = new Holder<Integer>();
8   }
```

代码第2、3行的 new 表达式没有使用具体化类型，所以 Java 编译器报错。第4行使用了具体化类 Holder<?>，符合要求，但由于涉及转型，Java 编译器发出警告，具体原因请见1.6节。第6行 Java 编译器报错，因为需要调用类的构造器，但 Holder<?>不是类，而是一组类。第7行 Java 编译器报错，因为类型不匹配。

例 1.33 设计泛型类 Holders，它存储若干个某类型的数据。请使用数组存储这些数据，并提供 get 方法和 set 方法读写指定位置的数据。

方法一是使用类型变量数组 T[]表示类型可变的数组，代码如下：

```
1   public class Holders<T> {
2       private T[] elems;
3       public Holders(int len) {
4       //  elems = new T[len];
5           elems = (T[]) new Object[len];
6       }
7       public void set(int index, T data) {
8           elems[index] = data;
9       }
10      public T get(int index) {
11          return elems[index];
12      }
13  }
```

创建泛型数组不能使用第4行的代码，因为 T 不是具体类型，而应该使用第5行的代码。Java 编译器会对第5行发出警告信息。

但是，若 T 有上界，如 T **extends** Comparable<T>，按上述方法声明泛型类：

```
public class Holders<T extends Comparable<T>>{
…
}
```

在编译时不会出现问题，但是，运行第5行的代码时会抛出类型转换异常。例如，运行下面的代码,调用构造器时程序会崩溃。

```
public static void main(String[] args) {
    Holders<Integer> h = new Holders<>(5);
}
```

请读者运行这段代码,仔细阅读 Java 虚拟机抛出的异常信息,结合类型擦除和数组 Object[]是否为数组 Comparable[]的子类型分析出现错误的原因。

方法二是使用数组 Object[]表示类型可变的数组,代码如下:

```
1   public class Holders2<T> {
2       private Object[] elems;
3       public Holders2(int len) {
4           elems = new Object[len];
5       }
6       public void set(int index, T data) {
7           elems[index] = data;
8       }
9       public T get(int index) {
10          return (T) elems[index];
11      }
12  }
```

代码第 6 行,set 方法传入类型 T 的数据,无论 T 是什么类型,一定是 Object 的子类,所以这个数据能存入数组元素。第 10 行,get 方法取出数组元素作为方法的返回值,但因为其类型为 Object,需要转型为 T 才能符合方法的返回值是类型 T 的要求。Java 编译器会对第 10 行发出警告信息。

例 1.34 编写泛型方法 ofArray 用于创建某类型的数组。

如果知道数组元素的个数和类型,可以使用类 Array 的方法 newInstance 创建数组,其原型为:

```
public static Object newInstance(Class<?> componentType, int length)
```

方法一是传入 Class 对象,代码如下:

```
1   public static <T> T[] ofArray(Class<T> tag, int n) {
2       return (T[]) Array.newInstance(tag, n);
3   }
```

方法二是传入数组(也可以传入变量),调用 getClass 方法获取 Class 对象,代码如下:

```
1   public static <T> T[] ofArray(T[] a, int n) {
2       return (T[]) Array.newInstance(a.getClass().getComponentType(), n);
3   }
```

1.6 引用类型的转型

引用类型包括类、接口、类型变量和数组。引用类型的转型有宽化转型(Widening Conversion)和窄化转型(Narrowing Conversion),用于赋值、方法调用、cast 操作等场合。转型的含义是将一种类型的对象视为另一种类型的对象。

宽化转型是指子类型转型为超类型。宽化转型在编译期和运行期不需要做任何工作,因为子类型包含了超类型的所有信息。

窄化转型一般是指超类型转型为子类型。超类型转型为子类型看似不合理，但因为宽化转型的存在，超类型的变量可能引用了子类型的对象。窄化转型必须使用 cast 语句，Java 编译器据此生成类型检查指令 checkcast，在运行期检查变量是否确实引用了子类型的对象，如果检查失败，则抛出 ClassCastException 异常。

以下是本节要用到的类和接口：

```
interface I {}
class C {}
class D extends C implements I {}
final class E {}
class B<T> {}
public class A<T> extends B<T> {}
class F extends A<D> implements I {}
```

1.6.1 宽化转型和窄化转型

引用类型 S 转型为引用类型 T，如果 S 是 T 的子类型，就会发生宽化转型。

例 1.35 宽化转型示例。

示例代码如下：

```
1   public static void main(String[] args) {
2       D d = new D();
3       C c = d;
4       I i = d;
5   }
```

因为 D 类是 C 类的子类，代码第 3 行发生了宽化转型，即将变量 d 引用的 D 对象转型（视为）为 C 对象，赋值后，变量 c 引用了 D 对象。因为 D 类实现了 I 接口，因此，I 是 D 的超类型，第 4 行也发生了宽化转型。

引用类型 S 转型为引用类型 T，如果 S 不是 T 的子类型，就需要进行窄化转型。窄化转型的基本要求是 S 和 T 代表的类型拥有共同的对象，否则不能进行窄化转型。如果 S 和 T 都是类，或者 S 和 T 都是接口，那么 S 和 T 必须是子类型/超类型关系，否则肯定没有共同的对象；如果 S 和 T 一个是类，另一个是接口，则二者可能有共同的对象，也可能没有共同的对象。

为了满足拥有共同对象的基本要求，Java 语言允许以下的窄化转型：

（1）S 是类或接口，T 是类或接口，且 S 和 T 代表的类型的对象集合的交集非空。

（2）S 是 Object 类、java.io.Serializable 接口或 Cloneable 接口，T 是数组。

（3）S 是数组 SC[]，T 是数组 TC[]，且存在从 SC 到 TC 的窄化转型。

（4）S 是类型变量，且存在从 S 的上界到 T 的窄化转型。

（5）T 是类型变量，且存在从 S 到 T 的上界的宽化转型或窄化转型。

（6）S 是交集类型 $S_1 \& S_2 \& \cdots \& S_n$，且存在从 S_i 到 T 的窄化转型，$1 \leqslant i \leqslant n$。

（7）T 是交集类型 $T_1 \& T_2 \& \cdots \& T_n$，且存在从 S 到 T_i 的宽化转型或窄化转型，$1 \leqslant i \leqslant n$。

例 1.36　窄化转型示例。

示例代码如下：

```
1   public static void main(String[] args) {
2       C c = new D();
3       D d = (D) c;
4       I i = new D();
5       c = (C) i;
6       i = (I) c;
7   //  E d = (E)i;
8   }
```

代码第 3 行是窄化转型。变量 c 的类型为 C，因为 D 类是 C 类的子类，c 有可能引用了 D 对象，所以 Java 编译器允许这样的转型。但是，必须使用 cast 语句(D)，Java 编译器会据此生成类型检查指令 checkcast D，在运行期检查 c 引用的对象是不是 D 的子类型，如果引用的不是 D 的子类型，则抛出异常 ClassCastException。

第 5、6 行是窄化转型。C 类没有实现 I 接口，所以 C 与 I 之间没有直接子类型/超类型关系。但是，它们可能拥有相同的子类型，如 D 类，所以 Java 编译器允许将变量 i 转型为类型 C，但会生成 checkcast C 指令。变量 c 转型为接口 I 也是基于同样的道理。

第 7 行是错误的。E 类与 I 接口没有直接子类型/超类型关系，并且 E 被 final 修饰，E 肯定没有任何子类，不可能与 I 拥有相同的子类型，所以 Java 编译器禁止这个转型。

1.6.2　unchecked 窄化转型

由于 Java 使用类型擦写策略实现泛型，对于涉及的参数化类型和类型变量的窄化转型，Java 编译器会给出 unchecked 警告，这样的窄化转型叫作 unchecked 窄化转型。

若 T 是参数化类型，例如 Holder < String >类，则 Java 编译器无法生成以下类型的检查指令：

```
checkcast Holder<String>
```

而只能生成以下类型的检查指令：

```
checkcast Holder
```

这样的检查是不充分的，Holder < String >对象、Holder < Integer >对象和 Holder < Person >对象都能通过检查，无法保证只引用了 Holder < String >或其子类型的对象，可能导致运行时出现异常现象，为此，Java 编译器给出 unchecked 警告。

若 T 是类型变量，假设 C 是对 T 进行类型擦除后的类型，由于 Java 编译器不知道 T 的具体类型，因此只能生成类型检查指令：

```
checkcast C
```

这样的检查不充分，Java 编译器给出 unchecked 警告。

若 T 是交集类型，并且涉及参数化类型或类型变量，则 Java 编译器也会给出 unchecked 警告，原因同上。

unchecked 窄化转型的规则如下：

(1) T 是参数化类型。除非：

① T 的所有类型实参都是通配符?。

② T<: S,且不存在 S 的其他子类型 X,X 的类型实参不包含于 T 的类型实参。

(2) T 是类型变量。

(3) T 是交集类型,即 T 的类型为 $T_1 \& T_2 \& \cdots \& T_n$,且存在 T_i,$1 \leqslant i \leqslant n$,S 不是 T_i 的子类型,且存在从 S 到 T_i 的 unchecked 窄化转型。

unchecked 窄化转型又分为 completely unchecked 窄化转型和 partially unchecked 窄化转型,前者 Java 编译器不产生 checkcast 指令,后者产生 checkcast 指令。

从 S 到 T 的 unchecked 窄化转型符合以下两种情形则属于 completely unchecked 窄化转型,除此之外都是 partially unchecked 窄化转型。

(1) T 不是交集类型,且 $|S| < |T|$。

(2) T 是交集类型 $T_1 \& T_2 \& \cdots \& T_n$,且对任何的 i,$1 \leqslant i \leqslant n$,要么 S<: T_i,要么 S 到 T_i 的是 completely unchecked 窄化转型。

例 1.37 规则(1)的示例。

示例代码如下:

```
1   public static void main(String[] args) {
2       I i = new F();
3       A<D> a1 = (A<D>) i;
4       A<? super D> a2 = new A<C>();
5       a1 = (A<D>) a2;
6       A<? super D> a3 = new A<D>();
7       A<? extends C> a4 = new A<C>();
8       a3 = (A<? super D>) a4;
9       a4 = (A<? extends C>) a3;
10  }
```

代码第 3 行,变量 i 转型为 A<D>,由于运行时检查变量 i 是否引用了 A 对象,而不是检查是否引用了 A<D>对象,因此 Java 编译器发出警告。

第 5 行,变量 a2 转型为 A<D>,a2 的类型是 A<? **super** D>,类型擦除后,二者的类型都是 A,Java 编译器没有生成类型检查指令,所以发出警告。

第 8、9 行,类型 A<? **super** D>捕获转型后的类型变量的上下界是[D, Object],类型 A<? **extends** C>捕获转型后的类型变量的上下界是[null, C],D 类是 C 类的子类,所以这两个类型存在共同的对象,Java 编译器允许相互转型。由于类型擦除后,二者的类型都是 A,Java 编译器没有生成类型检查指令,因此发出警告。

例 1.38 规则(1)①的示例。

示例代码如下:

```
1   public static void main(String[] args) {
2       I i = new F();
3       A<?> a1 = (A<?>) i;
4   }
```

代码第 3 行,Java 编译器会生成类型检查指令 checkcast A,由于 A 类和 A<?>类可以视为相同的类型,因此这个检查是完整的,Java 编译器没有发出警告。

例 1.39　规则(1)②的示例。

示例代码如下：

```
1   public static void main(String[] args) {
2       B<D> b1 = new F();
3       A<D> a1 = (A<D>) b1;
4       B<? extends C> b2 = new A<C>();
5       A<? extends C> a2 = (A<? extends C>) b2;
6       B<? extends D> b3 = new A<D>();
7       a2 = (A<? extends C>) b3;
8   }
```

代码第 3 行，变量 b1 转型为 A<D>，因为 B<D>类是 A<D>类的父类，虽然生成的类型检查指令是 checkcast A，但是，如果能通过检查，则 b1 引用的肯定是 A<D>对象，所以 Java 编译器不会发出警告。

第 5 行，变量 b2 转型为 A<? **extends** C>，因为 B<? **extends** C>类是 A<? **extends** C>类的父类。如果通过类型检查 checkcast A，则 b2 引用的一定是 A<E>对象，A<E>类是 A<? **extends** C>的子类，将 A<E>转型为 A<? **extends** C>属于宽化转型，Java 编译器不会发出警告。

第 7 行，变量 b3 转型为 A<? **extends** C>，因为 B<? **extends** D>类是 A<? **extends** D>类的父类，A<? **extends** D>类是 A<? **extends** C>类的子类，如果通过类型检查，则 b3 引用的一定是 A<E>对象，A<E>类是 A<? **extends** D>类的子类，也是 A<? **extends** C>类的子类，将 A<E>转型为 A<? **extends** C>属于宽化转型，Java 编译器不会发出警告。

例 1.40　规则(2)的示例。

示例代码如下：

```
1   public <T> void f(Object a) {
2       T b = (T) a;
3   }
4   public <T extends Comparable<T>> void g(Object a) {
5       T b = (T) a;
6       b.compareTo(b);
7   }
8   public <T extends Object & Comparable<T>> void h(Object a) {
9       T b = (T) a;
10      b.compareTo(b);
11  }
```

代码第 2 行，f 方法的类型变量 T 擦除后的类型为 Object，丢失了类型信息。变量 a 的类型为 Object。Object 转型为 Object，不需要做任何检查，属于 completely unchecked 窄化转型。但因为没有做类型检查，所以 Java 编译器发出警告。

第 5 行，g 方法的类型变量 T 擦除后的类型为 Comparable，变量 a 的类型为 Object，Object 不是 Comparable 的子类型，所以属于 partially unchecked 窄化转型，Java 编译器生成 checkcast Comparable 指令，因为丢失了 T 的信息，所以 Java 编译器发出警告。

第 9 行，h 方法的类型变量 T 擦除后的类型为 Object，变量 a 的类型为 Object，Java 编译器不生成 checkcast 指令，会发出警告。通过推理，Java 编译器知道交集类型 Object & Comparable 的公共子类型是 Comparable，所以在调用 compareTo 方法之前，Java 编译器生成 checkcast Comparable,检查 b 是否引用了 Comparable 对象。

例 1.41 规则(3)的示例。

示例代码如下:

```
1    public static void main(String[ ] args) {
2        A<C> a1 = new A<C>();
3        A<? extends C> a2 = new F();
4        a1 = (A<C> & I) a2;
5    }
```

代码第 4 行,变量 a2 转型为交集类型 A < C > & I,Java 编译器生成了类型检查指令 checkcast A 和 checkcast I 用于检查 a2 引用的对象,但由于无法生成 checkcast A < C >,因此 Java 编译器发出警告。

Java 编译器给出的 unchecked 警告信息多数可以忽略,但要关注警告信息,因为运行时可能出现异常,导致程序崩溃。例如例 1.41,变量 a2 引用了 F 对象,F 类是 A < D >类的子类,但是,A < D >和 A < C >是不同的类,即 F 不能转型为 A < C >,由于类型检查不彻底,第 4 行将 a2 转型 A < C > & I 时 Java 编译器只给出警告不报错,但是,后续将 F 对象视为 A < C >对象使用时,则可能会出现问题。

使用注解@SuppressWarnings("unchecked")可以抑制 Java 编译器产生 unchecked 警告。

小结

本章回顾了实现数据结构要使用的 Java 语言的主要内容。希望读者了解对象在内存中的存储形式以及和引用变量之间的关系,这有助于对数据结构的理解。

泛型是相对不容易理解的内容,理解泛型的关键之一是泛型类和泛型接口不是类型,通过类型替换,泛型类和泛型接口衍生了一系列参数化类和参数化接口,参数化类才是类型。关键之二是 Java 语言采用类型擦除实现泛型,出自同一个泛型类的所有参数化类型共享同一个字节码文件。为了保证参数化类型的语义,Java 编译器做了很多幕后工作,使用泛型时要留意各种警告信息。

在使用泛型的过程中会遇到各种各样的警告信息,对这些信息要予以关注,加以确认,否则在运行时可能出现异常,导致程序崩溃。

由于 Java 类库大量使用了泛型,后续章节也要使用泛型实现数据结构,因此,读者有必要理解泛型的基本概念和使用方法,提高使用泛型编写通用型代码的能力。

Java 语言的数组是内建类,数组元素类型必须是具体化类型,后续章节会大量使用数组,需要特别关注泛型数组的创建方法。

习题

1. 问答题

(1) 请简述语句 Point p=**new** Point(3.0f, 4.0f)的执行过程。

(2) 请回答第(1)题的变量 p 引用了什么,画出变量 p 和对象之间的关系图。

(3) 为什么说例1.11的嵌套类Node简化了编写代码的工作量，请结合display方法的代码论述。

(4) 请画出例1.18的一个MyList对象以及相关的某个内部类Itr的对象之间的关系图。

(5) 请分析例1.33的错误原因。

(6) 请画出图1.9引用4个Point对象后的示意图。

(7) 请给出类D的构造器。

```
public class A {
    public class B {
        public class C{

        }
    }
}
public class D extends A.B.C {
    …
}
```

2. 编程题

(1) 设计长方形类Rectangle，有两个字段，分别引用左下角和右上角的Point对象，要求实现接口Comparable<Rectangle>。

(2) 设计泛型类Student，要求字段性别的类型可变。

(3) 编写程序实现使用下三角数组存储九九乘法表，并打印九九乘法表。

第2章 算法与算法分析

本章学习目标

- 理解算法的概念
- 掌握算法复杂度模型和渐进分析方法
- 了解算法的定量测试方法

算法是描述计算过程的指令序列，它定义了一个部分函数（Partial Function），给定一组数据，通过计算，得到计算结果。为了比较算法、改进算法，需要进行算法分析，以获取算法的运行时间和所需的存储空间与问题规模的函数关系。算法分析一般采用渐进分析方法，它属于定性分析。

2.1 算法

算法（Algorithm）没有统一的定义。一般认为，算法是由意义明确的指令（操作）组成的序列，这个指令序列描述了计算过程，即给定一组数据，得到一个计算结果，并且这个计算过程一定会结束。

例 2.1 给出求解一元二次方程 $ax^2+bx+c=0$ 的实根的算法。

算法由以下操作组成：

(1) 获取系数 a、b、c。

(2) 计算 $\Delta=b^2-4\times a\times c$。

(3) 如果 $\Delta<0$，则执行①，否则执行②。

① 输出无实根的提示，结束。

② 输出 x_1 和 x_2，结束。

例 2.1 根据代数知识给出了求解一元二次方程的实根的算法。算法由 3 个操作组成，操作的顺序由数字标明，第 3 个操作又根据条件 $\Delta<0$ 的判定结果来执行不同的操作。

从给定一组数据得到一个计算结果的角度来看，算法是一种变换：

$$\text{Out}=\text{translate}(\text{In})$$

变换类似于数学函数 $y=f(x)$，因此，算法定义了一个部分函数，即对定义域内的变量值，算法会给出一个函数值。如例 2.1，如果存在实根，就会得到两个实根。

算法有以下 5 个特性。

(1) 有穷性：算法必须在有限步操作后结束。例 2.1 经过 3 步结束。

（2）确定性：算法的每个操作应有确切的定义。例 2.1 每个操作的含义明确，不会产生歧义。

（3）输入：算法有零个或多个输入。例 2.1 的第(1)步获取系数 a、b、c。

（4）输出：算法有若干个输出。例 2.1 的第①步的无实根提示、第②步的给出两个实根。

（5）有效性：算法的每个操作应足够简单，能够由计算机完成。例 2.1 涉及的操作计算机都有相应的指令。

算法的描述可以混合使用数学语言和自然语言，这样的描述方式叫作伪代码，如例 2.1。用计算机语言实现伪代码描述的算法，就得到了程序(Program)。

算法和程序是两个不同的概念，算法必须是有穷的指令序列，而程序有可能永不停止。例如，计算机的操作系统不断重复接收、执行用户命令，只要不关闭计算机，操作系统就一直运行。本书不严格区分算法和程序，而是将程序视为算法的一种表现形式，程序忠实地实现算法。

为了加深对算法概念的理解，并为后续的算法分析提供素材，下面介绍几个简单的算法。

例 2.2　有 n 个不同的整数，$a_0, a_1, \cdots, a_{n-1}$，给定整数 x，判断 x 是否与某个 a_i 相等，如果是，则输出 a_i 的下标 i，否则，输出 -1。

这个问题属于查找问题。顺序查找算法可以解决这个问题，其基本思想是从左至右，将 x 和 n 个整数逐一比较，算法如下：

（1）使用变量 i 表示下一个要与 x 比较的数据的下标，初始时，令 $i=0$。

（2）如果 $i<n$，即尚有未与 x 比较过的数据，则转第(3)步；否则，输出 -1，结束。

（3）如果条件 $x==a_i$ 成立，则输出 i，结束；否则令 $i=i+1$，转第(2)步。

使用数组存储 n 个不同的整数，sequentialSearch 方法可以实现顺序查找算法，方法的参数就是算法的输入，方法的返回值就是算法的输出，各语句构成了算法的操作序列。

```
public int sequentialSearch(int a[], int x) {
    for (int i = 0; i < a.length; i++) {
        if (x == a[i])
            return i;
    }
    return -1;
}
```

例 2.3　有 n 个不同的整数，并且 $a_0<a_1<\cdots<a_{n-1}$，判断 x 是否与某个 a_i 相等，如果是，则输出 a_i 的下标 i，否则输出 -1。

这个问题仍然属于查找问题，与例 2.2 的不同之处在于数据是有序的。可以使用折半查找算法，基本思想是不断地循环，每次将查找区间缩小一半，算法如下：

（1）使用变量 i、j 表示数据的下标，查找区间记为 $[i, j]$，即从下标 i 到下标 j 的有序数据中查找 x，初始时令 $i=0$，$j=n-1$。

（2）如果区间 $[i, j]$ 有数据，即 $i\leqslant j$，则重复第(3)～(6)步，否则，输出 -1，结束。

（3）计算处于中间位置的数据的下标 m，$m=i+(j-i)/2$。

（4）如果 $x<a_m$，则 x 只可能出现在区间 $[i,m)$，令 $j=m-1$，转第(2)步。

(5) 如果 $x > a_m$，则 x 只可能出现在区间$(m, j]$，令 $i = m+1$，转第(2)步。

(6) 如果条件 $x == a_m$ 成立，则输出 m，结束。

使用数组存储 n 个不同的整数，binarySearch 方法实现了折半查找算法。

```
public static int binarySearch(int[] data, int x) {
    int i = 0;
    int j = data.length - 1;
    while (i <= j) {
        int m = i + (j - i >>> 1);        // 使用移位操作实现正整数除以 2 的操作
        if (x < data[m])
            j = m - 1;
        else if (x > data[m])
            i = m + 1;
        else
            return m;
    }
    return -1;
}
```

例 2.4 计算 $n!$。

$$n! = \begin{cases} 1 & n = 0 \\ 1 \times 2 \times \cdots \times n & n \geqslant 1 \end{cases}$$

根据阶乘的递推式定义，可以得到算法，由于算法比较简单，因此直接给出 Java 程序。

```
public static long factorial(int n) {
    if (n == 0)
        return 1;
    long f = 1;
    for (int i = 2; i <= n; i++)
        f *= i;
    return f;
}
```

例 2.5 计算 $n!$。

$$n! = \begin{cases} 1 & n = 0 \\ n \times (n-1)! & n \geqslant 1 \end{cases}$$

根据阶乘的递归式定义，可以得到算法，由于算法比较简单，因此直接给出 Java 程序。

```
public static long factorial(int n) {
    if (n == 0)
        return 1;
    else
        return n * factorial(n - 1);
}
```

2.2 算法分析

对于算法，除了要保证计算结果正确外，还涉及效率问题：运行了多长时间，占用了多少存储资源。对算法的效率进行分析叫作**算法分析**(Algorithm Analysis)，算法分析是为了更好地了解算法、比较算法、改进算法。算法分析包括**时间复杂度**(Time Complexity)分析和**空间复杂度**(Space Complexity)分析,属于定性分析。由于本书将程序视为算法的一种表现形式,算法的时间复杂度分析和空间复杂度分析就是定性地计算程序的运行时间(Running Time)和占用的存储空间(Storage Space)。

2.2.1　时间复杂度模型

影响程序运行时间的主要因素有:软、硬件环境(E);算法(A);问题的实例,即算法的输入(I)。

程序的运行时间是 E、A 和 I 的函数,记为 $T(E, A, I)$。假设所有待分析的程序都在同一台抽象的机器上运行,则可以从影响因素中剔除 E。由于本书将程序视为算法的表现形式,因此程序的运行时间就是 I 的函数,记为 $T(I)$。

直觉告诉人们,从 10000 个数中查找某个数 x 比从 100 个数中查找 x 需要更长的时间,同样,计算 100 的阶乘比计算 10 的阶乘需要更长的时间。

为了简化分析过程,同时让分析结果更具有通用性,引入了问题规模的概念。**问题规模**一般指算法输入的数量,记为 n。例如,例 2.2 和例 2.3 从 n 个数中查找 x,例 2.4 和例 2.5 计算 $n!$,n 就是问题规模。

如果有多个问题规模为 n 的输入,将这些输入中最长的运行时间作为问题规模 n 的运行时间,则影响程序运行时间的因素就由输入 I 变为问题规模 n,即程序的运行时间是问题规模的函数,记为 $T(n)$。这样的 $T(n)$ 叫作最坏运行时间,即 $T(n)$ 是程序运行时间的上界,无论是哪种输入,只要问题规模是 n,则经过 $T(n)$ 时间后,程序必然停止。

如果有多个问题规模为 n 的输入,取这些输入的平均运行时间作为问题规模 n 的运行时间,这样的 $T(n)$ 叫作平均运行时间。由于平均的含义有不同的定义方式,并且平均运行时间的分析需要高深的数学工具,因此,本书主要分析算法的最坏运行时间。

时间复杂度模型:假设程序在一台抽象的计算机上运行,这台计算机的指令涉及以下运算:

(1) 算术运算。

(2) 比较运算。

(3) 逻辑运算。

(4) 赋值运算。

(5) 移位运算。

因为只是对算法做定性分析,所以,再假设每条指令的运行时间为 1 个时间单位,则程序的运行时间等于指令的条数。

根据上述的时间复杂度模型,下面逐一求出例 2.2～例 2.5 算法的时间复杂度,即程序的运行时间。

例 2.6　求例 2.2 顺序查找算法查找成功(有与 x 相等的数据)的时间复杂度。

首先,确定问题规模,例 2.2 的问题规模是整数的个数,即变量 a.length 代表的数组 a 的数组元素个数,记为 n。

其次,确定需要执行的指令,例 2.2 的指令有 $i=0$、$i<a$.length、i++ 和 $x==a[i]$。

再次,计算每条指令的执行次数,其中,$i=0$ 执行 1 次,因为要分析在 n 个数中查找 x 的最长运行时间,即最后一个数是 x 的情形,所以 for 语句要循环 n 次,$i<a$.length 执行

$n+1$ 次，i++和 $x==a[i]$各执行 n 次。

最后，累加各指令的执行次数得到程序在问题规模为 n 时的运行时间：

$$T_1(n)=3n+2$$

例 2.7 求例 2.3 折半查找算法的时间复杂度。

语句 i=0 执行 1 次赋值指令。语句 j=data.length−1 执行 1 次算术运算指令和 1 次赋值指令。

语句 while 先执行 1 次比较运算指令，如果条件成立，则执行循环体内的各语句。语句 mid=i+(j−i >>> 1)执行 2 次算术运算指令、1 次移位运算指令和 1 次赋值运算指令。语句 if 取最长的执行路径，即 if-else-if，执行 2 次比较运算指令、1 次算术运算指令和 1 次赋值运算指令。因此，语句 while 每循环 1 次要执行 9 条指令。

下面确定最多循环多少次。为了简化分析，假设 $n=2^m$，即初始查找的区间大小为 2^m，每循环 1 次，区间大小减半，最后 1 次循环，区间大小为 1，即 2^0，区间大小从 2^m 变化到 2^0，因此，需要循环 $m+1$ 次，即($\lfloor \log_2^n \rfloor+1$)次。所以，算法的运行时间为：

$$T_2(n)=1+2+9(\lfloor \log_2^n \rfloor+1)+1=9\lfloor \log_2^n \rfloor+13$$

例 2.8 求例 2.4 依据递推式定义计算 $n!$ 的时间复杂度。

指令有 n==0、f=1、i=2、i<=n、i++。语句 f *=i，执行 1 次算术运算指令和 1 次赋值运算指令，for 语句循环 $n-1$ 次，算法的运行时间为：

$$T_3(0)=1$$

$$T_3(n)=1+1+1+4(n-1)+1=4n \quad (当\ n\geqslant 1\ 时)$$

例 2.9 求例 2.5 依据递归式定义计算 $n!$ 的时间复杂度。

分析递归算法，一般是先获得关于 $T(n)$的递推式，然后求解递推式。根据算法，当 $n\geqslant 1$ 时，首先要计算$(n-1)!$，运行时间为 $T(n-1)$，然后执行 1 次乘法指令，就得到 $n!$，因此有以下递推式：

$$T_4(0)=1$$

$$T_4(n)=T_4(n-1)+2 \quad (当\ n\geqslant 1\ 时)$$

使用 $T_4(n-1)=T_4(n-2)+2$ 替换 $T_4(n-1)$，$T_4(n-2)=T_4(n-3)+2$ 替换 $T_4(n-2)$，以此类推，求解递推式的过程如下：

$$\begin{aligned}T_4(n)&=(T_4(n-2)+2)+2=T_4(n-2)+2\times 2\\&=(T_4(n-3)+2)+2\times 2=T_4(n-3)+3\times 2\\&\cdots\\&=T_4(1)+(n-1)\times 2\\&=T_4(0)+2+(n-1)\times 2=2n+1\end{aligned}$$

例 2.10 分析下面程序的运行时间，假设 move 方法的运行时间为 1 个时间单位。

```
public static void hanoi(int n, char x, char y, char z) {
    if (n == 1)
        move(x, 1, z);
    else {
        hanoi(n - 1, x, z, y);
        move(x, n, z);
        hanoi(n - 1, y, x, z);
```

```
    }
}
```

根据程序得到以下递推式：

$$T_5(1)=2$$

$$T_5(n)=2T_5(n-1)+2 \quad (当\ n>1\ 时)$$

求解递推式的过程如下：

$$\begin{aligned}
T_5(n) &= 2T_5(n-1)+2 \\
&= 2(2T_5(n-2)+2)+2 = 2^2T_5(n-2)+2^2+2 \\
&= 2^2(2T_5(n-3)+2)+2^2+2 = 2^3T_5(n-3)+2^3+2^2+2 \\
&= 2^{n-1}T_5(1)+2^{n-1}+2^{n-2}+\cdots+2^2+2 \\
&= 2^n+2^{n-1}+2^{n-2}+\cdots+2^2+2 \\
&= 2(2^{n-1}+2^{n-2}+\cdots+2+2+1) \\
&= 2(2^n-1) \\
&= 2^{n+1}-2
\end{aligned}$$

2.2.2　渐进时间复杂度分析

由于时间复杂度是对算法所需时间的定性度量，忽略了很多因素，因此比较两个算法的快慢时，不宜比较某个具体的问题规模，如 $n=5$、$n=100$ 等时，谁快谁慢，而应比较当 n 充分大时，谁快谁慢，即比较时间复杂度函数的增长率。

1. Big O 的定义

算法的时间复杂度 $T(n)=O(f(n))$，当且仅当存在正常数 c 和 n_0 时，使得对所有 $n\geqslant n_0$，有 $T(n)\leqslant c\times f(n)$。$O(f(n))$为 $T(n)$的增长率，O 读作 Big O。

例 2.11　求 $T_1(n)$的增长率。

因为 $T_1(n)=3n+2$

$$\leqslant 3n+n \quad (当\ n\geqslant 2\ 时)$$

$$\leqslant 4n$$

所以，$T_1(n)=O(n)$，$n_0=2$，$c=4$。

例 2.12　求 $T_2(n)$的增长率。

因为 $T_2(n)=9\lfloor \log_2^n \rfloor+13$

$$\leqslant 9\lfloor \log_2^n \rfloor+\log_2^n \quad (当\ n\geqslant 2^{13}\ 时)$$

$$\leqslant 10\log_2^n$$

所以，$T_2(n)=O(\log_2^n)$，$n_0=2^{13}$，$c=10$。

使用对数换底公式，$\log_b^n=\dfrac{1}{\log_a^b}\log_a^n=c\log_a^n$，不同底的 n 的对数相差 1 个常数，因此，对数的底可以忽略不计，$T_2(n)=O(\log n)$。

同理，可以得出 $T_3(n)=O(n)$，$T_4(n)=O(n)$，$T_5(n)=O(2^n)$。

常见的时间复杂度的增长率如表 2.1 所示，从上到下，从左至右，增长率依次增大。为了叙述方便，有时也使用阶(Order)称呼相应的增长率。

表 2.1　常见的时间复杂度的增长率

阶	增长率	阶	增长率
常数阶	$O(1)$	平方阶	$O(n^2)$
对数阶	$O(\log n)$	立方阶	$O(n^3)$
线性阶	$O(n)$	k 次方阶	$O(n^k)$
线性对数阶	$O(n\log n)$	指数阶	$O(2^n)$

增长率可用于比较算法的快慢。顺序查找算法的时间复杂度为线性阶，折半查找算法的时间复杂度为对数阶，因此，在问题规模充分大时，折半查找算法要快于顺序查找算法。

为了直观地了解不同的增长率，常见的时间复杂度的函数曲线如图 2.1 所示。从图 2.1 可知，对数阶的函数曲线比较平滑，而指数阶随着问题规模的增大，运行时间急剧增加。因此，对于时间复杂度为指数阶的问题，编程计算的方式只适合小规模的问题，如果要解决大规模的指数阶问题，就需要采用近似计算算法。

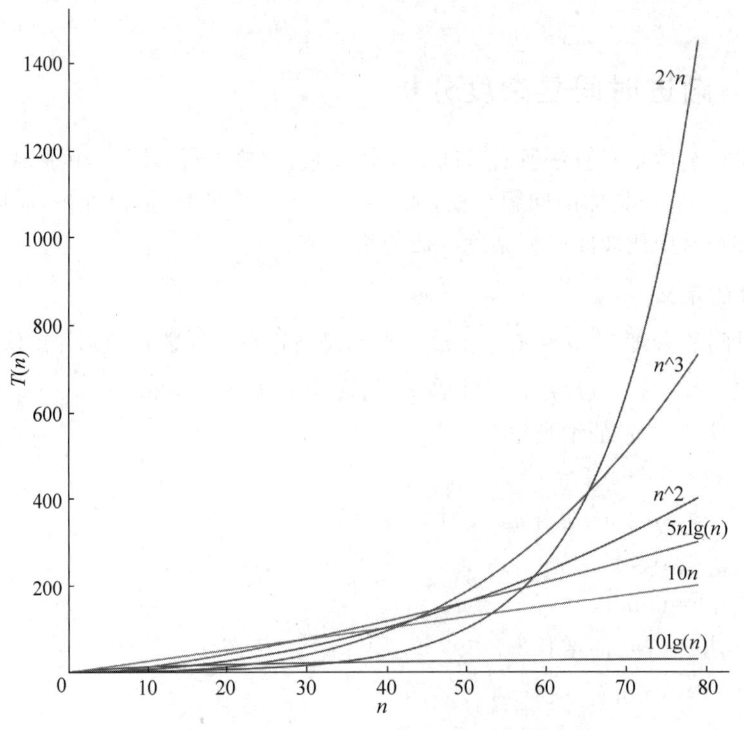

图 2.1　常见的时间复杂度的函数曲线

2. Big O 的运算规则及应用

假设 $T_1(n)=O(f(n))$，$T_2(n)=O(g(n))$：

(1) $T_1(n)+T_2(n)=O(f(n)+g(n))\Rightarrow \max(O(f(n)), O(g(n)))$，保留阶大的部分。

(2) $T_1(n)\times T_2(n) = O(f(n)\times g(n))$。

利用这两条规则，计算算法的时间复杂度就不需要先计算 $T(n)$，然后按照 Big O 的定义计算时间复杂度的阶,而是合二为一。

例 2.13 利用 Big O 的运算规则,给出折半查找算法的时间复杂度的增长率。

```
public static int binarySerach(int[] data, int x) {
    int i = 0;                              // O(1)
    int j = data.length - 1;                // O(1) + O(1)
    while (i <= j) {                        // O(1),循环 O(logn)次
        int m = i + (j - i >>> 1) ;         // O(1) + O(1) + O(1) + O(1)
        if (x < data[m])
            j = m - 1;
        else if (x > data[m])
            i = m + 1;                      // O(1) + O(1) + O(1) + O(1)
        else
            return m;
    }
    return -1;
}
```

代码的注解部分给出了每条语句的时间复杂度,根据这些注解,得到算法的时间复杂度为:

$$
\begin{aligned}
T_2(n) &= O(1)+O(1)+O(1)+O(\log n)\times(O(1)+O(1)+O(1)+O(1)+\\
&\quad O(1)+O(1)+O(1)+O(1)+O(1))\\
&= O(1)+O(\log n)\times O(1)\\
&= O(\log n)\times O(1)\\
&= O(\log n)
\end{aligned}
$$

例 2.14 利用 Big O 的运算规则,给出下面程序的运行时间的增长率。

```
public float sum(float a[][]) {
    float result = 0;                          // O(1)
    for (int i = 0; i < a.length; i++) {       // O(n)
        for (int j = 0; j < a.length; j++) {   // O(n)
            result += a[i][j];                 // O(1) + O(1) = O(1)
        }
    }
    return result;
}
```

代码的注解部分给出了每条语句的时间复杂度,根据这些注解,得到算法的时间复杂度为:

$$
\begin{aligned}
T_6(n) &= O(1)+O(n)\times O(n)\times O(1)\\
&= O(1)+O(n\times n\times 1)\\
&= O(1)+O(n^2)\\
&= O(n^2)
\end{aligned}
$$

3. Big O 的注意事项

根据时间复杂度模型计算的 $T(n)$ 已经忽略了一些影响因素,渐进时间复杂度分析又进一步舍弃了低阶部分和系数 c,因此,要一分为二地看待渐进时间复杂度分析的结论。

例如,顺序查找算法和折半查找算法的时间复杂度分别为线性阶和对数阶,只能说当问题规模 n 充分大时,折半查找算法优于顺序查找算法,而且还要满足数据有序的前提条件。当 n 比较小,或者数据无序时,顺序查找算法就有用武之地了。

在某些场合比较两个算法时,要综合考虑不同类型的操作需要的运行时间以及系数 c 的影响。

例 2.15 已知系数 $a_0, a_1, \cdots, a_n$ 以及变量 x,求多项式 $a_n x^n + a_{n-1}x^{n-1} + \cdots + a_2 x^2 + a_1 x + a_0$ 的和。给出求和的算法并分析其时间复杂度。

算法一:使用循环完成计算。第 i 次循环利用第 i−1 次循环的计算结果 $y = x^{i-1}$,首先计算 $y = y \times x$,即计算出 $y = x^i$,然后计算第 i 项 $a_i x^i$,即 y×a[i],最后进行累加,代码如下:

```
public static float polyEval(float a[], float x) {
    float y = 1, value = a[0];
    for (int i = 1; i < a.length; i++) {
        y *= x;
        value += y * a[i];
    }
    return value;
}
```

时间复杂度为:$T_7(n) = 7n + 4 = O(n)$。

算法二:Horner 算法,其基本思想也是通过循环完成计算。Horner 算法通过对多项式进行以下处理:

$$
\begin{aligned}
& a_n x^n + a_{n-1}x^{n-1} + \cdots + a_2 x^2 + a_1 x + a_0 \\
= & (a_n x^{n-1} + a_{n-1}x^{n-2} + \cdots + a_2 x + a_1)x + a_0 \\
& \cdots \\
= & (\cdots(a_n x + a_{n-1})x + \cdots + a_1)x + a_0
\end{aligned}
$$

每次循环计算 value=value * x+a[n−i],代码如下:

```
public static float polyHorner(float a[], float x) {
    float value = a[a.length - 1];
    for (int i = 2; i <= a.length; i++)
        value = value * x + a[a.length - i];
    return value;
}
```

时间复杂度为:$T_8(n) = 6n + 4 = O(n)$。

虽然两个算法的时间复杂度都是线性阶,但是 Horner 算法的系数为 6,即每次循环做 6 次运算,算法一的系数为 7,每次循环做 7 次运算。而且算法一每次循环做 2 次乘法运算,Horner 算法只做 1 次乘法运算,乘法运算需要的时间要多于加法运算和比较运算的时间。因此,虽然两个算法都是线性阶,但 Horner 算法总是优于算法一。

4. Big Ω 的定义

算法的时间复杂度 $T(n) = \Omega(f(n))$,当且仅当存在正常数 c 和 n_0,使得对所有 $n \geq n_0$,有 $T(n) \geq c \times f(n)$。$\Omega(f(n))$为 $T(n)$的增长率,Ω 为算法运行时间的下界。

例 2.16　$T_9(n)=n!$，使用 Big Ω 表示 $T_9(n)$。

$$\begin{aligned}T_9(n)&=n!\\&=1\times2\times3\times\cdots\times n\\&\geqslant1\times2\times2\times\cdots\times2=2^{n-1}\end{aligned}$$

所以，$T_9(n)=\Omega(2^n)$，$n_0=2$，$c=1$。

2.2.3　空间复杂度模型及分析

程序运行时需要占用存储空间。例如程序经过编译、链接形成的可执行代码需要加载到内存后，程序才能运行。算法的空间复杂度分析是分析与问题规模有关的存储空间的占用情况，主要由两部分组成：

(1) 输入占用的存储空间。

(2) 算法需要的其他存储空间，例如局部变量、临时变量。

因为针对同一个问题，每个算法都需要相同的存储空间存储输入，所以，在分析时，一般不考虑这一部分存储空间。在计算表达式时，Java 编译器会使用临时变量存储中间结果。存储对象时，除了字段外，对象头还需要一部分存储空间。这些空间由 Java 编译器决定，分析时不易精确计算，而且一般与问题的规模无关，可以不计入这一部分空间。

空间复杂度模型：假设程序在一台抽象的计算机上执行，每个局部变量占用 1 个单位的存储空间，则程序需要的空间为局部变量的个数。

一般使用 $S(n)$表示算法需要的存储空间。

例 2.17　分析顺序查找算法和折半查找算法的空间复杂度。

顺序查找算法的代码请见例 2.2，数组 a 和参数 x 是问题的输入，不予考虑。局部变量有 i 和 a.length，所以，$S(n)=2=O(1)$。

折半查找算法的代码请见例 2.3，数组 a 和参数 x 是问题的输入，不予考虑。局部变量有 i、j、m 和 a.length，所以，$S(n)=4=O(1)$。

例 2.18　分析使用递归计算 $n!$ 的算法的空间复杂度，代码请见例 2.5。

代码中只使用了变量 n，似乎只需要 1 个存储空间。但由于这是使用递归实现的算法，在运行时，factorial 方法被反复调用。例如，计算 4!，调用关系为：

factorial(4)⇒factorial(3)⇒factorial(2)⇒factorial(1)⇒factorial(0)

计算 $n!$ 时，需要同时运行 $n+1$ 个 factorial 方法，所以，$S(n)=n+1=O(n)$。

例 2.19　分析归并排序算法的空间复杂度。

示例代码如下：

```java
public static <T> T[] mergeSort(T[] a) {
    @SuppressWarnings("unchecked")
    T[] b = (T[]) Array.newInstance(a.getClass().getComponentType(), a.length);
    for (int length = 1; length < a.length; length <<= 1) {
        int t = 0;
        int lo = 0;
        while (lo < a.length) {
            int m = lo + length - 1;
            if (m >= a.length) {
                System.arraycopy(a, lo, b, t, a.length - lo);
```

```
                    break;
                }
                int hi = m + length;
                if (hi >= a.length)
                    hi = a.length - 1;
                twoWayMerge(a, b, lo, m, hi, t);
                t += hi - lo + 1;
                lo = hi + 1;
            }
            T[] tmp = a;
            a = b;
            b = tmp;
        }
    return a;
}
```

程序使用了有 n 个数组元素的数组 b 以及其他 6 个局部变量，所以，$S(n)=n+6=O(n)$。

2.3 程序性能测量

算法分析是定性分析，抓住了问题的主要方面，忽略了次要部分，适用于了解算法在问题规模充分大时的整体表现。程序最终要在具体的计算机系统上运行，计算机系统的某些特性(如高速缓冲、流水线等)也会影响程序的运行时间。

一般通过实验了解程序的实际表现。在实验时，首先根据问题的特点选取适当的测试用例，然后记录程序开始和结束的时刻，得到程序的运行时间。为了平抑系统波动对程序运行时间的影响，一般会多次执行程序，使用平均值作为程序的运行时间。

例 2.20 测量顺序查找算法的运行时间。

示例代码如下：

```
public static void main(String[] args) {
    final int m = 10000;
    final int n = 200000;
    int[] a = new int[n];
    for (int i = 0; i < n; i++)
        a[i] = i;
    long start = System.nanoTime();                   // 纳秒
    for (int i = 0; i < m; i++)
        sequentialSearch(a, n - 1);                   // 找最后一个
    long end = System.nanoTime();
    System.out.println((end - start)/m);
}
```

测量代码运行 m 次顺序查找算法 sequentialSearch，通过 System.nanoTime 方法获取开始运行和结束运行的时刻，分别记录于变量 start 和 end 中。最后，求出平均值作为算法的运行时间。

小结

算法描述了用于求解问题的计算过程。为了比较和改进算法，需要分析算法的效率，包括算法所需的运行时间和存储空间，一般采用渐进时间复杂度和渐进空间复杂度分析方法。渐进分析方法的目的是考察问题规模充分大时算法的表现，属于定性分析。为了更细致地分析算法，也经常通过测量程序的运行时间了解算法的性能。

习题

1. 选择题

(1) 方法 f1 的时间复杂度是(　　)。

A. $O(\log n)$　　B. $O(n^{1/2})$　　C. $O(n)$　　D. $O(n^2)$

```
public int f1(int n) {
    int x = 0;
    while (n >= (x + 1) * (x + 1)) {
        x = x + 1;
    }
    return x;
}
```

(2) 方法 f2 的时间复杂度是(　　)。

A. $O(\log n)$　　B. $O(n^{1/2})$　　C. $O(n)$　　D. $O(n\log n)$

```
public int f2(int n) {
    int i = 0;
    int sum = 0;
    while (sum < n) {
        sum += ++i;
    }
    return i;
}
```

(3) 方法 f3 的时间复杂度是(　　)。

A. $O(\log n)$　　B. $O(n)$　　C. $O(n\log n)$　　D. $O(n^2)$

```
public int f3(int n) {
    int x = 2;
    while (x < n / 2) {
        x = 2 * x;
    }
    return x;
}
```

(4) 方法 f4 的时间复杂度是(　　)。

A. $O(\log n)$　　B. $O(n)$　　C. $O(n\log n)$　　D. $O(n^2)$

```
public int f4(int n) {
    int count = 0;
    for (int k = 1; k <= n; k *= 2) {
        for (int j = 1; j <= n; j++) {
            count++;
        }
    }
    return count;
}
```

(5) 记问题的规模 n=a.length,方法 f5 的时间复杂度是(　　)。

A. $O(\log n)$　　B. $O(n)$　　C. $O(n\log n)$　　D. $O(n^2)$

```
public void f5(int[] a, int x) {
    int j = a.length;
    for (int i = 0; i < a.length; i++) {
        if (x > a[i]) {
            j = i;
            break;
        }
    }
    for (int i = a.length; i > j; i--) {
        a[i] = a[i - 1];
    }
    a[j] = x;
}
```

(6) 算法的计算量的大小称为计算的(　　)。

A. 效率　　B. 复杂性　　C. 现实性　　D. 难度

(7) 算法应该是(　　)。

A. 程序　　B. 问题求解步骤的描述

C. 要满足 5 个特性　　D. A 和 C

(8) 计算算法的时间复杂度属于一种(　　)。

A. 事前统计的方法　　B. 事前分析的方法

C. 事后统计的方法　　D. 事后分析的方法

(9) 算法分析的目的是(　　)。

A. 找出数据结构的合理性　　B. 研究算法的输入和输出的关系

C. 分析算法的效率以求改进　　D. 分析算法的易懂性和文档性

(10) 算法的时间复杂度为 $O(n^2)$,表明该算法的(　　)。

A. 问题规模是 n^2　　B. 执行时间等于 n^2

C. 执行时间与 n^2 成正比　　D. 问题规模与 n^2 成正比

2. 填空题

(1) 评价算法的两个重要指标是________和________。

(2) 算法有 5 个特性:________、________、________、有零个或多个输入、有一个或多个输出。

(3) 算法的有穷性是指________。

(4) 算法和程序的区别是________。

(5) Big O 是算法运行时间的上界，当有多个问题规模为 n 的输入时，将________输入的运行时间作为问题规模为 n 时的运行时间。

3. 分析题

(1) 求解 $t(n)$。

$$t(n)=\begin{cases}2 & n=0\\ 2+t(n-1) & n>0\end{cases}$$

(2) 求解 $t(n)$。

$$t(n)=\begin{cases}1 & n=0\\ 3t(n-1) & n>0\end{cases}$$

(3) 编写代码，测量折半查找的执行时间。

数据结构

本章学习目标

- 理解数据结构的概念
- 掌握数据结构的描述方法

数据结构由数据集合、约束条件和操作组成。约束条件一般用数据之间的二元关系表示,基本操作包括向数据集合增加数据、从数据集合删除数据、判断数据集合是否包含某个数据、判断数据集合是否为空集和计算数据集合的数据个数等操作。

数据结构的实现是指如何在计算机存储器内表示数据和数据之间的关系,以及在此基础上如何高效地实现各种操作。

3.1 数据结构的基本概念

电子数字计算机自 20 世纪 40 年代问世以来,早期用于数值计算,例如,弹道计算,其特点是数据量较少,但计算复杂。随后向银行业等商业领域扩展,其特点是计算比较简单,但数据量大,而且数据之间密切关联。例如,一张转账单关联两个账号,每个账号关联一个客户。应用需求催生了对各种数据结构的研究,20 世纪 60 年代末,计算机科学与技术专业就设置了"数据结构"课程。

数据结构 (Data Structure)没有严格统一的定义。在日常生活中,经常会用到房屋结构、产业结构和分子结构等词语,这些词语都涉及结构一词。牛津字典对 structure 的解释如下:

the arrangement of and relations between the parts or elements of something complex

- the organization of a society or other group and the relations between its members, determine its working
- a building or other object constructed from several parts

结构是复杂物体组成部分的组织方式或相互之间的关系,结构将这些组成部分连接起来形成了一个有机的整体。

鸟巢体育馆是一个壮观的钢结构建筑,大量的钢板交织在一起,既提供了必要的支撑力,给人以美感,又使鸟巢体育馆成为著名的体育设施,如图 3.1 所示。

一般认为,数据结构是由数据和数据之间的关系构成的整体。

解决不同的问题需要不同的数据结构,因此,存在各种各样的数据结构。本书主要介绍

图 3.1 鸟巢体育馆

经典的数据结构，包括线性表、栈和队列等线性结构，二叉树、树等层次结构以及其他的数据结构，如图 3.2 所示。图中使用圆表示数据，使用带箭头的线段表示线性表的数据的先后关系，使用线段表示二叉树的数据的双亲/孩子关系。这些数据结构经过了深入的研究，得到了广泛的应用，部分数据结构已纳入了 Java 类库。

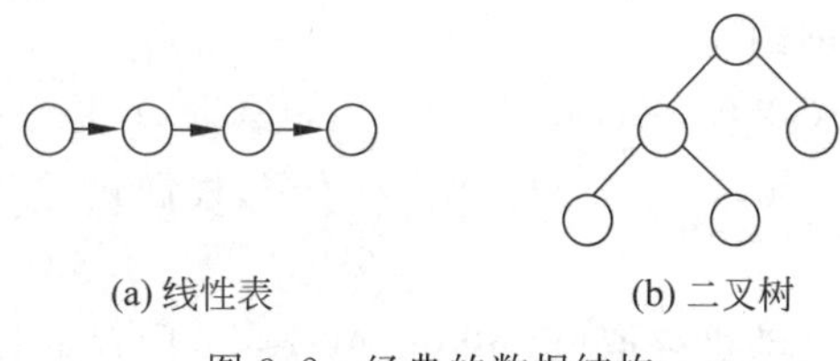

图 3.2 经典的数据结构

3.2 数据结构的描述

数据结构的描述是指如何在计算机存储器中存放数据和数据之间的关系。

1. 内存储器模型和分配方式

计算机使用存储器存储数据和程序。存储器分为内存储器和外存储器，简称内存和外存。内存由存储单元组成，存储单元有唯一的编号，叫作地址（Address），地址从 0 开始编排，如图 3.3 所示。

内存可以执行 read、write 和 move 指令，这些指令需要明确存储单元的地址。read 指令读取存储单元存储的数据，write 指令将数据存放于存储单元（原有的数据就消失了），move 指令将一个存储单元存储的数据复制到另一个存储单元。

地址	存储单元
0	
1	
2	
	…
$n-1$	

图 3.3 内存储器模型

使用机器语言，程序员必须决定将数据存储于哪个存储单元，而且必须记住存储单元的地址，以便后续对其进行读写操作。

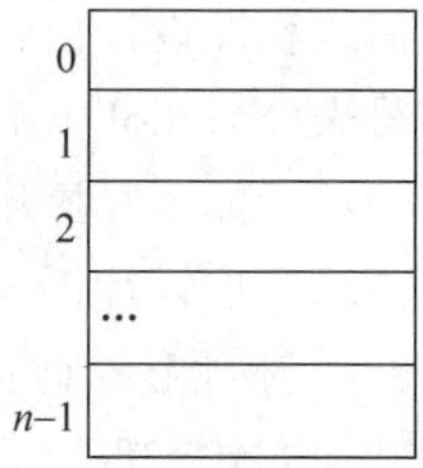

存储大量的数据有两种内存分配（Storage Allocation）方式：**连续（顺序）分配**（Sequential Allocation）和**链式分配**（Linked Allocation）。假设内存按字节编址，long 类型的整数占用 8 字节。存储 3 个 long 型的整数 33、44、55 的两种分配方式如图 3.4 所示。

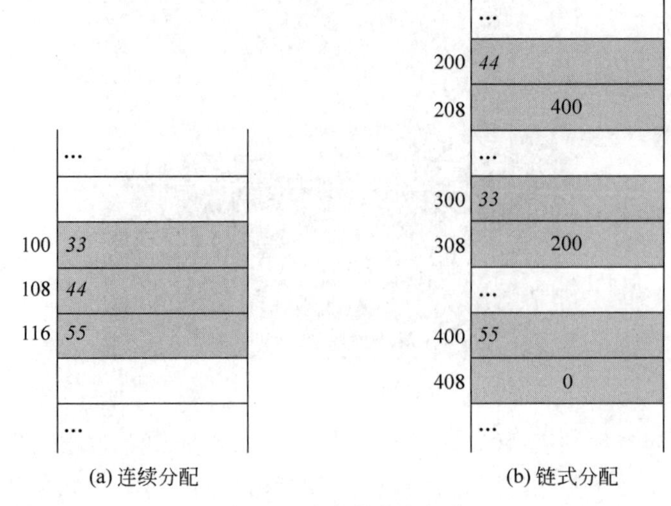

(a) 连续分配　　(b) 链式分配

图 3.4　内存的分配方式

连续分配方式将数据分配(存储)于连续的存储单元。已知第一个数据的地址 a,就可以按照以下公式得到各数据的地址:

$$\text{location}(i)=a+(i-1)\times s,\quad 1\leqslant i\leqslant k, k \text{ 是数据个数} \tag{3.1}$$

从图 3.4(a)可知,$a=100$,$s=8$,44 是第 2 个数据,根据式(3.1),44 存储于 108 号存储单元。

连续分配方式的特点是**随机存取**(Random Access),即存取任意的数据花费相同的时间。因为按公式 3.1 就能获知其地址,然后就可对其进行读写操作。

链式分配方式将数据分配于离散的存储单元,通过附加的地址信息将数据**链接**(Link)在一起。根据第一个数据的地址 a,找到数据后,取出附加的地址信息,就能找到第二个数据,以此类推。因此,链式分配方式的特点是**顺序存取**(Sequential Access),即要读写第 i 个数据,必须先依次找到前 $i-1$ 个数据,存取不同的数据花费不同的时间。

从图 3.4(b)可知,第一个数据 33 存储于编号为 300 的存储单元,附加的地址是 200,在 200 号存储单元找到第二个数据 44,附加的地址是 400,在 400 号存储单元找到第三个数据 55,附加的地址是 0,此时可知,其后再无其他数据。因为 0 号存储单元一般受操作系统的保护,普通用户程序不能访问,所以常使用地址 0 作为最后一个数据的标志。

高级程序设计语言将存储单元抽象为变量,变量用于存储数据。高级程序设计语言通过**符号表**(Symbol Table)将变量映射到存储单元的地址,从而将对变量的读写操作转换为对存储单元的读写操作。

高级程序设计语言提供了数组用于存储大量的数据。数组由一组无名变量组成,数组将下标映射到无名变量,通过数组名和下标存取数据。数组一般用连续分配方式实现,但也可用其他方式实现。

高级程序设计语言负责内存的管理。主要的管理工作有:哪些存储单元已经被使用、哪些存储单元未被使用、为变量分配存储单元以及回收变量占用的存储单元。

有了高级程序设计语言的支持,实现数据结构就是使用变量和数组表示数据和数据之间的关系。

一般通过文件系统的文件使用外存。文件由若干字节组成,每字节有唯一的编号,这个编号是相对文件头的位置,因此,文件也构成了如图 3.3 所示的线性空间。操作系统提供了从指定位置读写文件的若干字节的操作。

在外存上实现数据结构,程序员首先要编写代码对文件的存储空间进行管理,包括分配存储空间、回收存储空间、管理已使用的空间和管理未使用的空间等功能。

2. 数据的描述

高级程序设计语言提供了丰富的**数据类型**(Data Type)用于表示各种用途的数据。数据类型由数据集合和集合上的封闭运算组成。例如常见的数据类型 int,它定义了一组整数以及整数的加、减、乘、除等运算。高级程序设计语言提供的数据类型又叫作基本数据类型。

数据有原子数据和复合数据之分。原子数据使用基本数据类型描述,复合数据由原子数据和其他复合数据组成。复合数据由用户使用高级程序设计语言提供的机制(如 C 语言的 struct、C++和 Java 语言的类)定义。

例 3.1 地址是复合数据,由街道和城市组成。

```
public class Address {
    String road;
    String city;
}
```

例 3.2 学生是复合数据,由姓名、年龄、身高和地址组成。

```
public class Student {
    String name;
    int age;
    float height;
    Address address;
}
```

类是程序员定义的数据类型。类的对象的集合等同于数据类型的数据集合,类的方法可视为数据类型的运算。

对 Java 语言而言,原子数据用基本数据类型的常量或变量表示,复合数据用对象表示。为了通用性,本书使用了泛型,数据就是对象,对象就是数据。

3. 结构的描述

例 3.3 表 3.1 是一份学生名单。现需要将其存储到计算机,除了要保存每个学生的信息外,还要反映学生在名单中的先后关系。

表 3.1 学生名单

姓名	年龄/岁	身高/cm
甲	17	181
乙	18	170
丙	17	165

学生甲、乙、丙分列名单的第 1、2 和 3 行,他们之间有先后关系,如图 3.5 所示。

为了表示学生信息,声明 Student 类如下:

```
public class Student {
    String name;
```

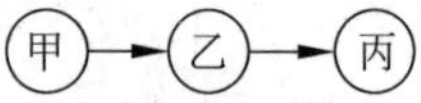

甲
乙
丙

图 3.5　学生在学生名单中的先后关系

```
    int age;
    float height;
}
```

生成 3 个 Student 对象用于表示 3 个学生，对象有唯一的标识，假设为 ID23、ID18 和 ID25，如图 3.6 所示。

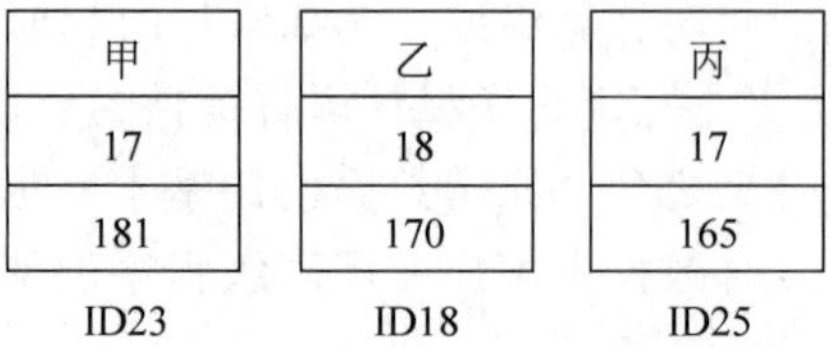

甲
17
181
ID23
乙
18
170
ID18
丙
17
165
ID25

图 3.6　3 个学生对应的对象

有两种方式可以表达 3 个学生在学生名单中的先后关系。一种方式是修改 Student 类的声明，增加引用类型的字段 next，修改后的 Student 类的声明如下：

```
public class Student {
    String name;
    int age;
    float height;
    Student next;
}
```

字段 next 用于引用 Student 对象，表示先后关系。如图 3.7(a)所示，学生甲的字段 next 存储了学生乙的对象标识 ID18，表示学生甲排在学生乙的前面。学生乙的字段 next 存储了学生丙的对象标识 ID25，表示学生乙排在学生丙的前面。学生丙的字段 next 为 null，表示学生丙后面没有其他的学生，他是最后一名学生。

通过字段 next 能找到一个对象，为了更形象地表示这种含义，引入**箭头符号**，如图 3.7(b)所示。学生甲的字段 next 指向了学生乙，表示学生甲引用了学生乙，在名单中排在学生乙的前面。

这种通过引用变量表达数据之间关系的方式类似于内存的链式分配方式，故称作**链式描述**。

甲
17
181
ID18
乙
18
170
ID25
丙
17
165
null
甲
17
181
乙
18
170
丙
17
165
null

(a) 引用关系　　(b) 箭头符号表示引用关系

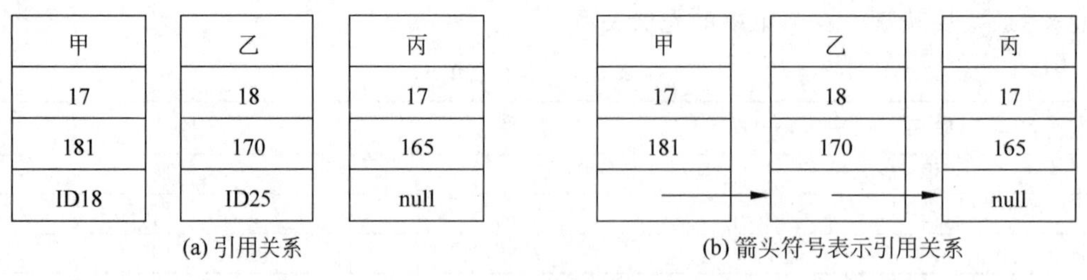

图 3.7　3 个学生对象及先后关系

为 Student 类增加字段 next 的方法很好地表达了先后关系，但有若干弊端。首先要修改 Student 类的声明，但很多情况下不能修改类声明。其次，如果学生甲出现在两个名单中，而学生乙和学生丙只出现在一个名单中，那么，为了表示学生甲在两个名单中的先后关系,就要为 Student 类增加两个字段,但学生乙和学生丙只使用了其中的一个,浪费存储空间。

更好的方式是像 Java 类库那样引入泛型类 Node,其声明如下:

```
public class Node<T>{
    T data;
    Node<T> next;
}
```

由于字段 next 的存在,Node 对象之间存在引用关系。借助 Node 对象之间的引用关系间接地表达学生对象之间的先后关系,如图 3.8 所示。

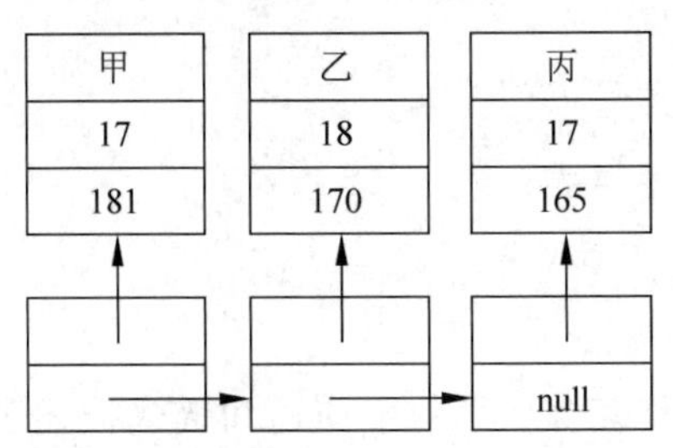

图 3.8　借助 Node 对象表示 3 个学生对象的先后关系

请注意,本书针对不同的数据结构声明了不同的 Node 类用于存储数据和数据之间的关系,为了叙述方便,将各类 Node 对象统称为**结点**。

另一种方式是使用数组,通过数组元素下标之间的次序关系间接地表示学生对象之间的先后关系,如图 3.9 所示。下标为 0、1、2 的数组元素分别引用了学生甲、乙和丙,根据下标的次序关系,学生甲先于学生乙,学生乙先于学生丙。

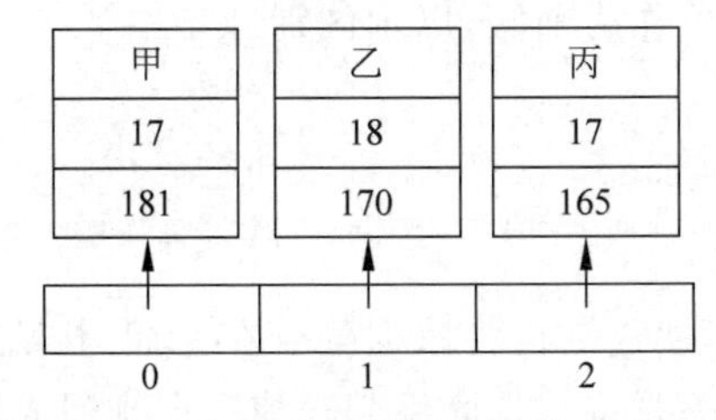

图 3.9　数组元素下标的次序关系表示学生对象的先后关系

本书将使用数组下标之间的次序关系描述数据之间关系的方式叫作**数组描述**。

3.3　抽象数据类型及实现

抽象数据类型(Abstract Data Type)由数学模型以及模型上的操作组成。例如,离散数学的图以及求顶点的出度、入度等操作就构成了一个抽象数据类型。

抽象数据类型和高级程序设计语言的基本数据类型是同一个概念,只是前者是从实际问题抽象出来的数据类型,它是程序员定义的数据类型,后者是高级程序设计语言所提供的数据类型。

高级程序设计语言的数据类型由基本数据类型和抽象数据类型组成。

抽象数据类型等同于 3.1 节介绍的数据结构及相关的操作,因此本节也可叫作数据结构的实现。

本书使用接口定义抽象数据类型,接口规定了抽象数据类型的约束条件和操作。例如,以下的 IList 接口定义了线性表,它声明了若干抽象方法,方法的参数出现了数据编号 index,数据编号体现了数据之间的线性次序关系。

```
public interface IList<T> {
    void clear();
    boolean isEmpty();
    int size();
    T get(int index);
    void add(int index, T x);
    T remove(int index);
    T set(int index, T x);
    int indexOf(T x);
    Iterator<T> iterator();
}
```

抽象数据类型的实现就是综合运用数组描述和链式描述表达数据和数据之间的关系,在此基础上高效地实现各种操作。使用类实现抽象数据类型,例如,CLinkedList 类实现了 IList 接口,其声明如下:

```
public class CLinkedList<T> implements IList<T> {
...
}
```

由于 Java 类库已有 List 接口和 LinkedList 类,为了避免重名引起的混乱,本书在接口和类名前分别使用字母 I 和 C 作为前缀,以示区别。

小结

数据结构的核心是结构,通过结构将数据融合在一起,构成一个有机的整体。例如,线性表的数据之间的线性次序关系将数据联系起来使数据排列成直线。

数据结构有两种基本的描述方式。一种是显式的方式,即使用变量(如 C 语言的指针、Java 语言的引用变量)描述数据之间的关系。另一种是隐式的方式,即通过数组下标的次序关系描述数据之间的关系。总之,就是使用一组变量和数组描述数据结构。

需要指出的是,不同的教材使用了不同的术语。参考文献[1]的信息结构部分成文于 1968 年,没有区分数据结构的抽象和数据结构的描述,术语结点(Node)既指数据,也指数据在内存的表示。

参考文献[3]、[4]、[6]将数据结构分为逻辑结构和存储(物理)结构,例如,线性表是逻辑结构,线性表在内存的链式描述链表是存储结构。顺序结构和链式结构是两种基本的存储结构,存储结构即本书的数据结构的描述。

参考文献[7]使用了数据类型、抽象数据类型和数据结构 3 个概念,抽象数据类型和数据结构基本等同于逻辑结构和存储结构。将数据结构分为抽象与实现体现了软件分层的思想,有利于软件的开发和维护。本书将数据结构抽象的部分叫作抽象数据类型,实现的部分叫作抽象数据类型的实现或数据结构的实现,二者分别对应Java的接口和类。

参考文献[3]、[6]、[8]、[10]中将数据集合叫作数据对象,集合的元素叫作数据元素,构成数据元素的字段叫作数据项。由于本书使用Java描述数据结构,故只使用了数据的概念,数据就是对象,对象就是数据。

习题

1. 填空题

(1) 连续分配方式的特点是________,存取不同的数据花费________的时间。

(2) 链式分配方式的特点是________,存取不同的数据花费________的时间。

(3) 原子数据使用________表示,复合数据使用________表示。

(4) 表达数据之间的关系的方式有________和________,其中,最基本的方式是________。

(5) 数组由一组________构成,通过________存取数组存储的数据。

(6) 本书使用________表示抽象数据类型,使用________表示数据结构。

2. 论述题

(1) 使用高级程序设计语言表示数据之间的关系的方法有几种?各自的特点是什么?

(2) 泛型类Node的作用是什么?

(3) 如果要在文件中实现数据结构,程序员需要首先设计和实现什么?

(4) 将数据结构划分为抽象和实现有什么优点?

数据结构篇

第4章 线性表

本章学习目标

- 理解线性表的基本概念
- 掌握线性表的数组描述
- 掌握线性表的链式描述

线性表是从常见的花名册、成绩单、购物单等抽象出来的数据结构，用于表示数据之间有线性次序关系的数据集合。线性表有增加数据、删除数据、判断某个数据是否在线性表内等操作。线性表在内存有两种表达方式：数组描述和链式描述，链式描述包括单向链表、带头结点的单向链表、单向循环链表和双向链表。

4.1 线性表的基本概念

线性表(Linear List)是有限的数据集合，数据之间具有线性次序关系，即线性表是数据序列 $a_0, a_1, \cdots, a_{n-1}$，数据的个数称为线性表的长度。

根据数据在线性表的位置，赋予数据唯一的**编号**(Index)，长度为 n 的线性表的数据编号为 $0,1,\cdots,n-1$。

编号为0的数据叫作**表头**(Head)，编号为 $n-1$ 的数据叫作**表尾**(Tail)。对编号为 i 的数据而言，编号为 $i-1$ 的数据是其**前驱**(Predecessor)，编号为 $i+1$ 的数据是其**后继**(Successor)。表头无前驱，表尾无后继。

如果线性表没有任何数据，即空序列，这样的线性表叫作**空表**，空表是线性表的一种特殊形式。

线性表的图示形式如图4.1所示，图中用带圆圈的字母或数字表示数据，用带箭头的线段表示数据的先后关系。

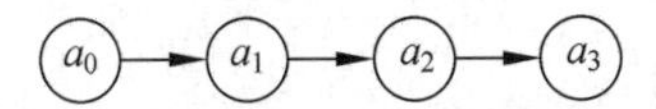

图4.1 线性表的示意图

线性表有若干操作，下面具体介绍add操作和remove操作。

add操作向线性表增加编号为 i 的数据 x。假设add操作前，线性表为 $a_0, a_1, \cdots, a_{i-1}, a_i, \cdots, a_{n-1}$，则add操作后，线性表为 $a_0, a_1, \cdots, a_{i-1}, a'_i, a'_{i+1}, \cdots, a'_n$，其中，$a'_i = x$，$a'_{i+1} = a_i, \cdots, a'_n = a_{n-1}$，即增加数据后，编号为 $0 \sim i-1$ 的数据的编号保持不变，编号为

$i \sim n-1$ 的数据的编号更改为 $i+1 \sim n$。线性表的长度由 n 增大为 $n+1$。

例如,线性表为 A、E、B,如图 4.2(a)所示,执行 add(1,C)后,线性表为 A、C、E、B,如图 4.2(b)所示。add 操作前,线性表编号为 0、1、2 的数据分别是 A、E、B,执行 add(1,C)操作后,线性表编号为 0、1、2、3 的数据分别是 A、C、E、B。

A→E→B

(a) 线性表

A→C→E→B

(b) 执行add(1, C)后的线性表

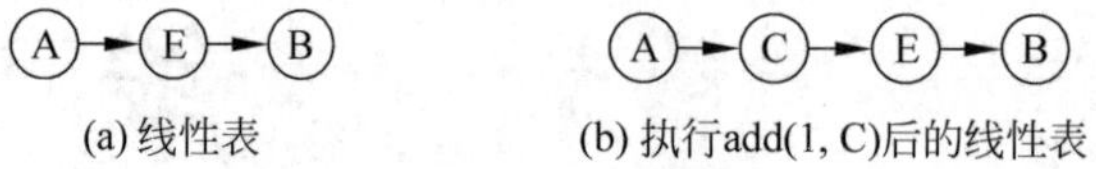

图 4.2 add 操作

remove 操作从线性表删除编号为 i 的数据。假设操作前,线性表为 $a_0, a_1, \cdots, a_{i-1}, a_i, \cdots, a_{n-1}$,则 remove 操作后,线性表为 $a_0, a_1, \cdots, a_{i-1}, a'_i, a'_{i+1}, \cdots, a'_{n-2}$,其中,$a'_i = a_{i+1}, a'_{i+1} = a_{i+2}, \cdots, a'_{n-2} = a_{n-1}$,即删除数据后,编号为 $0 \sim i-1$ 的数据的编号保持不变,编号为 $i+1 \sim n-1$ 的数据的编号更改为 $i \sim n-2$。线性表的长度由 n 缩小为 $n-1$。

例如,线性表为 A、C、E、B,如图 4.3(a)所示,执行 remove(1)后,线性表为 A、E、B,如图 4.3(b)所示。remove 操作前,线性表编号为 0、1、2、3 的数据分别是 A、C、E、B。执行 remove(1)操作后,线性表编号为 0、1、2 的数据分别是 A、E、B。

A→C→E→B

(a) 线性表

A→E→B

(b) 执行remove(1)后的线性表

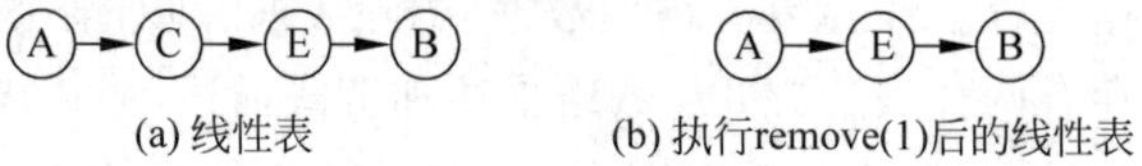

图 4.3 remove 操作

IList 接口定义了线性表:

```
public interface IList<T> {
    void clear();
    default boolean isEmpty() {
        return size() == 0;
    };
    int size();
    T get(int index);
    void add(int index, T x);
    T remove(int index);
    T set(int index, T x);
    int indexOf(T x);
    Iterator<T> iterator();
}
```

- clear: 删除线性表的全部数据,使之成为空表。
- isEmpty: 线性表若为空表,则返回 true,否则返回 false。
- size: 返回线性表的长度。
- get: 返回线性表编号为 index 的数据。
- add: 向线性表加入编号为 index 的数据。
- remove: 从线性表删除编号为 index 的数据,并返回删除的数据。
- set: 修改线性表编号为 index 的数据,并返回修改前的数据。
- indexOf: 返回线性表的与 x 相等的数据的编号,若无这样的数据,则返回 -1。
- iterator: 遍历线性表,按照从表头到表尾的顺序依次给出数据。

4.2 线性表的数组描述

线性表的数组描述使用数组存储数据，并在数据编号和数组下标之间建立一一对应关系，如图 4.4 所示。

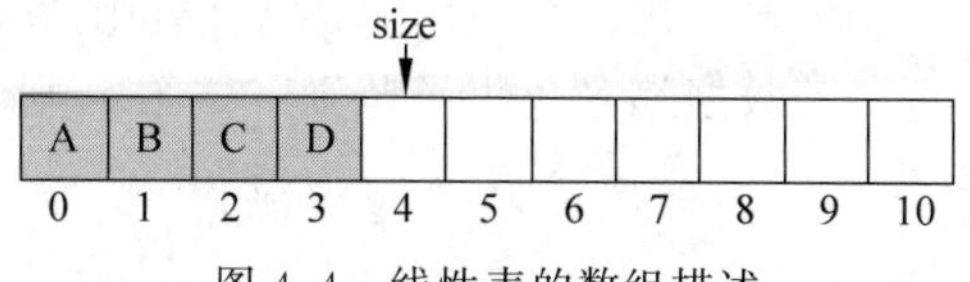

图 4.4　线性表的数组描述

图 4.4 的线性表有 4 个数据，依次为 A、B、C、D，编号为 0、1、2、3，分别存储于下标为 0、1、2、3 的数组元素。下标为 4～10 的数组元素处于空闲状态，用于接纳线性表的其他数据。变量 size 记录线性表的长度，其值等于第一个空闲的数组元素的下标。

请注意，本书以泛型表示数据，所以，数组元素存储的是数据对象的 ID，而不是数据本身。图 4.4 的实际情形如图 4.5 所示，下标为 0、1、2、3 的数组元素分别引用了数据对象，其他数组元素为 null。为了清晰起见，后续章节沿用图 4.4 的形式表示数组描述。

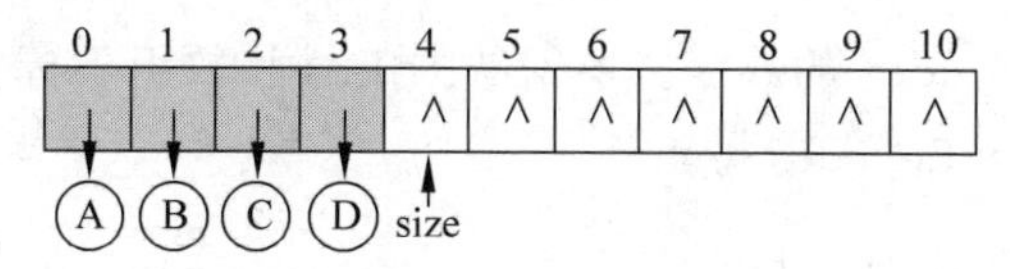

图 4.5　数组元素引用数据对象

1. CArrayList 类

CArrayList 类是使用数组描述实现的线性表。数组 elements 用于存储线性表的数据，字段 size 用于记录线性表的长度。

```
1  public class CArrayList<T> implements IList<T>, Iterable<T>, Cloneable{
2      private Object[] elements;
3      private int size;
4      …
5  }
```

2. 构造器

构造器构造空表。在空表中，字段 size 等于 0，数组 elements 的各元素为 null。Java 语言规定，引用类型的数组元素的默认值为 null，数值型字段的默认值为 0。

```
1  public CArrayList(int maxSize) {
2      elements = new Object[maxSize];
3      // size = 0;
4  }
```

第 2 行创建了数组，其各元素为 null。第 3 行可以省略，字段 size 取默认值 0。

3. size 方法

size 方法返回线性表的长度。

```
1  public int size() {
```

```
2        return size;
3    }
```

代码第2行返回字段size。

4. 辅助方法 rangeCheck 和 rangeCheckForAdd

数据编号是很多方法的参数,为了程序的健壮性,有必要对输入的数据编号进行检查,使之处于有效的范围。若数据编号超出了范围[0,size−1],则rangeCheck方法抛出异常,get、remove、set方法调用它。若数据编号超出了范围[0,size],则rangeCheckForAdd方法抛出异常,add方法调用它。

```
1    private void rangeCheck(int index) {
2        if (index < 0 || index >= size)
3            throw new IndexOutOfBoundsException(String.valueOf(index));
4    }
5    private void rangeCheckForAdd(int index) {
6        if (index < 0 || index > size)
7            throw new IndexOutOfBoundsException(String.valueOf(index));
8    }
```

5. get 方法

get方法返回编号为index的数据。根据数据编号和数组下标之间的对应关系,get方法应返回数组元素elements[index]。

```
1    @SuppressWarnings("unchecked")
2    public T get(int index) {
3        rangeCheck(index);
4        return (T) elements[index];
5    }
```

代码第3行调用rangeCheck保证index为有效的数据编号,第4行返回下标为index的数组元素存储的数据。

数组elements的类型为Object,get方法返回值的类型是T,必须转型,但T是未知类型,Java编译器无法检查Object和T是否匹配,会发出警告,第1行的注解通知Java编译器不要发出警告。

6. set 方法

set方法更新编号为index的数据,并返回更新前的数据。

```
1    public T set(int index, T x) {
2        rangeCheck(index);
3        T oldValue = (T) elements[index];
4        elements[index] = x;
5        return oldValue;
6    }
```

代码第3行取出更新前的数据作为方法的返回值,第4行更新数据。

7. add 方法

add方法向线性表加入编号为index的数据x。根据数据编号和数组下标之间的对应关系,应执行赋值语句elements[index] = x,但这样做有可能出现错误。

假设线性表如图 4.4 所示，加入 E，其编号为 4，E 应存入 elements[4]，它处于空闲状态，可以容纳 E。

若 E 的编号为 2，但 elements[2]已用于存储数据 C，所以不能用于存储 E，否则会覆盖 C，造成丢失数据的错误。正确的做法应该是将 C 和 D 各向后移动一个位置，即先复制 D 到其右邻，再复制 C 到其右邻，如图 4.6(a)所示。移动数据后，复制 E 到 elements[2]，并更新字段 size，如图 4.6(b)所示。

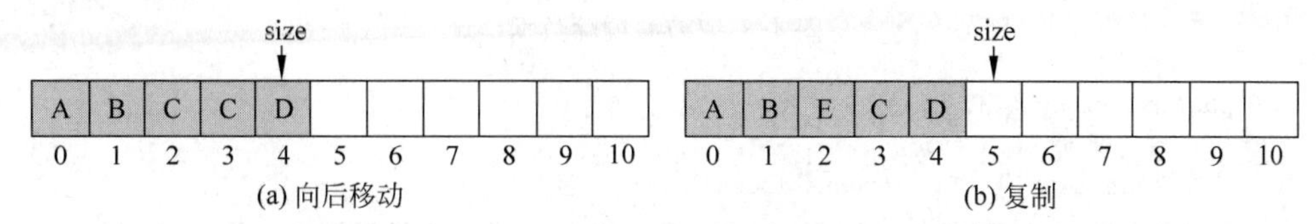

图 4.6 移动、复制数据

```
1   public void add(int index, T x) {
2       rangeCheckForAdd(index);
3       ensureCapacity(size + 1);
4       System.arrayCopy(elements, index, elements, index + 1, size - index);
5       elements[index] = x;
6       size++;
7   }
```

代码第 2 行调用 rangeCheckForAdd 方法，保证数据编号在范围[0, size]之内。第 3 行调用 ensureCapacity 方法，保证有空闲的数组元素接纳新的数据。第 4 行调用 arrayCopy 方法移动数组元素，将下标从 index 开始的若干数组元素复制到从下标 index+1 开始的位置。第 5 行将新增的数据复制到正确的位置，第 6 行更新线性表的长度。

arrayCopy 方法的原型为：

```
void arrayCopy(Object src, int srcPos, Object dest, int destPos, int length)
```

其功能是复制数组 src 的下标从 srcPos 至 srcPos+length−1 的元素到数组 dest，开始位置为 destPos，即 src[srcPos]复制到 dest[destPos]，src[srcPos+1]复制到 dest[destPos+1]，以此类推。src 和 dest 可以是同一个数组。上例的源数组和目的数组以及复制后的结果如图 4.7 所示。

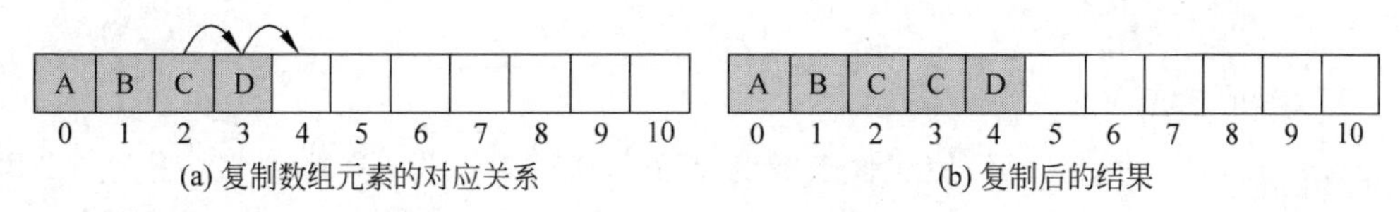

图 4.7 arrayCopy 复制数据示意图

8. remove 方法

remove 方法删除编号为 index 的数据，并返回被删除的数据。根据数据编号和数组下标之间的对应关系，应执行赋值语句 elements[index]=null，但可能造成数据编号不连续的后果。

为了维护数据编号与数组下标之间的对应关系，必须将相关的数据向前移动，覆盖被删除的数组元素。例如，从图 4.4 的线性表删除编号为 1 的数据 B，首先向前移动下标为 2 和

3 的数组元素,移动后的结果如图 4.8(a)所示。然后,elements[3]=null,表示这个数组元素处于空闲状态,并更新字段 size,如图 4.8(b)所示。

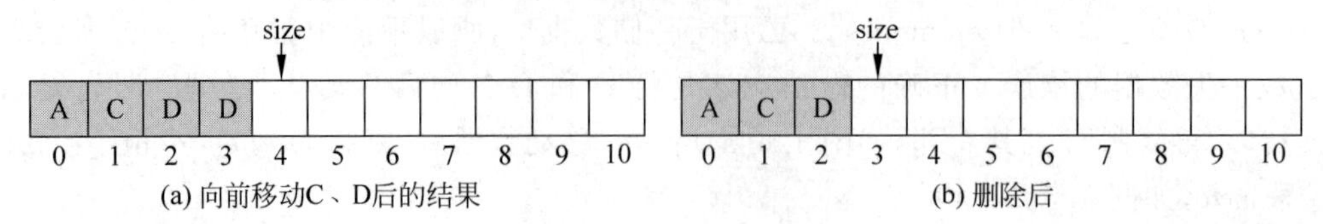

图 4.8　移动、删除数据

```
1   public T remove(int index) {
2       rangeCheck(index);
3       T oldValue = (T) elements[index];
4       System.arrayCopy(elements, index + 1, elements, index, size - index - 1);
5       elements[--size] = null;
6       return oldValue;
7   }
```

代码第 2 行调用 rangCheck 方法检查数据编号的有效性,第 3 行取出 elements[index]存储的数据。第 4 行调用 arrayCopy 方法移动数组元素,将从 index+1 开始的共 size-index-1 个数组元素向前移动一个位置。第 5 行使 size 减少,使 elements[index]为 null。

9. indexOf 方法

indexOf 方法返回线性表与 x 相等的数据的编号。使用顺序查找算法完成此项任务。

```
1   public int indexOf(T x) {
2       for (int i = 0; i < size; i++) {
3           if (x.equals(elements[i]))
4               return i;
5       }
6       return -1;
7   }
```

代码第 2～5 行从下标 0 开始(i=0)逐一(i++)比较,若第 i 个数据与 x 相等(第 3 行的条件成立),则第 4 行返回数组下标。如果条件 i<size 不成立,即条件 i=size 成立,说明下标为 0,1,…,size-1 的数组元素均不等于 x,即线性表没有与 x 相等的数据,结束循环,第 6 行返回-1。

10. clear 方法

clear 方法清除所有数据,使线性表成为空表。从逻辑上讲,设置字段 size 为 0 即可。请参照图 4.5,虽然设置 size=0,但下标为 0、1、2、3 的数组元素仍然引用 A、B、C、D 对象,使得垃圾回收器无法回收这些对象占用的存储空间,造成内存泄漏。

```
1   public void clear() {
2       for(int to = size, i = size = 0; i < t0; i++) {
3           elements[i] = null;              // 为了防止内存泄漏
4       }
5   }
```

代码第 2～4 行逐一切断 elements[size-1],…,elements[1],elements[0]对数据对象的引用,使得垃圾回收器能尽快回收这些数据对象占用的存储空间。

11. 迭代器

迭代器用于遍历线性表。内部类 Itr 实现了迭代器，字段 cursor 记录下一个数据的编号，初值为 0。

```
1   private class Itr implements Iterator<T> {
2       private int cursor;
3       public boolean hasNext() {
4           return cursor != size;
5       }
6       @SuppressWarnings("unchecked")
7       public T next() {
8           return (T) elements[cursor++];
9     }
10  }
```

代码第 8 行返回下一个数据，同时 cursor++，这样，cursor 依次取值为 0，1，…，size－1。若条件 cursor ！＝size 不成立，则 cursor 取尽了所有编号，返回了全部数据，第 4 行返回 false，否则第 4 行返回 true，表示仍有未枚举的数据。

12. 扩大存储空间

如果线性表没有空闲的数组元素，则调用 ensureCapacity 方法扩大存储空间。

```
1   private void ensureCapacity(int minCapacity) {
2       if (minCapacity - elements.length > 0)
3           grow(minCapacity);
4   }
5   private static final int MAX_ARRAY_SIZE = Integer.MAX_VALUE - 8;
6   private void grow(int minCapacity) {
7       int oldCapacity = elements.length;
8       int newCapacity = oldCapacity + (oldCapacity >> 1);
9       if (newCapacity - minCapacity < 0)
10          newCapacity = minCapacity;
11      if (newCapacity - MAX_ARRAY_SIZE > 0)
12          newCapacity = hugeCapacity(newCapacity);
13      elements = Arrays.copyOf(elements, newCapacity);
14  }
15  private static int hugeCapacity(int capacity) {
16      if (capacity < 0)
17          throw new OutOfMemoryError();
18      return (capacity > MAX_ARRAY_SIZE) ? Integer.MAX_VALUE : MAX_ARRAY_SIZE;
19  }
```

若代码第 2 行的条件成立，则线性表所需的存储空间大于线性表现有的存储空间，第 3 行调用 grow 方法创建长度大于 minCapacity 的数组以满足需求。

Java 虚拟机肯定无法创建长度超过 **MAX_VALUE** 的数组，有些虚拟机不能创建长度超过 **MAX_ARRAY_SIZE** 的数组，通常 **MAX_ARRAY_SIZE** < **MAX_VALUE**。

代码第 8 行使新数组的大小 newCapacity 为原数组大小的 1.5 倍，若第 9 行的条件成立，则第 10 行使 newCapacity＝minCapacity。若第 11 行判定条件 newCapacity > **MAX_ARRAY_SIZE** 成立，则调用 hugeCapacity 方法。

hugeCapacity 方法检测 capacity 是否超过了 **MAX_VALUE**，即条件 capacity < 0 是否

成立，若条件成立，则第 17 行抛出异常 OutOfMemoryError，以指明无法创建如此大的数组（并不是指耗尽了物理内存，而是指超过了数组长度的限制）。第 18 行，使 capacity 取 **MAX_ARRAY_SIZE** 和 **MAX_VALUE** 中的最小值。

代码第 13 行调用类 Arrays 的方法 copyOf 创建长度为 newCapacity 的数组，并将原数组的各数据复制到新数组，最后使 elements 引用新数组。

13. equals 方法

有些应用场合需要判断两个线性表是否相等。两个**线性表相等**需要满足以下的所有条件：

(1) 长度相同。

(2) 相同位置上的数据相等，即编号为 0 的数据相等，编号为 1 的数据相等，以此类推。

```
1  public boolean equals(Object obj) {
2      if (this == obj)
3          return true;
4      if (obj instanceof CArrayList<?>) {
5          CArrayList<T> rhd = (CArrayList<T>) obj;
6          if (this.size != rhd.size)
7              return false;
8          for (int i = 0; i < size; i++) {
9              if (!elements[i].equals(rhd.elements[i]))
10                 return false;
11         }
12         return true;
13     }
14     return false;
15 }
```

代码第 2 行判断 this 和对象 obj 是不是同一个对象，如果是同一个对象，则二者肯定相等，第 3 行返回 true。

第 4 行使用运算符 instanceof 判断对象 obj 是不是 CArrayList 对象。注意，不能使用类型 CArrayList<T>，而必须使用具体化类型 CArrayList<?>。

第 6 行测试条件(1)，第 8～11 行的 for 语句测试条件(2)，比较编号 0，1，…，size－1 的各数据是否相等，如果有一个数据不相等，第 10 行就返回 false。注意，必须使用 equals 方法，不能使用==。

14. clone 方法

CArrayList 类从 Object 类继承了 clone 方法，clone 方法克隆了一个新对象，新对象与母体对象一模一样：各字段相等。这样的克隆方式叫作浅复制。

线性表的克隆如图 4.9 所示，其中，虚线代表克隆出的新对象。浅复制使得两个对象的字段 elements 相等，造成新对象和母体对象引用同一个数组，即两个不同的线性表共享同一个数组用于存储数据。请思考，母体线性表先增加了编号为 4 的数据，随后克隆体线性表删除了编号为 2 的数据，各数组元素是什么？因为共享同一个数组，母体线性表和克隆体线性表互相干扰，会造成错误。

```
1  public Object clone() {
2      try {
```

```
3            CArrayList<T> v = (CArrayList<T>) super.clone();
4            v.elements = Arrays.copyOf(elements, elements.length);
5            return v;
6        } catch (CloneNotSupportedException e) {
7            throw new InternalError(e);
8        }
9    }
```

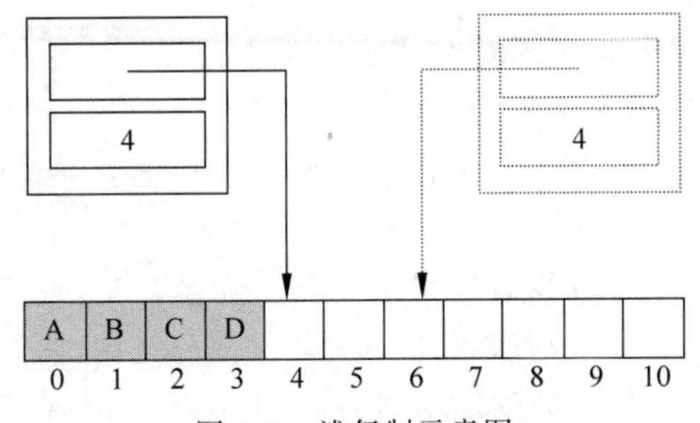

图 4.9 浅复制示意图

代码第 3 行调用 Object 类的 clone 方法克隆出线性表对象 v，第 4 行调用 copyOf 方法生成新数组，其数据类型、长度、各数组元素存储的数据同 this 的数组 elements，然后使对象 v 的字段 elements 引用新数组，这样，两个线性表各自引用不同的数组，不再互相干扰。

15. hashCode 方法

CArrayList 类从 Object 类继承了 hashCode 方法，hashCode 方法将对象映射为 int 类型的整数。

```
1    public int hashCode() {
2        return Arrays.hashCode(elements);
3    }
```

代码第 2 行调用 Arrays 类的 hashCode 方法，即根据 elements 数组存储的内容生成线性表的 hashCode 方法的返回值。

16. toString 方法

CArrayList 类从 Object 类继承了 toString 方法，toString 方法将对象映射为字符串。使用 System.out.print 输出对象时，会自动调用 toString 方法，获得对象对应的字符串，然后输出这个字符串。

Object 类的 toString 方法的代码如下：

```
1    public String toString() {
2        return getClass().getName() + "@" + Integer.toHexString(hashCode());
3    }
```

toString 方法将对象映射成由类的名字和 hashCode 方法返回值的十六进制构成的字符串。初学者往往认为这是一个“乱码”。为了方便调试，CArrayList 类覆盖了 toString 方法，toString 方法返回各数组元素组成的字符串，代码如下：

```
1    public String toString() {
2        StringBuilder str = new StringBuilder();
3        str.append(this.getClass().getName());
4        for (int i = 0; i < size; ++i)
```

```
5            str.append(elements[i] + " ");
6        return str.toString();
7    }
```

17. 性能分析

设线性表的长度为 n。各方法需要的辅助存储空间均为 $O(1)$。下面分析各方法的时间复杂度。

(1) isEmpty、size、rangeCheck、rangeCheckForAdd、get、set 方法的时间复杂度为 $O(1)$。

(2) indexOf 方法的时间复杂度为 $O(ne)$。

indexOf 的主要操作是比较操作 equals，假设 equals 需要 e 个时间单位，查找失败的比较次数为 $O(n)$，即时间复杂度为 $O(ne)$。

查找成功的比较次数与待查找数据在线性表的位置有关，查找编号为 i 的数据需要比较 $i+1$ 次，$0 \leqslant i \leqslant n-1$。设 p_i 为查找编号为 i 的数据的概率，假设查找每个位置的数据的概率相同，即 $p_i=1/n$，则比较次数的期望值为：

$$\sum_{i=0}^{n-1} p_i(i+1)=\frac{1}{n}\sum_{i=0}^{n-1}(i+1)=\frac{n+1}{2}$$

所以 indexOf 方法的时间复杂度为 $O(ne)$。

(3) add 方法的时间复杂度为 $O(n)$。

add 方法的基本操作是移动数据。在位置 index 插入数据，需要将位于 index～size－1 的数据依次向后移动一个位置，共需要移动 size－index 个数据，而 index 的取值范围为 0≤index≤size，设在位置 i 插入数据的概率为 p_i，并且在任何位置插入数据的概率相同，即 $p_i=1/(\mathrm{n}+1)$，则移动次数的期望值为：

$$\sum_{i=0}^{n} p_i(n-i)=\frac{1}{n+1}\sum_{i=0}^{n}(n-i)=\frac{n}{2}$$

所以 add 方法约需移动一半线性表的数据，时间复杂度为 $O(n)$。

(4) remove 方法的时间复杂度为 $O(n)$。

remove 方法的基本操作是移动数据。删除位于 index 的数据，需要将位于 index＋1～size－1 的数据依次向前移动一个位置，共需要移动 size－index－1 个数据，而 index 的取值范围为 0≤index≤size－1，设删除位置 i 的数据的概率为 p_i，并且删除任何位置的数据的概率相同，即 $p_i=1/n$，则移动次数的期望值为：

$$\sum_{i=0}^{n-1} p_i(n-i-1)=\frac{1}{n}\sum_{i=0}^{n-1}(n-i-1)=\frac{n-1}{2}$$

所以 remove 方法约需移动一半线性表的数据，时间复杂度为 $O(n)$。

(5) equals、clone、toString、ensureCapacity 方法的时间复杂度为 $O(n)$。

4.3 线性表的链式描述

线性表的链式描述使用结点存储数据以及表达数据之间的线性次序关系，数据和结点一一对应。

以下是 Node 类的声明：

```
private static class Node<T> {
    T data;
    Node<T> next;
    Node(Tdata, Node<T> next) {
        this.data = data;
        this.next = next;
    }
}
```

字段 data 引用数据对象，习惯上也说字段 data 存储了数据，字段 next 引用存储了 data 的后继结点。

因为数据与结点有一一对应关系，所以可以使用结点引用的数据命名结点。例如，若结点引用了数据 A，则称其为结点 A。若结点 P 引用的数据是结点 Q 引用的数据的前驱，则称结点 P 是结点 Q 的前驱结点，结点 Q 是结点 P 的后继结点。

4.3.1 单向链表

设线性表有 4 个数据，依次为 A、B、C、D，使用 4 个结点分别引用 A、B、C、D。因为 A 在 B 之前，B 在 C 之前，C 在 D 之前，所以结点 A 引用结点 B，结点 B 引用结点 C，结点 C 引用结点 D。因为 D 无后继，结点 D 不引用其他结点，用 Λ(λ 的大写符号)表示。除结点 D 外，其余结点都有后继结点，这样的线性表的链式描述叫作**单向链表**(Singly Linked List)，简称**链表**，如图 4.10 所示。图中用两个相邻的矩形代表结点，其中，大矩形表示字段 data，小矩形表示字段 next。圆表示数据对象。

图 4.11 省略了结点引用数据对象的箭头，更清晰地表达了结点引用的数据和结点之间的引用关系，后续使用这种形式表示单向链表，并将结点引用的数据简称为结点的数据。

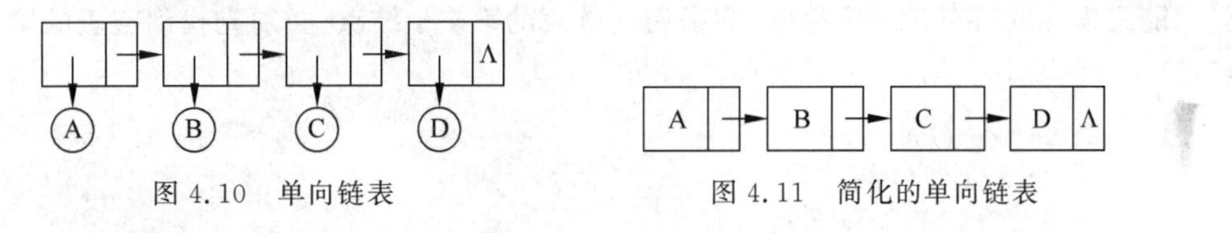

图 4.10 单向链表

图 4.11 简化的单向链表

为了明确数据和结点的对应关系，对结点进行编号，使编号为 i 的数据与链表的第 $i+1$ 个结点相对应：引用表头的结点为第 1 个结点，其后继结点为第 2 个结点，以此类推。引用表尾的结点又称为尾结点，字段 next 为 null。

图 4.11 的结点 A、B、C、D 分别是第 1 个、第 2 个、第 3 个和第 4 个结点，结点 D 是尾结点。

1. CLinkedList 类

CLinkedList 类是使用单向链表实现的线性表。字段 first 引用链表的第 1 个结点，提供链表的入口，字段 size 记录线性表的长度，即链表的结点个数。

```
1   public class CLinkedList<T> implements IList<T>, Iterable<T>, Cloneable {
2       private Node<T> first;
3       private int size;
4       private static class Node<T> {
5       …
6       }
```

```
7    …
8    }
```

2. 构造器

构造器构造空表。在空表中,必有 size=0,first=null,这样的约束条件叫作**不变式**。

判断线性表是否为空表,既可以检测条件 size==0 是否成立,又可以检测条件 first==null 是否成立,习惯上使用后者。

```
1    CLinkedList() {
2        // first = null;
3        // size = 0;
4    }
```

3. get 方法

get 方法返回编号为 index 的数据,即链表的第 index+1 个结点的数据。

设变量 p 引用了某个结点,称这个结点为结点 p。执行语句 p=p.next 后,变量 p 引用了结点 p 的后继结点,如图 4.12(a)所示,执行语句前 p 引用结点 B,执行语句后 p 引用结点 C。通常形象地将执行语句 p=p.next 称为移动变量 p,如图 4.12(b)所示,变量 p 由结点 B 走到了结点 C。

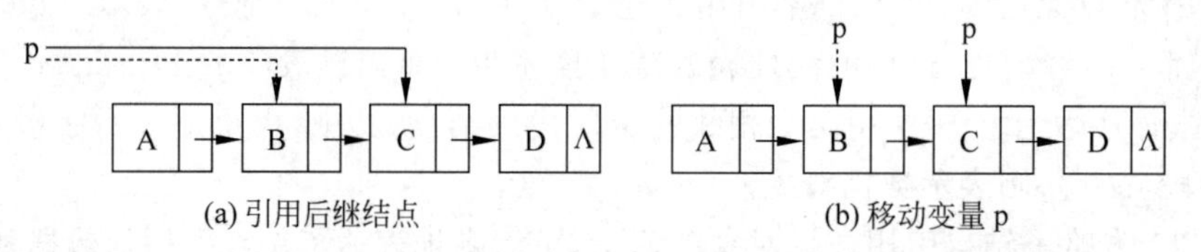

图 4.12 语句 p=p.next 的执行效果

链式描述的特点是顺序存取,为了访问链表的第 i 个结点,必须先找到链表的第 1 个结点,第 2 个结点,…,第 $i-1$ 个结点。

```
1    public T get(int index) {
2        rangeCheck(index);
3        Node<T> p = first;
4        for (int i = 0; i < index; i++)
5            p = p.next;
6        return p.data;
7    }
```

首先执行语句 p=first,使 p 引用链表的第 1 个结点。执行 1 次语句 p=p.next 后,p 引用第 2 个结点,再次执行语句 p=p.next 后,p 引用第 3 个结点,以此类推,执行 index 次语句 p=p.next 后,p 引用第 index+1 个结点。

代码第 4 行的 for 语句控制语句 p=p.next 执行了 index 次,循环结束后,p 引用第 index+1 个结点,该结点的数据就是线性表编号为 index 的数据,第 6 行返回这个数据。

4. set 方法

set 方法更新编号为 index 的数据,并返回更新前的数据。实现 set 方法的基本思路同 get 方法。

```
1    public T set(int index, T x) {
2        rangeCheck(index);
```

```
3        Node<T> p = first;
4        for (int i = 0; i < index; i++)
5            p = p.next;
6        T oldValue = p.data;
7        p.data = x;
8        return oldValue;
9    }
```

代码第 4 行的 for 语句控制语句 p=p. next 执行了 index 次，第 6 行取出结点 p 的数据，第 7 行更新结点 p 的数据，第 8 行返回更新前的数据。

5. add 方法

add 方法向线性表增加编号为 index 的数据 x。实现 add 方法的基本思路是向链表添加新结点，新结点的数据为 x，编号为 index+1。

设变量 q 引用了新结点，q. data=x，为了使结点 q 作为链表编号为 index+1 的结点，必须找到编号为 index 的结点，即结点 q 的前驱结点，然后调整结点之间的引用关系。

根据 index 的取值，有 4 种情况需要分别处理，如图 4.13 所示。图中带阴影的是结点 q，变量 p 引用它的前驱结点。

(1) 增加前为空链表。

此时，必有 index=0。结点 q 既是第 1 个结点又是尾结点，执行 q. next=null，first=q，如图 4.13(a)所示。

(2) 第 1 个结点。

index=0。结点 q 作为第 1 个结点，原第 1 个结点成为结点 q 的后继结点，执行 q. next=first，first=q，如图 4.13(b)所示。

(3) 中间的结点。

0<index<size−1。结点 p 的后继结点成为结点 q 的后继结点，结点 q 作为结点 p 的后继结点，执行 q. next=p. next，p. next=q，如图 4.13(c)所示。

(4) 尾结点。

index=size。结点 q 作为结点 p 的后继结点，并作为尾结点，执行 p. next=q，q. next=null，如图 4.13(d)所示。

情况(1)可转换为情况(2)。空链表时 first=null，所以 q. next=null 可改写为 q. next=first。

情况(4)可转换为情况(3)。变量 p 引用了链表的尾结点，即 p. next=null，所以 q. next=null 可改写为 q. next=p. next。

还可以从另一个角度进行分析。将新结点加入链表，必须确定其前驱结点。有两种情况：

(1) 新结点无前驱结点。

若加入前链表为空链表，则新结点肯定无前驱结点。若加入前链表为非空链表，但新结点为链表的第 1 个结点，从图 4.11 可知，单向链表的第 1 个结点无前驱结点。

(2) 新结点有前驱结点。

除上述情况外，新结点肯定有前驱结点。

综合情况(1)和情况(2)，可根据条件 index==0 判断新结点有无前驱结点。

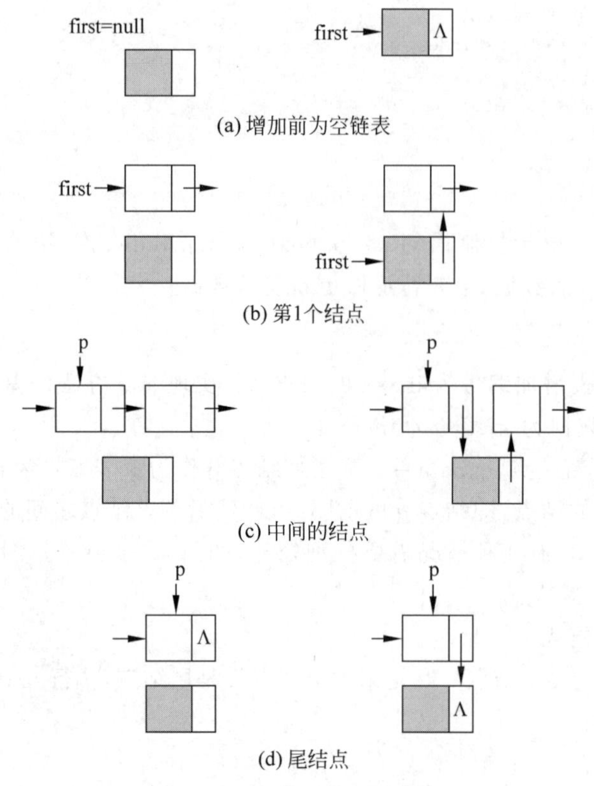

图 4.13 增加结点的 4 种情况

```
1   public void add(int index, T x) {
2     rangCheckForAdd(index);
3     if (index == 0) {
4           first = new Node<>(x, first);
5     } else {
6           Node<T> p = first;
7           for (int i = 0; i < index - 1; i++)
8               p = p.next;
9           p.next = new Node<>(x, p.next);
10    }
11    size++;
12  }
```

代码第 2 行检查 index 的有效性,第 3、4 行处理无前驱结点的情况,第 6～10 行处理有前驱结点的情况。其中,第 6～8 行找到新结点的前驱结点 p,第 9 行设置新结点的后继结点为结点 p 的后继结点,结点 p 的后继结点为新结点。第 11 行增加线性表的长度。

6. remove 方法

remove 方法从线性表删除编号为 index 的数据,即删除链表的第 index+1 个结点。

删除操作面临以下 4 种情况,如图 4.14 所示,带阴影的结点是删除结点,称为结点 x,变量 q 引用其前驱结点。

(1) 删除后为空链表。

删除前只有一个结点,删除后为空链表,执行 first=null,或 first=first.next,如图 4.14(a)

所示。

(2) 第 1 个结点。

删除后，链表的第 1 个结点的后继结点成为链表的新的第 1 个结点，执行 first=first.next，如图 4.14(b)所示。

(3) 中间的结点。

删除后，结点 x 的后继结点成为结点 q 的后继结点，执行 q.next=x.next，如图 4.14(c)所示。

(4) 尾结点。

删除后，结点 q 是链表的尾结点，执行 q.next=null，或 q.next=x.next，如图 4.14(d)所示。

从链表移除结点 x 后，为了帮助垃圾回收器，执行 x.data=null，x.next=null。

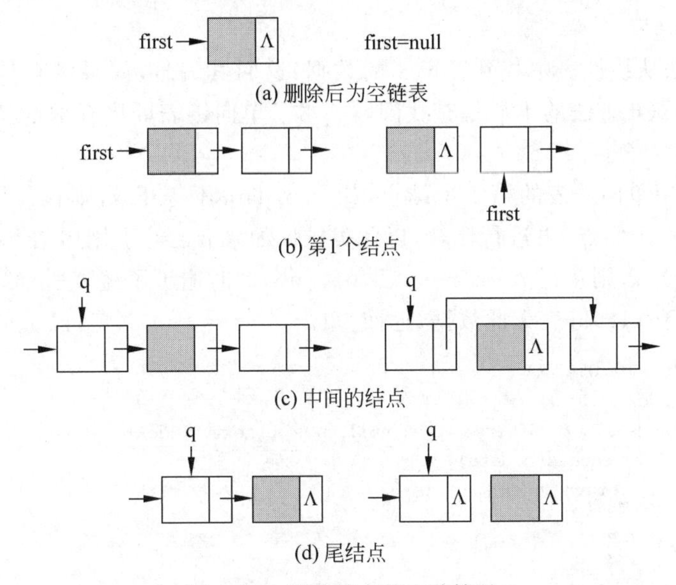

图 4.14　删除结点的 4 种情况

请参照 add 方法的分析，将 4 种情况转换为无前驱结点和有前驱结点两种情况。

```
1  public T remove(int index) {
2      rangeCheck(index);
3      Node<T> p = first;
4      if (index == 0) {
5          first = first.next;
6      } else {
7          for (int i = 0; i < index - 1; i++)
8              p = p.next;
9          Node<T> q = p;
10         p = p.next;
11         q.next = p.next;
12     }
13     T oldValue = p.data;
14     p.data = null;
15     p.next = null;
16     --size;
```

```
17        return oldValue;
18    }
```

代码第2行检查index的有效性，若为空链表，则无法通过检查，rangeCheck方法抛出异常。代码第4、5行处理无前驱结点的情况，第7～11行处理有前驱结点的情况，其中，第7、8行的for语句找到被删除结点的前驱结点，第9行使变量q引用这个结点，第10行使变量p引用被删除结点，第11行从链表移除结点p，第13行取出结点p的数据并于第17行返回，第16行减少线性表的长度。

被删除结点引用的数据处于无用状态(假设这个数据只用于这个线性表)，JVM的垃圾回收器最终会回收它占用的存储空间。由于现代的垃圾回收器一般采用分区回收策略，第14、15行切断被删除结点对数据和后继结点的引用关系，帮助垃圾回收器更早地发现数据处于无用状态，以尽快回收其占用的存储空间。

7. indexOf方法

indexOf方法从线性表中找到等于x的数据，返回其编号，如果没有与x相等的数据，则返回−1。indexOf方法的本质是查找问题。由于单向链表顺序存取的特点，因此只能使用顺序查找。

令变量p引用单向链表的第1个结点，如果p.data不等于x，则执行语句p=p.next，使变量p引用第2个结点，再进行比较，以此类推。如果p已经引用尾结点(p.next=null)，p.data仍然不等于x，则执行p=p.next后，p=null，此时遍历了链表所有结点，没有任何一个结点的数据等于x，即链表无此数据，返回−1。

```
1    public int indexOf(T x) {
2        int index = 0;
3        for (Node<T> p = first; p != null; p = p.next, index++) {
4            if (x.equals(p.data))
5                return index;
6        }
7        return -1;
8    }
```

代码第2行的变量index是数据编号。第3～6行的for语句从第1个结点到尾结点逐一比较其数据是否等于x。如果有这样的结点，则第5行返回结点的数据的编号；如果没有这样的结点，则第7行返回−1。

8. clear方法

clear方法清空线性表，即使其成为空表，即first=null，size=0。

```
1    public void clear() {
2        while (first != null) {
3            Node<T> q = first;
4            first = first.next;
5            q.data = null;
6            q.next = null;
7        }
8        size = 0;
9    }
```

为了帮助垃圾回收器，代码第2～7行的while语句重复执行first=first.next摘除第1

个结点，直到为空链表。第 3 行使变量 q 引用被摘除的结点，第 5、6 行帮助垃圾回收器。

9. clone 方法

clone 方法克隆线性表 this。

```
1   public Object clone() {
2       try {
3           CLinkedList<T> v = (CLinkedList<T>) super.clone();
4           if (v.first == null)
5               return v;
6           v.first = new Node<>(first.data, null);
7           for (Node<T> p = first.next, q = v.first; p != null; p = p.next, q = q.next)
8               q.next = new Node<>(p.data, null);
9           return v;
10          } catch (CloneNotSupportedException e) {
11              throw new InternalError(e);
12      }
13  }
```

代码第 3 行克隆线性表 this 得到线性表 v，v 与 this 共享链表。如果链表不是空链表，则为防止浅克隆的不良后果，必须为 v 建立专用的链表。

代码第 6 行创建了 v 链表的第 1 个结点，其数据等于 this 的链表的第 1 个结点的数据。第 7、8 行不断地创建新结点、复制 this 的结点的数据到新结点、添加新结点到 v 链表，作为尾结点。

初始时变量 p 引用 this 的链表的第 2 个结点，变量 q 引用 v 的链表的尾结点，第 8 行创建新结点，其数据等于结点 p 的数据，作为结点 q 的后继结点；然后，p＝p. next，q＝q. next，p 引用尚未复制的结点，q 引用 v 的链表的尾结点。当 p＝＝null 时，循环结束，此时，复制了 this 的链表的全部结点的数据。

10. equals 方法

equals 方法比较两个线性表是否相等。

```
1   public boolean equals(Object obj) {
2       if (this == obj)
3           return true;
4       if (obj instanceof CLinkedList<?>) {
5           CSinglyLinkedList<?> rhd = (CSinglyLinkedList<?>) obj;
6           if (this.size != rhd.size)
7               return false;
8           for (Node<?> p = first, q = rhd.first; p != null; p = p.next, q = q.next) {
9               if (!p.data.equals(q.data))
10                  return false;
11          }
12          return true;
13      }
14      return false;
15  }
```

代码第 6 行判断两个链表的长度是否相同，若不相同，则第 7 行返回 false，否则第 8～11 行逐一比较两个链表相同位置的结点的数据是否相等。其中，第 8 行的 for 语句遍历链表的结点，初始时，变量 p 引用 this 的链表的第 1 个结点，变量 q 引用 obj 的链表的第 1 个结点，比较一对结点后，执行 p=p.next，q=q.next，继续比较下一对结点，直到比较完尾结点（p==null 成立），如果期间任一对结点的数据不相等，则两个线性表肯定不相等，第 10 行返回 false。如果循环结束，则意味着所有结点对的数据都相等，第 12 行返回 true。

11. 迭代器

内部类 Itr 实现迭代器，其基本思想是遍历链表的所有结点。

```
1   private class Itr implements Iterator<T> {
2       private Node<T> cursor;
3       public Itr() {
4           cursor = first;
5       }
6       public boolean hasNext() {
7           return cursor != null;
8       }
9       public T next() {
10          T data = cursor.data;
11          cursor = cursor.next;
12          return data;
13      }
14  }
```

字段 cursor 引用下一个结点。第 4 行使 cursor 从链表的第 1 个结点开始，第 11 行每次向后移动一个结点，第 7 行判断是否已经越过链表的尾结点。

12. 性能分析

设线性表的长度为 n。各方法需要的辅助存储空间为 $O(1)$。下面分析各方法的时间复杂度。

（1）isEmpty、size、rangeCheck、rangeCheckForAddt 方法的时间复杂度为 $O(1)$。

（2）get 和 set 方法的时间复杂度为 $O(n)$。

get 和 set 方法的主要操作是找后继结点，语句 p=p.next 的执行次数与所获取的数据是第几个结点的数据有关，获取第 i 个结点的执行次数为 $i-1, 1\leqslant i\leqslant n$。设 p_i 是获取第 i 个结点的数据的概率，假设以等概率的方式获取数据，即 $p_i=1/n$，则找后继结点的执行次数的期望值为：

$$\sum_{i=1}^{n} p_i(i-1)=\frac{1}{n}\sum_{i=1}^{n}(i-1)=\frac{n-1}{2}$$

所以，get 和 set 方法的时间复杂度为 $O(n)$。

（3）indexOf 方法的时间复杂度为 $O(ne)$。

indexOf 方法的主要操作是比较操作 equals，假设 equals 需要 e 个时间单位，查找失败的比较次数为 $O(n)$，即时间复杂度为 $O(ne)$。

查找成功的比较次数与待查找数据在第几个结点有关，查找第 i 个结点的数据需要比较 i 次，$1\leqslant i\leqslant n$。设 p_i 为查找第 i 个结点的数据的概率，假设以等概率的方式查找，即 $p_i=1/n$，则比较次数的期望值为：

$$\sum_{i=1}^{n} p_i i=\frac{1}{n}\sum_{i=1}^{n} i=\frac{n+1}{2}$$

所以，indexOf 方法的时间复杂度为 $O(ne)$。

(4) add 方法的时间复杂度为 $O(n)$。

add 方法首先要找到前驱结点，找前驱结点的主要操作是 p=p.next，采用与 get 方法相同的分析方法可知，add 方法的时间复杂度为 $O(n)$。

(5) remove 方法的时间复杂度为 $O(n)$。

remove 方法的分析与 add 方法的分析相同，其时间复杂度为 $O(n)$。

(6) equals、clone 和 toString 方法的时间复杂度为 $O(n)$。

4.3.2 带头结点的单向链表

单向链表的 add 方法要为新结点找到前驱结点。若新结点作为第 1 个结点或增加前链表是空链表，则无前驱结点，代码必须对此进行特殊处理。

为了解决这个问题，引入**头结点**(Head Node)，它是空链表唯一的结点，或非空链表的第 1 个结点的前驱结点，如图 4.15 所示，带阴影的结点是头结点。

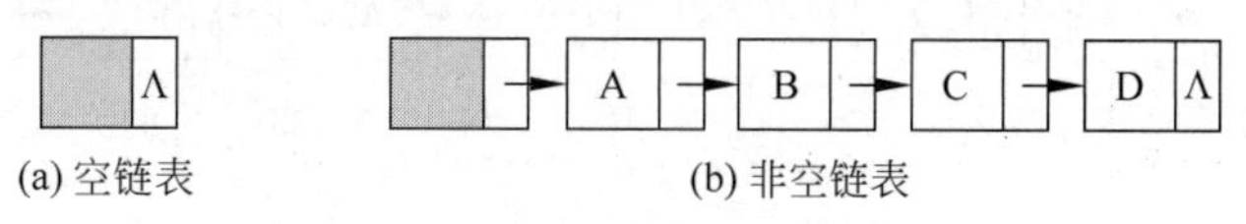

图 4.15　带头结点的单向链表

1. CLinkedListWithHeadNode 类

CLinkedListWithHeadNode 类是使用带头结点的单向链表实现的线性表。字段 head 引用头结点，size 记录线性表的长度，即链表的结点个数，类的声明如下：

```
1   public class CLinkedListWithHeadNode<T> implements IList<T>, Iterable<T> {
2       private Node<T> head;
3       private int size;
4       …
5   }
```

2. 构造器

构造器构造空链表。

```
1   CLinkedListWithHeadNode() {
2       head = new Node<>(null, null);
3   }
```

代码第 2 行创建头结点，由字段 head 引用，头结点一般不存储数据，设置字段 data=null。由此可见，判断带头结点的单向链表是否空链表的条件是 head.next==null。

3. add 方法

add 方法向链表增加新结点。由于头结点的存在，无论链表是空链表，或新结点是第 1 个结点、中间的结点还是尾结点，新结点的前驱结点一定存在。因此，add 方法主要是找前驱结点，并使新结点成为其后继结点。

```
1   public void add(int index, T x) {
2       rangeCheckForAdd(index);
3       Node<T> p = head;
4       for (int i = 0; i < index; i++)
5           p = p.next;
```

```
6        p.next = new Node<>(x, p.next);
7        size++;
8    }
```

代码第3～5行是找前驱结点，第6行创建新结点，新结点的字段data引用数据，新结点的字段next引用前驱结点的后继结点，新结点作为前驱结点p的后继结点。

限于篇幅，不再介绍其他方法的代码，请参考本书配套资源中的project。

4.3.3 单向循环链表

若使单向链表的首尾相连，即尾结点的字段next不是null，而是引用第1个结点，这样的链表叫作单向循环链表(Circularly Linked List，或Circular Linked List)，如图4.16所示。同样可以定义带头结点的单向循环链表，如图4.17所示。

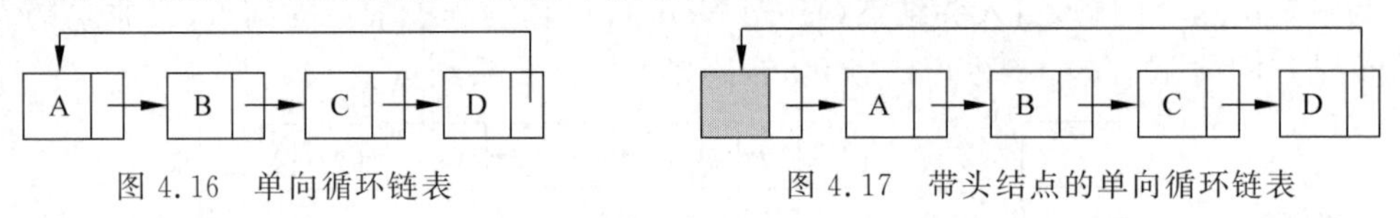

图4.16 单向循环链表　　图4.17 带头结点的单向循环链表

单向循环链表从任一结点出发，可到达所有结点，一些应用场合需要这样的链表。

1. CCircularLinkedList 类

CCircularLinkedList类是使用单向循环链表实现的线性表。字段last引用尾结点，与使用first引用第1个结点相比，其优势是易于在链表的两端增加新结点。字段size记录线性表的长度。

```
1   public class CCircularLinkedList<T> implements IList<T>, Iterable<T>, Cloneable {
2       private static class Node<T> {
3       …
4       }
5       private Node<T> last;
6       private int size;
7       …
8   }
```

2. 构造器

构造器构造空链表：size=0，last=null。

```
CSinglyLinkedCircularList() {
}
```

3. add 方法

add方法向链表增加新结点时，首先要找到其前驱结点。若链表为空链表，则新结点无前驱结点，否则，由于单向循环链表每个结点都有前驱结点，一定能找到新结点的前驱结点。

```
1   public void add(int index, T x) {
2       rangCheckForAdd(index);
3       int n = size++;
4       if (last == null) {
5           last = new Node<>(x, null);
```

```
6            last.next = last;
7            return;
8        }
9        Node<T> p = last;
10       for (int i = 0; i < index; i++)
11           p = p.next;
12       p.next = new Node<>(x, p.next);
13       if (index == n)
14           last = last.next;
15       return;
16   }
```

代码第4～8行处理空链表的情形，其中，第6行使只有一个结点的链表成为循环链表。第9～11行寻找新结点的前驱结点。第12行创建新结点，结点p的后继结点是新结点的后继结点，结点p是新结点的前驱结点。第13、14行，若新结点是尾结点，则使last引用它。

请与4.3.1节的add方法进行比较，体会不同的存储结构对代码的影响。

4. indexOf方法

从单向循环链表的任一结点出发，再回到这个结点，就遍历了链表的所有结点。

```
1    public int indexOf(T x) {
2        if (last == null)
3            return -1;
4        int index = 0;
5        Node<T> p = last.next;
6        do {
7            if (x.equals(p.data))
8              return index;
9            ++index;
10           p = p.next;
11       } while (p != last.next);
12       return -1;
13   }
```

代码第2、3行处理空链表。第5行使变量p引用第1个结点，从第1个结点开始比较。第6～11行的do while语句不断重复比较和移动操作。如果第7行的条件成立，则找到了与x相等的数据，第8行返回编号。第9、10行每次向右移动一个结点。当第11行的条件不成立时，就检测了所有结点，第12行返回－1，表示没有与x相等的数据。

单向循环链表其他方法的代码请见本书配套资源中的project。

4.3.4 双向链表

双向链表(Doubly Linked List)的结点有两个字段prev和next，分别引用前驱结点和后继结点，Node类的声明如下：

```
1    private static class Node<T> {
2        E data;
3        Node<T> prev;
4        Node<T> next;
5        Node(Node<T> prev, T data, Node<T> next) {
```

```
6            this.data = data;
7            this.prev = prev;
8            this.next = next;
9        }
10   }
```

有4个结点的双向链表如图4.18所示。第1个结点无前驱结点，字段prev=null。尾结点无后继结点，字段next=null。双向链表包含两个单向链表，一个由各结点的next字段组成，即图中的实线箭头构成的链表。另一个由各结点的prev字段组成，即图中的虚线箭头构成的链表。

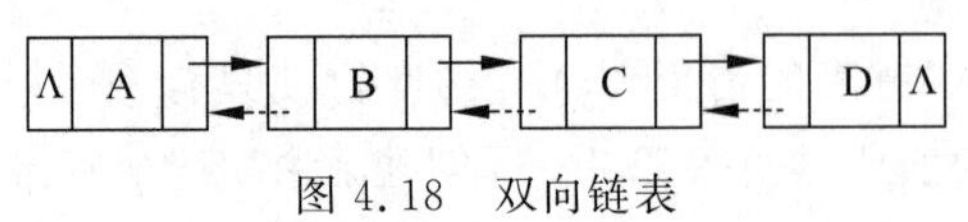

图4.18　双向链表

1. CDoublyLinkedList类

CDoublyLinkedList类是使用双向链表实现的线性表。字段first引用链表的第1个结点，字段last引用尾结点，first和last分别提供了双向链表的入口。字段size记录线性表的长度。

```
1   public class CDoublyLinkedList<T> implements IList<T>, Iterable<T>, Cloneable {
2       private Node<T> first;
3       private Node<T> last;
4       private int size;
5       private static class Node<E> {
6           ...
7       }
8       ...
9   }
```

2. 构造器

构造器构造空链表：size=0,first=null,last=null。

```
public CDoublyLinkedList() {
}
```

3. add方法

add方法向双向链表增加新结点x，结点x作为第index+1个结点。根据加入的位置，分为4种情况，如图4.19所示。

(1) 加入前为空链表。

增加新结点后，新结点既是第1个结点，也是尾结点，执行x.prev=null,x.next=null,first=last=x,如图4.19(a)所示。

(2) 第1个结点。

增加新结点后，新结点作为第1个结点，原第1个结点成为新结点的后继结点，执行x.prev=null,x.next=first,first.prev=x,first=x,如图4.19(b)所示。

(3) 中间结点。

增加新结点后，结点p是其前驱结点，执行x.prev=p,x.next=p.next,p.next=x,x.next.prev=x，如图4.19(c)所示。

（4）尾结点。

新结点作为尾结点，执行 x. prev＝last，x. next＝null，last＝last. next＝x，如图 4.19(d)所示。

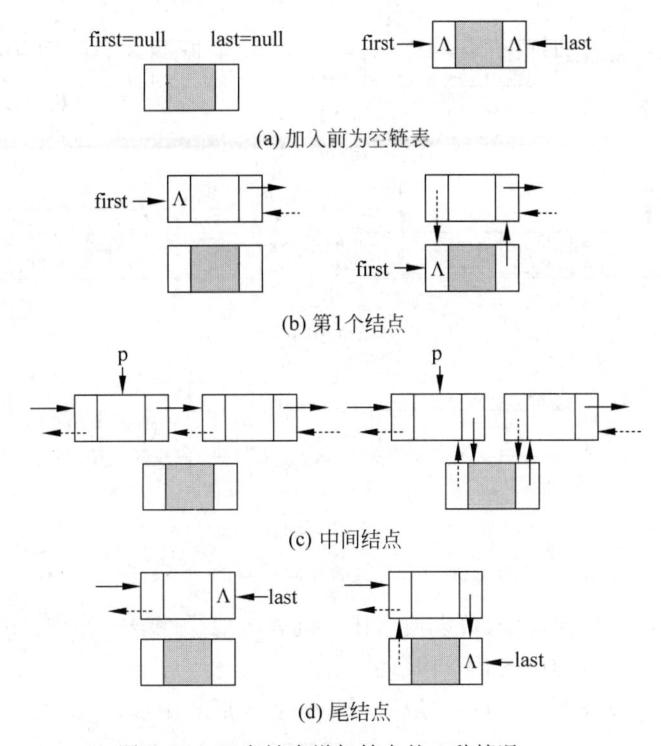

图 4.19　双向链表增加结点的 4 种情况

请读者根据上述分析，自行给出 add 方法的代码。

4．remove 方法

remove 方法从双向链表删除第 index＋1 个结点。根据删除的位置，分为 4 种情况，如图 4.20 所示，带阴影的结点为删除结点 x，结点 p 和结点 q 分别是其前驱结点和后继结点。

（1）删除后为空链表。

删除前只有一个结点，删除后为空链表，执行 first＝null，last＝null，如图 4.20(a)所示。

（2）第 1 个结点。

删除后，结点 q 成为第 1 个结点，执行 q. prev＝null，first＝q，如图 4.20(b)所示。

（3）中间结点。

删除后，结点 p 是结点 q 的前驱结点，结点 q 是结点 p 的后继结点，执行 p. next＝x. next，q. prev＝x. prev，如图 4.20(c)所示。

（4）尾结点。

删除后，结点 p 成为链表的尾结点，执行 p. next＝null，last＝p，如图 4.20(d)所示。

为了帮助垃圾回收器，应执行 x. data＝null，x. prev＝null，x. next＝ null。请读者根据上述分析，自行给出 remove 方法的代码。

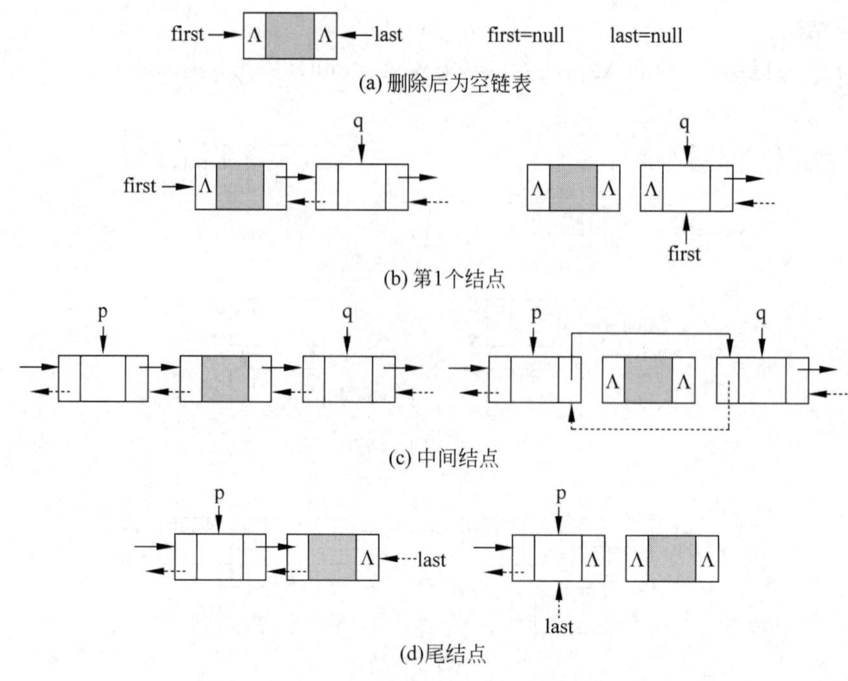

图 4.20　双向链表删除结点的 4 种情况

双向链表有两个单向链表,可以使用任一链表实现线性表的操作。get、set 等方法的实现请读者参见单向链表的内容,不再赘述。

双向链表也可以设置头结点,一般以循环链表的形式出现,如图 4.21 所示。

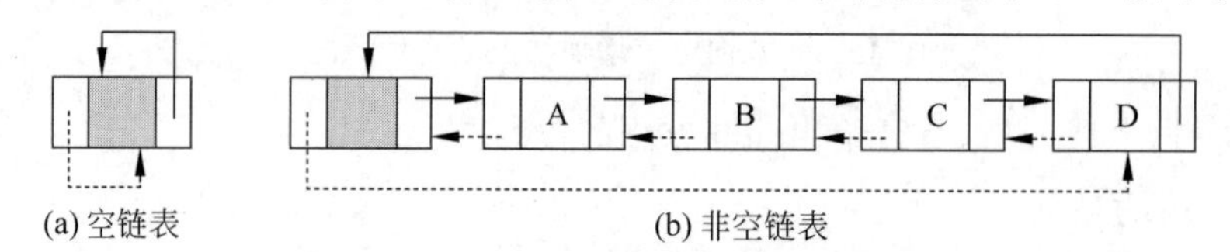

图 4.21　带头结点的双向循环链表

CDoublelyLinkedListWithHeadNode 类是使用双向循环链表实现的线性表,其部分代码如下:

```
1   public class CDoublelyLinkedListWithHeadNode < T > {
2       private Node < T > head;
3       private int size;
4       private static class Node < T > {
5       ...
6       }
7       public CDoublelyLinkedListWithHeadNode() {
8           head = new Node < T >(null, null, null);
9           head.next = head.prev = head;
10      }
11      ...
12  }
```

4.3.5　链表的例题

4.3.1 节～4.3.4 节介绍了多种形式的链表以及代码,这些内容基本涉及维护链表的常用方法。初学者往往难以灵活使用链表，本节通过为 CLinkedList 类增加方法的形式给出若干例题，以帮助初学者尽快掌握处理链表的技巧。

例 4.1 实现 CArrayList<T> toCArrayList()方法，它返回 CArrayList<T>对象，这个对象存储了与 this 对象相同的数据。

基本思想是创建一个 CArrayList 对象，然后遍历链表，调用 CArrayList 的 add 方法将结点的数据作为表尾加入 CArrayList 对象，以保证两个线性表数据次序的一致性。

```
1   public CArrayList<T> toCArrayList() {
2       CArrayList<T> sl = new CArrayList<>(size);
3       int index = 0;
4       for (Node<T> p = first; p != null; p = p.next)
5           sl.add(index++, p.data);
6       return sl;
7   }
```

代码第 2 行创建了 CArrayList 对象 sl，其能容纳的数据个数为 this 对象的数据个数。第 3 行设置向 sl 加入数据的位置，从 0 开始。第 4、5 行的 for 语句遍历链表，第 5 行将结点的数据加入 sl 的表尾。

例 4.2 实现 addLast(T x)方法，增加数据 x，作为表尾。

实现算法的关键是找到链表的尾结点，若链表不是空链表，则尾结点的字段 next 为 null。

```
1   public void addLast(T x) {
2       size++;
3       if (first == null) {
4           first = new Node<>(x, null);
5           return;
6       }
7       Node<T> p;
8       for (p = first; p.next != null; p = p.next)
9           …
10      p.next = new Node<>(x, null);
11  }
```

代码第 3～6 行处理空链表的情况。第 7～9 行找到链表的尾结点 p，第 10 行设置新结点的字段 next=null，作为尾结点，并成为结点 p 的后继结点。

例 4.3 实现 Node<T> predecessor (Object x)方法，它返回结点的数据等于 x 的结点的前驱结点，若无这样的结点，则返回 null。

add 和 remove 方法是根据编号找前驱结点，而 predecessor 方法返回满足条件的结点的前驱结点。引入变量 pre，使 pre 引用结点 p 的前驱结点。

```
1   public Node<T> predecessor(Object x) {
2       for (Node<T> pre = null, p = first; p != null; pre = p, p = p.next) {
3           if (p.data.equals(x))
4               return pre;
5       }
6       return null;
7   }
```

代码第 2 行，初始时，变量 p 引用第 1 个结点，pre=null，表示第 1 个结点无前驱结点。每次循环，先执行 pre=p，然后 p=p.next，使结点 pre 总是结点 p 的前驱结点。这样，当第

3 行找到数据与 x 相等的结点 p,pre 就是其前驱结点,第 4 行返回 pre。若遍历链表后,没有与 x 相等的结点,则第 6 行返回 null。

例 4.4 实现 Node<T> mid()方法,它返回链表的中间结点。若链表为空链表,则无此结点,返回 null。否则,如果结点个数为奇数,则有唯一的结点。如果结点个数为偶数,则有两个这样的结点,任选一个即可。不允许使用字段 size 实现 mid 方法。

设想甲、乙两人进行 100 米比赛,甲的速度是乙的速度的两倍,当甲到达终点时,乙正处于 50 米处。

解题思路同上述比赛的例子。设置变量 p 和 q,p 每向后移动一次,q 就向后移动两次。

```
1   public Node<T> mid() {
2       Node<T> p, q;
3       p = q = first;
4       while (q != null && q.next != null) {
5           p = p.next;
6           q = q.next;
7           q = q.next;
8       }
9       return p;
10  }
```

代码第 3 行使 p、q 都从链表的第 1 个结点出发,第 5 行,p 向后移动一次,第 6、7 行,q 向后移动两次,第 4 行控制当后面的结点个数不足以让 q 移动两次时,结束循环。

例 4.5 实现 Node<T> lastKthNode 方法,它返回链表的倒数第 k 个结点,如果链表的结点个数少于 k,则返回 null。链表的尾结点为倒数第一个结点,不允许使用字段 size 实现 lastKthNode()方法。

与例 4.4 的思路相似,设置变量 p 和 q,让 q 先向后移动 k 次,然后 p 和 q 每次向后移动一次,当 q 越过尾结点时,p 引用的结点就是倒数第 k 个结点。

```
1   public Node<T> lastKthNode(int k) {
2       Node<T> q = first;
3       int i;
4       for (i = 0; i < k && q != null; i++, q = q.next)
5           ;
6       if (i != k)
7           return null;
8       Node<T> p = first;
9       for (; q != null; p = p.next, q = q.next)
10          ;
11      return p;
12  }
```

代码第 4、5 行使 q 向后移动 k 次,第 9 行的 for 语句不断使 p 和 q 同时向后移动。

例 4.6 实现 void removeEven 方法,从左至右删除链表的偶数位置的结点。

设置变量 p,使其从左至右移动,初始时,p 引用链表的第 1 个结点。如果结点 p 有后继结点,后继结点是偶数位置的结点,则删除后继结点,然后,移动 p 到后继结点的后继结点,重复这个过程,直至处理完所有结点或 p 引用了尾结点。

```
1   public void removeEven() {
2       Node<T> p = first;
```

```
3       while (p != null && p.next != null) {          // 利用了运算 && 的熔断机制
4           Node<T> q = p.next;
5           p.next = q.next;
6           p = p.next;
7           q.data = null;
8           q.next = null;
9       }
10  }
```

代码第 4 行使变量 q 引用结点 p 的后继结点,第 5 行更改结点 p 的后继结点为结点 q 的后继结点,第 6 行移动 p 到其新后继结点,第 7、8 行帮助垃圾回收器。

例 4.7 实现 void removeRepeat 方法,从左至右,如果结点的数据在前面出现过,则删除这个结点。

基本思想是首先拆分链表为两个链表,如图 4.22 所示。然后,从链表 p 取出一个结点,顺序查找链表 first 是否有相同数据的结点,如果有,则放弃这个结点,由垃圾回收器回收。否则,将这个结点加入链表 first,作为其尾结点。重复这个过程,直到链表 p 为空链表。

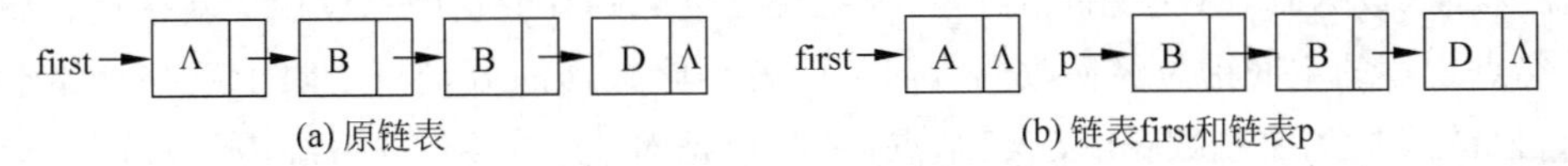

图 4.22 拆分链表

```
1   public void removeRepeat() {
2       if (first == null)
3           return;
4       Node<T> p = first.next;
5       first.next = null;
6       while (p != null) {
7           Node<T> q;
8           Node<T> r;                          // q 的前驱
9           for (r = null, q = first; q != null && !q.data.equals(p.data); r = q, q = q.next)
10              ;
11          if (q == null) {                    // 没有与 p 相同的数据
12              assert (r != null);
13              r.next = p;                     // 将 p 链入 first 链表的尾部
14              p = p.next;
15              r.next.next = null;             // first 链表的最后 1 个结点的 next = null
16          } else {                            // 有与 p 相同的,删除 p
17              Node<T> s = p;
18              p = p.next;
19              s.data = null;
20              s.next = null;
21          }
22      }
23  }
```

代码第 2、3 行处理空链表。第 4 行建立链表 p,它包括从第 2 个结点到尾结点的所有结点,第 5 行设置链表 first,仅包含第 1 个结点。第 6~21 行处理链表 p 的结点,其中,第 7~10 行从链表 first 的第 1 个结点开始,查找链表 first 与结点 p 的数据相等的结点,如果没有这样的结点,则循环结束后,变量 q=null,变量 r 引用链表 first 的尾结点,第 12~15 行将结点 p 加入链表 first,作为它的尾结点;如果结点 p 的数据出现于链表 first,则第 17~20

行从链表 p 删除这个结点。

4.4 数组描述和链式描述的比较

线性表的数组描述有以下特点：

(1) 需要设置数组的大小。

若数组设置得太大，则浪费空间。若数组设置得太小，则表满时需要扩大存储空间，所需时间为 $O(n)$，并且数组的最大长度受限。

(2) get 和 set 方法的时间复杂度为 $O(1)$，体现了数组的随机存取的特点。

(3) add 和 remove 方法平均需要复制一半的数据，时间复杂度为 $O(n)$。

线性表的链式描述有以下特点：

(1) 动态调整大小。

需要加入数据时，则创建新结点，只要系统有空闲的存储空间就能创建新结点。删除数据后，结点占用的空间由垃圾回收器收回。链表存储数据的数量只受限于系统存储空间的大小。但链式描述要将数据“装入”结点，一个数据对应一个结点，系统需要管理大量的结点，无形中增加了系统的负担。

(2) get 和 set 方法的时间复杂度为 $O(n)$，体现了链式描述的顺序存取的特点。

(3) add 和 remove 方法平均需要遍历一半的结点，时间复杂度为 $O(n)$。

需要指出的是，虽然二者的 add 和 remove 方法的时间复杂度都为 $O(n)$，但存在明显的差异。复制数据要读取一个数组元素，写到另一个数组元素，循环一次需读、写内存各一次。遍历结点需要执行操作 p=p.next，由于可用寄存器存储变量 p，因此循环一次需读一次内存。

综上所述，使用数组描述实现的线性表适用于静态数据的场合，即数据个数在已知的范围变化，而且 add 和 remove 操作较少，主要的操作是 get 和 set。使用链式描述实现的线性表适用于动态数据的场合，执行 add 和 remove 操作较多。

小结

线性表的特点是数据之间具有线性关系，体现为数据有唯一的编号，它是最简单、最基本、最常用的一种数据结构。

线性表通常使用数组描述和链式描述，其中，链式描述包括单向链表、带头结点的单向链表、单向循环链表、双向链表和双向循环链表。

使用数组描述时，为了维护数据编号和数组下标的对应关系，需要向前或向后复制数据。使用链式描述时，需要确定前驱结点，链式描述是本章的重点和难点。

使用数组描述和链式描述实现的线性表具有不同的优缺点，适用于不同的场合。

Java 类库的 List 接口定义了线性表，其操作种类多于本书介绍的内容。ArrayList 类是使用数组描述实现的线性表，LinkedList 类是使用链式描述实现的线性表。

习题

1. 选择题

(1) 线性表是(　　)。

A. 一个有限序列,可以为空

B. 一个有限序列,不可以为空

C. 一个无限序列,可以为空

D. 一个无限序列,不可以为空

(2) 以下(　　)是一个线性表。

A. 由 n 个实数构成的集合　　B. 由 10 字符构成的序列

C. 所有整数构成的序列　　D. 由 10 个实数构成的集合

(3) 在线性表中,除第一个数据外,每个数据(　　)。

A. 只有唯一的前驱　　B. 只有唯一的后继

C. 有多个前驱　　D. 有多个后继

(4) 设线性表有 $2n$ 个数据,以下操作中,使用链式描述比数组描述实现的效率更高的是(　　)。

A. 删除指定的数据

B. 在最后一个数据之后插入一个新的数据

C. 顺序输出前 k 个数据

D. 交换第 i 个数据和第 $2n-i-1$ 个数据

(5) 线性表的链式描述与数组描述相比,优点是(　　)。

A. 所有操作实现简单　　B. 便于随机存取

C. 便于插入和删除　　D. 便于节省存储空间

(6) 如果经常需要按序号查找线性表的数据,采用(　　)比较合适。

A. 数组描述　　B. 单向链表存储结构

C. 循环链表存储结构　　D. 双向链表存储结构

(7) 一个单向链表有引用第一个结点的变量 first 和引用尾结点的变量 last,则执行(　　)操作的性能与链表的长度有关(　　)。

A. 删除第一个结点　　B. 删除尾结点

C. 在第一个结点前插入一个新结点　　D. 在尾结点后插入一个新结点

(8) 在长度为 n 的有序单向链表中插入一个新结点,仍然保持有序的时间复杂度是(　　)。

A. $O(1)$　　B. $O(n)$　　C. $O(n^2)$　　D. $O(n\log n)$

(9) 对于顺序存储的线性表,获取数据和删除数据的时间复杂度为(　　)。

A. $O(n)$,$O(n)$　　B. $O(n)$,$O(1)$　　C. $O(1)$,$O(n)$　　D. $O(1)$,$O(1)$

(10) 在单向链表中增加头结点的目的是(　　)。

A. 使单向链表至少有一个结点　　B. 方便运算的实现

C. 用于判断链表是否为空　　D. 用于存储链表的数据个数

2. 填空题

(1) 链式描述利用________表示数据之间的关系；数组描述利用________表示数据之间的关系。

(2) 在单向链表中，引用变量 p 所引用的结点有后继结点的条件是________。

(3) 数组描述实现的线性表可以________存取。

(4) 判断带头结点的单循环链表只有一个数据结点的条件是________。

(5) 删除长度为 n 的顺序表的第 $i(0\leqslant i\leqslant n-1)$ 个数据需要移动表中________个数据。

(6) 在一个单向链表中，删除引用变量 p 所引用的结点的后继结点，需执行的语句为________。

(7) 在仅设置了尾指针的单循环链表中，访问第一个结点的时间复杂度是________。

(8) 根据线性表的链式描述中每个结点所包含的引用结点对象的个数，将链表分为________链表和________链表。

(9) 线性表有 n 个数据，向链式描述实现的线性表的________位置插入数据所需时间最少，向数组描述实现的线性表的________位置插入数据所需时间最少。

(10) 向不带头结点的单向链表中插入数据，对空表________处理；向带头结点的单向链表中插入数据，对空表________处理。

3. 应用题

(1) 将顺序表所有数据逆置，要求空间复杂度为 $O(1)$。

(2) 对长度为 n 的顺序表，设计实现一个时间复杂度为线性阶、空间复杂度为常数阶的算法，该算法删除表中所有值为 x 的数据。

(3) 从有序顺序表删除所有值在 x 和 y 之间($x<y$)的所有数据。例如，对于有序表(1,2,2,3,4,4,5,6)，$x=2$，$y=4$，删除后为(1,5,6)。

(4) 从有序顺序表删除重复的数据，例如，对于有序表(1,1,2,3,3,3,4)，删除重复的数据后为(1,2,3,4)。

(5) 将两个有序顺序表合并为一个有序顺序表。

(6) 将带头结点的单向链表所有数据逆置，要求空间复杂度为 $O(1)$。

(7) 对长度为 n 的单向链表，设计实现一个时间复杂度为线性阶、空间复杂度为常数阶的算法，该算法删除表的所有值为 x 的数据。

(8) 从有序单向链表删除所有值在 x 和 y 之间($x<y$)的所有数据。

(9) 从有序单向链表删除重复的数据。

(10) 将两个有序单向链表合并为一个有序单向链表。

(11) 删除单向链表倒数第 k 个结点。

(12) 删除单向链表中间的结点。

(13) 给定值 x，调整单向链表中的结点，使得链表的左半部分各结点的数据都小于 x，中间各结点的数据都等于 x，右边各结点的数据都大于 x，要求空间复杂度为 $O(1)$。

(14) 删除无序线性表中重复的数据，例如，线性表(1,5,1,3,5,4,2)删除后为(1,5,3,4,2)。针对线性表的数组描述和链式描述编写代码。

(15) 实现对线性表循环右移 k 位的操作。线性表移位前为(a_0，a_1，…，a_{n-k-1}，

$a_{n-k}, \cdots, a_{n-1}$)，移位后为($a_{n-k}, \cdots, a_{n-1}, a_0, a_1, \cdots, a_{n-k-1}$)。针对线性表的数组描述和链式描述编写代码。

(16) 单向链表中的数据为($a_0, a_1, a_2, \cdots, a_{n-3}, a_{n-2}, a_{n-1}$)，设计一个时间复杂度为 $O(n)$、空间复杂度为 $O(1)$的算法，将数据的次序调整为($a_0, a_{n-1}, a_1, a_{n-2}, a_2, a_{n-3}, \cdots$)。提示：先将链表的右半部分数据逆置。

(17) 一个字符序列 $a_1, a_2, a_3, \cdots, a_{n-2}, a_{n-1}, a_n$ 是回文，如果 $a_1 = a_n, a_2 = a_{n-1}$，$a_3 = a_{n-2}$，以此类推。例如，abba、abcba、1234321、123321 都是回文，abccb，123221 就不是回文。假设一单向链表各结点存储的数据是正整数，设计并实现时间复杂度为 $O(n)$、空间复杂度为 $O(1)$的算法，判断单向链表各结点存储的数据是不是回文。

(18) 设计并实现算法用于判断带头结点的双向循环链表是否对称相等，例如(25,34,34,25)和(25,3,25)就是对称相等的。假设引用变量 head 引用了链表的头结点。

(19) 设计并实现算法将单向链表值最小的结点移动到链表的最前面，要求不得使用新的结点。

(20) 设计并实现算法将单向链表 A 分解为单向链表 B 和 C，B 和 C 分别包含 A 的奇数和偶数号结点。

栈与队列

本章学习目标

- 掌握栈、队列和双端队列的概念
- 掌握栈、队列和双端队列的数组描述
- 了解栈、队列和双端队列的链式描述

栈(Stack)与队列(Queue)是两种使用频率很高的经典的数据结构,在计算机学科的多个领域(如编译器、操作系统、计算机网络等)得到了广泛的应用。本质上,栈与队列是受限的线性表,由于它们是如此重要,因此栈与队列是独立实现的数据结构。

5.1 栈

栈是限制 add 和 remove 操作只能发生在表头或表尾的线性表。发生操作的一端叫作栈顶(Top),另一端叫作栈底(Bottom)。栈就像餐厅的一摞盘子,只能从顶部取用盘子,放回盘子也只能放回顶部。习惯上,add 操作叫作压栈(Push),remove 操作叫作出栈(Pop)。

栈具有后进先出(Last In First Out,LIFO)的特点。假设栈已有 3 个数据 A、B、C,栈底在下,栈顶在上,如图 5.1(a)所示。执行压栈后 D 进入栈,D 成为栈顶,如图 5.1(b)所示。执行出栈后 D 离开了栈,C 成为栈顶,即后压栈的数据先出栈,如图 5.1(c)所示。

(a) 初始状态	(b) 压栈后	(c) 出栈后
	栈顶 D	
栈顶 C	C	栈顶 C
B	B	B
栈底 A	栈底 A	栈底 A

图 5.1　压栈和出栈

栈常用于处理这样的问题:问题一引发了问题二,问题二引发了问题三,解决了问题三后,再返回问题二,继续处理问题二,解决了问题二后再处理问题一。计算机程序的方法调用就使用了栈,调用方法时一般将实参、返回地址、方法返回值等压栈,以保证调用者和被调用者之间交换数据,并且被调用者执行完毕后,能返回调用者。

IStack 接口定义了栈:

```
public interface IStack<T> {
    void clear();
    boolean isEmpty();
    int size();
    T peek();
    void push(T x);
    T pop();
}
```

- clear：删除栈的全部数据，使栈成为空栈。
- isEmpty：若栈为空栈，则返回真，否则返回假。
- size：返回栈的数据个数。
- peek：若栈为空栈，则返回 null，否则返回栈顶。
- push：将数据压栈，作为新的栈顶，若没有空间容纳数据，则抛出异常 StackOverflowError。
- pop：删除并返回栈顶，若栈为空，则抛出异常 NoSuchElementException。

5.1.1　栈的数组描述

栈的数组描述利用数组元素下标的次序关系表示数据压栈的先后关系，数组的右端为栈顶，如图 5.2 所示。图 5.2(a)是空栈，图 5.2(b)的 C 是栈顶，A 是栈底。变量 top 表示下一个压栈的数据应存入的位置，即栈顶的右邻。

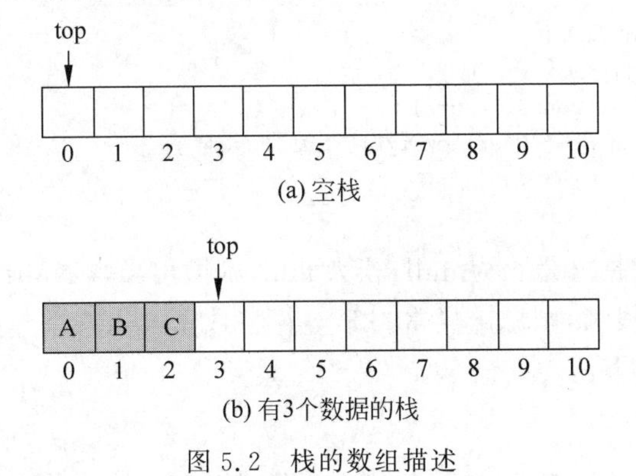

图 5.2　栈的数组描述

1. CStack 类

CStack 类是使用数组描述实现的栈。

```
1   public class CStack<T> implements IStack<T>, Iterable<T> {
2       private Object[] elements;
3       private int top;
4   }
```

数组 elements 用于存储栈的数据，字段 top 等于栈顶右邻的下标，top 也是栈的数据个数。

2. 构造器

构造器构造空栈：top=0。

```
1   public CStack(int maxSize) {
```

```
2       elements = new Object[maxSize];
3   }
```

代码第 2 行申请了大小为 maxSize 的数组用于存放数据。

3. isEmpty 方法和 size 方法

isEmpty 方法和 size 方法使用变量 top 完成预定的操作。

```
1   public boolean isEmpty() {
2       return top == 0;
3   }
4   public int size() {
5       return top;
6   }
```

4. peek 方法

peek 方法返回栈顶,若栈为空栈,则返回 null。

栈顶存储于数组元素 elements[top－1]中,代码如下:

```
1   public T peek() {
2       return top == 0 ? null : (T) elements[top - 1];
3   }
```

5. push 方法

push 方法将数据压栈。因为 peek 方法返回 null 表示空栈,所以压栈的数据不能为 null。

```
1   public void push(T x) {
2       Objects.requireNonNull(x);
3       if (top == elements.length)
4           throw new StackOverflowError("full stack");
5       elements[top++] = x;
6   }
```

代码第 2 行判断数据 x 是否为 null,若为 null,则抛出异常 NullPointerException。第 3 行判断栈是否已满,若栈满,则抛出异常。第 5 行将数据 x 入栈并作为栈顶,同时更新 top,确保 top 是栈顶右邻的下标。

6. pop 方法

pop 方法将栈顶出栈并返回栈顶,若栈为空栈,则返回 null。

```
1   public T pop() {
2       if (top == 0)
3           throw new NoSuchElementException();
4       @SuppressWarnings("unchecked")
5       T result = (T) elements[--top];
6       elements[top] = null;
7       return result;
8   }
```

代码第 2 行判断是否为空栈,若为空栈,则抛出异常。第 5 行取出栈顶,并从栈移除栈顶。由于 top 是栈顶的右邻,--top 的第一个作用是定位栈顶的位置,第二个作用是移除旧栈顶,明确新栈顶的下标。由于 elements[top]仍然引用已出栈的旧栈顶,因此,为了防止内存泄漏,第 6 行的语句 elements[top]＝null 切断了这个引用。

7. clear 方法

clear 方法清空栈的数据，清空后，栈的数据个数为 0，即 top＝0。

如果只令 top＝0，则会造成内存泄漏。如图 5.2(b)所示，因为 elements[0]、elements[1]、elements[2]仍然引用 A、B、C 对象，所以垃圾回收器无法收回 A、B、C 占用的内存空间。

```
1   public void clear() {
2       while (top != 0) {
3           elements[ -- top] = null;
4       }
5   }
```

代码第 2、3 行逐一切断栈与原有数据之间的联系，做到逻辑上清空了栈，物理上也清空了栈。

8. 迭代器

迭代器按照从栈顶到栈底的顺序返回全部数据，代码请参考本书配套资源中的 project，不再赘述。

9. 性能分析

使用数组描述实现栈的代码很简单，clear 方法的时间复杂度为 $O(n)$，其他方法的时间复杂度为 $O(1)$。所有方法的空间复杂度均为 $O(1)$。

5.1.2 栈的链式描述

栈的链式描述使用结点存储数据，利用结点之间的引用关系表示数据压栈的先后关系，这些结点构成了单向链表，如图 5.3 所示。

1. LinkedStack 类

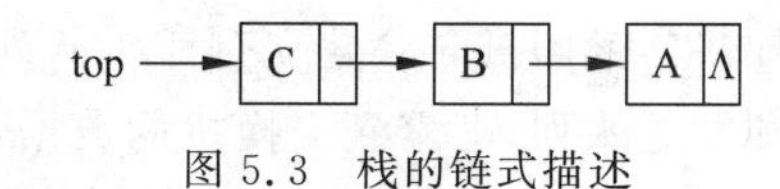

图 5.3 栈的链式描述

LinkedStack 类是使用链式描述实现的栈。字段 top 引用栈顶结点，字段 size 记录栈的数据个数，用于保证 size 方法的时间复杂度为 $O(1)$。空栈的判断条件是 size＝＝0 或 top＝＝null，一般使用后者。

以下是 LinkedStack 的声明：

```
1   public class LinkedStack < T > implements IStack < T >, Iterable < T > {
2       Node < T > top;
3       int size;
4       static class Node < T > {
5           T data;
6           Node < T > next;
7           Node(Te, Node < T > p) {
8               data = e;
9               next = p;
10          }
11      }
12  …
13  }
```

嵌套类 Node 的字段 data 存储压栈的数据，字段 next 引用另一个 Node 对象，被引用者先于引用者压栈。

2. 构造器

构造器构造空栈：top＝null，size＝0。

```
1    public LinkedStack() {
2    }
```

LinkedStack 类其他方法的代码留作习题。

5.2 队列

队列是限制 add 操作只能发生在表尾，remove 操作只能发生在表头的线性表。习惯上，add 操作称作入队（Offer），remove 操作称为出队（Poll）。入队的一端叫作队头（Front），另一端叫作队尾（Rear）。队列就像餐厅购买食物所排的队，后来的人排在队尾，只有队头的人能获得服务，购买食物后离开队。

队列具有先进先出（First In First Out，FIFO）的特点。假设队已有 3 个数据 A、B、C，队头在左，队尾在右，如图 5.4(a)所示。执行出队后，队头 A 出队，如图 5.4(b)所示。执行入队后，D 成为队尾，如图 5.4 (c)所示。

队头		队尾	队头	队尾	队头		队尾
A	B	C	B	C	B	C	D
(a) 初始状态			(b) 出队后		(c) 入队后		

图 5.4　出队和入队

紧缺资源的分配一般采用先到先得的分配策略，队列常用于解决此类问题。操作系统分配共享打印机时会建立打印机队列，申请者需要排队。网络交换机建立数据包的接收队列和发送队列，汇聚到交换机的数据包需要排队。

IQueue 接口定义了队列：

```
public interface IQueue<T> {
    void clear();
    boolean isEmpty();
    int size();
    T peek();
    boolean offer(T x);
    T poll();
}
```

- clear：删除队列的全部数据，使之成为空队。
- isEmpty：若队列为空队，则返回真，否则返回假。
- size：返回队列的数据个数。
- peek：若为空队，则返回 null，否则返回队头。
- offer：如果不违反空间限制，则入队。数据成功入队后，返回真，否则返回假。
- poll：若为空队，则返回 null，否则队头出队，返回队头。

5.2.1 队列的数组描述

队列的数组描述利用数组元素下标的次序关系表示数据入队的先后关系，数组的左端为队头，右端为队尾，如图 5.5 所示。变量 front 表示队头的位置，rear 表示下一个入队的数据应存入的位置，即队尾的右邻。出队后，front＝front＋1，入队后，rear＝rear＋1。

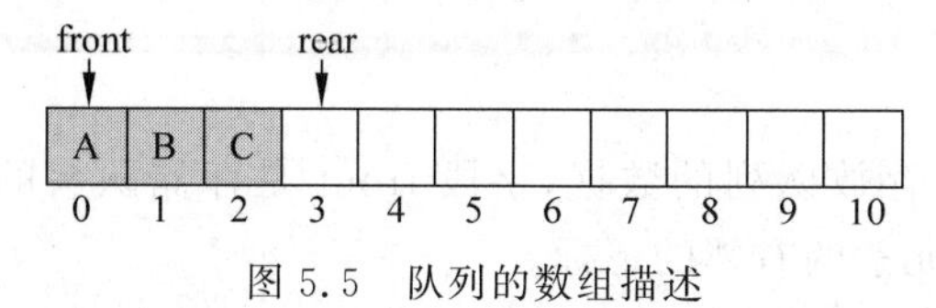

图 5.5　队列的数组描述

队列的数组描述面临假溢出问题。图 5.5 的队经过 3 次出队，8 次入队后，如图 5.6(a)所示，rear 已经越过数组的右边界，不能再存入数据，似乎已经处于队满状态，但数组的左端尚有空闲的空间可以接纳数据，实际上队列处于未满状态，这就是假溢出现象。

为了解决这个问题，引入了循环队列的概念。循环队列不再是一条直线，而是一个圆，即循环队列是首尾相连的队列。相应的，数组下标也看作是循环的，例如，图 5.6(b)的数组的下标为 0，1，2，…，10，0，即下标为 10 的数组元素的右邻是下标为 0 的数组元素。将图 5.6(a)的队列看作循环队列，入队两个数据后的结果如图 5.6(b)所示。

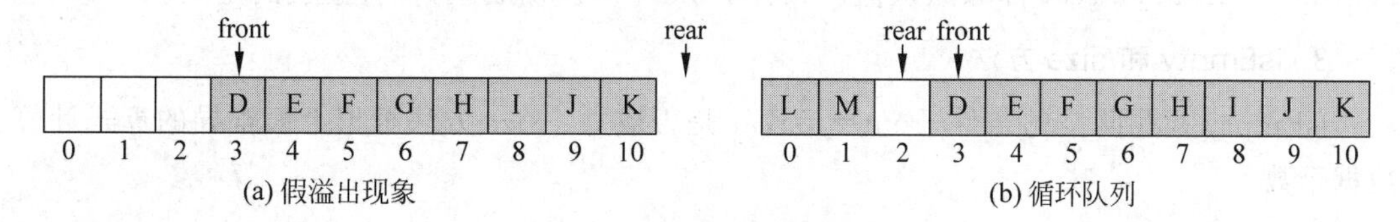

图 5.6　假溢出现象及循环队列

假设数组的长度为 m，为了实现数组下标的循环，出队后，front＝(front＋1) % m，入队后，rear＝(rear＋1) % m。

将 front 和 rear 想象成在运动场的环形跑道上进行 3000 米比赛的两个运动员，假设 rear 的实力较强，如果 rear 追上了 front，则发生了套圈现象。调换 rear 和 front 的角色，如果发生套圈现象，则是 front 追上了 rear。

队列的数组描述将(rear＋1) % m＝＝front 作为队满的条件，即如果 rear 再跑一步就追上了 front，图 5.6(b)所示的循环队列就处于队满的状态。如果 front 追上了 rear，即 front＝＝rear 成立，队就处于空队状态。例如，将图 5.5 视为循环队列，执行 3 次出队后，front 就追上了 rear，队列成为空队。

由 front 和 rear 可计算出队列的数据个数。front 和 rear 的相对位置有两种情形，第一种情形，front 在 rear 的左边，即 rear－front≥0，如图 5.5 所示，此时，数据个数 size 为：

$$\text{size} = \text{rear} - \text{front} = (\text{rear} - \text{front} + m)\ \%\ m$$

第二种情形，front 在 rear 的右边，即 rear－front≤0，如图 5.6(b)所示，此时，数据个数 size 为：

$$\text{size} = \text{rear} + m - \text{front} = (\text{rear} - \text{front} + m)\ \%\ m$$

无论哪种情形，都可以使用相同的算式计算数据个数。

1. CQueue 类

CQueue 类是使用数组描述实现的队列。

```
1   public class CQueue<T> implements IQueue<T>, Iterable<T> {
2       private Object[] elements;
3       private int front;
4       private int rear;
5       …
6   }
```

数组 elements 用于存放队列的数据，字段 front 是存储队头的数组元素的下标，字段 rear 是存储队尾的数组元素的右邻的下标。

另外，队列的数组描述要维护不变式：空队时，各数组元素为 null。

2. 构造器

构造器构造空栈。

```
1   public CQueue(int maxSize) {
2       elements = new Object[maxSize];
3   }
```

代码第 2 行创建了长度为 maxSize 的数组用于存放数据，数组 elements 的各元素取默认值 null。front 和 rear 都取默认值。条件 front==rear 成立，符合空栈的定义。

3. isEmpty 和 size 方法

isEmpty 检测队空的条件 front==rear 是否成立。size 方法根据上面推导的算式计算数据个数。

```
1   public boolean isEmpty() {
2       return front == rear;
3   }
4   public int size() {
5       return (rear - front + elements.length) % elements.length;
6   }
```

4. peek 方法

peek 方法返回队头。若队列为空队，则返回 null。

```
1   public T peek() {
2   // if (front == rear)
3   // return null;
4       return (T) elements[front];
5   }
```

代码第 4 行返回队头，队头存储于 elements[front]。前面介绍的构造器和后面介绍的 poll 和 clear 方法共同维护了不变式：空队时各数组元素为 null。空队时，无论 front 取何值，elements[front]始终为 null。因此，可省略第 2、3 行的语句。

5. offer 方法

offer 方法向队列增加数据，新增的数据作为队尾。若因为某些原因无法将数据入队，则返回 false。

```
1   public boolean offer(T x) {
2       if (x == null)
3           return false;
4       if ((rear + 1) % elements.length == front)
5           return false;
6       elements[rear] = x;
7       rear = (rear + 1) % elements.length;
8       return true;
9   }
```

因为peek方法返回null作为队空的标识,所以null不能作为数据入队。代码第2行检查入队的数据,如果为null,则不能入队,按照约定,第3行返回false。第4行检查队是否已满,如果队满,则数据不能入队,按照约定,第5行返回false。第6行将数据入队,第7行设置rear,使其为队尾的右邻,因数据已经入队,第8行返回true。

6. poll方法

poll方法返回队头,并从队列移除队头。若队列是空队,则返回null。

```
1   public T poll() {
2   // if (front == rear)
3   // return null;
4       T result = (T) elements[front];
5       if (result != null) {
6           elements[front] = null;
7           front = (front + 1) % elements.length;
8       }
9       return result;
10  }
```

代码第4行取出队头,若为null,则表明是空队,第9行返回null。否则,移除这个数据,第6行elements[front]=null,既防止了内存泄漏,又维护了空队时各数组元素为null的不变式,第7行调整front,从队列删除这个数据。

7. clear方法

clear方法清空队的数据,使队列成为空队。

```
1   public void clear() {
2       while (front != rear) {
3           elements[front] = null;
4           front = (front + 1) % elements.length;
5       }
6   }
```

代码第2～5行的while语句将各数组元素置为null,既防止了内存泄漏,又维护了空队时各数组元素为null的不变式。循环结束后,条件front==rear成立,满足了空队的要求。

8. 迭代器

迭代器按照从front到rear的顺序返回队列的全部数据。

```
1   class Itr implements Iterator<T> {
2       int cursor;
3       Itr() {
4           cursor = front;
```

```
5        }
6        public boolean hasNext() {
7            if (cursor != rear)
8                return true;
9            return false;
10       }
11       @SuppressWarnings("unchecked")
12       public T next() {
13           T result = (T) elements[cursor];
14           cursor = (cursor + 1) % elements.length;
15           return result;
16       }
17   }
```

代码第4行，设cursor为front的替身，第14行让cursor追赶rear，第7行判断cursor是否追上了rear，若追上，则已经遍历了队列的全部数据，第9行返回false，否则第8行返回true。

9. 性能分析

使用数组描述实现队列的代码很简单，clear方法的时间复杂度为$O(n)$，其他方法的时间复杂度为$O(1)$。所有方法的空间复杂度为$O(1)$。

5.2.2 队列的链式描述

队列的链式描述使用结点存储数据，利用结点之间的引用关系表示数据入队的先后关系，这些结点构成了单向链表。变量front引用队头结点，变量rear引用队尾结点，如图5.7所示。

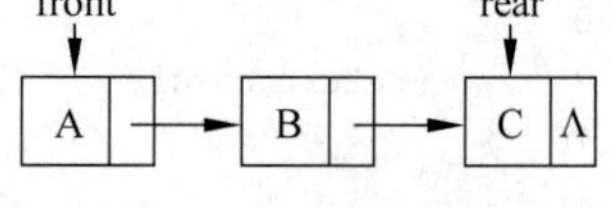

图5.7 队列的链式描述

1. LinkedQueue类

LinkedQueue类是使用链式描述实现的队列。

```
1   public class LinkedQueue<T> implements IQueue<T>, Iterable<T>, Cloneable {
2       Node<T> front;
3       Node<T> rear;
4       int size;
5       static class Node<T> {
6           T data;
7           Node<T> next;
8           Node(T e, Node<T> p) {
9               data = e;
10              next = p;
11          }
12      }
13      …
14  }
```

字段front引用存储队头的结点，字段rear引用存储队尾的结点，字段size记录队列的数据个数，用于保证方法size()的时间复杂度为$O(1)$。空队的判断条件是size==0、front==null或rear==null。

嵌套类Node的字段data存储入队的数据，字段next引用另一个Node对象，引用者先于被引用者入队。

2. 构造器

构造器使字段取默认值,构造了空队。

```
1   public LinkedQueue() {
2   }
```

LinkedQueue 类的其他方法的代码留作习题。

5.3 双端队列

双端队列(Double End Queue,简写为 Deque,发音与单词 Deck 相同)是左、右两端都允许入队和出队的队列,如图 5.8 所示。

left	入队→ 出队←	a_0	a_1	…	a_{n-1}	←入队 →出队	right

图 5.8　双端队列

左端入队的数据有先入队和后入队之分,同样,右端入队的数据也有先后之分,但左端入队的数据和右端入队的数据无先后关系。为了统一起见,规定 a_0 为双端队列的第 1 个数据,a_1 为第 2 个数据,a_{n-1} 为最后一个数据。

双端队列有两种特殊形式。一端允许入队和出队,另一端只允许出队的双端队列叫作入队受限的双端队列。一端允许入队和出队,另一端只允许入队的双端队列叫作出队受限的双端队列。

双端队列兼具栈和队列的功能,但双端队列比栈和队列更灵活。在同一端入队和出队的双端队列就是栈,一端入队,另一端出队的双端队列就是队列。有些问题需要双端队列,请见本章习题的生成滑动窗口最大值数组问题。

IDeque 接口定义了双端队列:

```
public interface IDeque<T> {
    void clear();
    boolean isEmpty();
    int size();
    boolean offerFirst(T x);
    T pollFirst();
    T peekFirst();
    boolean offerLast(T x);
    T pollLast();
    T peekLast();
}
```

- clear:清空双端队列的全部数据,使之成为空队。
- isEmpty:若双端队列为空队,则返回 true,否则返回 false。
- size:返回双端队列的数据个数。
- offerFirst:数据在左端入队。若成功入队,则返回 true,否则返回 false。
- pollFirst:左端的数据出队,并返回出队的数据。若双端队列为空队,则返回 null。
- peekFirst:返回左端的数据。若双端队列为空队,则返回 null。
- offerLast:数据在右端入队。若成功入队,则返回 true,否则返回 false。

- pollLast：右端的数据出队，并返回出队的数据。若双端队列为空队，则返回 null。
- peekLast：返回右端的数据。若双端队列为空队，则返回 null。

5.3.1 双端队列的数组描述

双端队列的数组描述利用数组元素下标的次序关系表示数据在队列中的顺序，如图 5.9 所示。变量 left 表示左端，right 表示右端，数据的顺序是从 left 到 right。左端入队，执行 left=left−1 后，数据存入数组元素 left，左端出队，执行 left=left+1。右端入队，数据存入数组元素 right，然后执行 right=right+1，右端出队，执行 right=right−1。

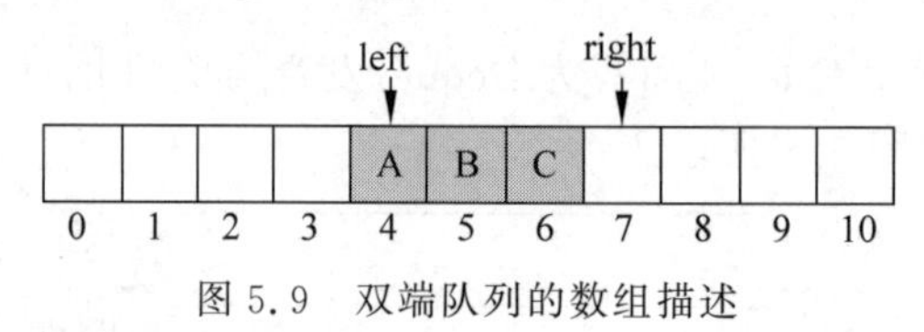

图 5.9 双端队列的数组描述

双端队列的数组描述与队列的数组描述同样面临假溢出问题，解决方法也是将双端队列视为循环队列，即 left=left+1，right=right+1 后，如果 left、right 大于数组的右边界，则令 left=0，right=0。left=left−1，right=right−1 后，如果 left、right 小于 0，则令 left、right 等于数组的右边界。图 5.10 是图 5.9 的双端队列在右端入队 5 个数据后的情形。

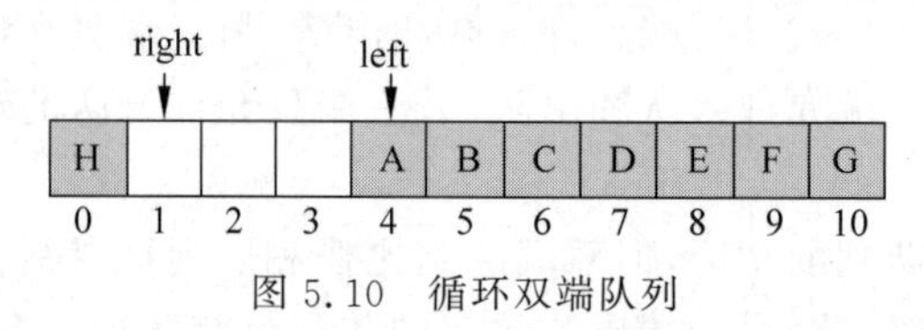

图 5.10 循环双端队列

同队列的数组描述相似，双端队列的数组描述使用 left 和 right 计算队列的数据个数。

若双端队列的数据个数等于 0，则为空队。若双端队列的数据个数等于数组长度，则为满队列。由于变量 left 和变量 right 的设置方式，也可以这样判断空队和满队列：左端或右端出队时，若 left==right 成立，则双端队列为空队；左端或右端入队后，若 left==right，则双端队列为满队列。

若双端队列用完了存储空间成为满队列，则立刻扩大存储空间，即双端队列处于满队列是一个临时状态。

1. CDeque 类

CDeque 类是使用数组描述实现的双端队列。数组 elements 用于存放队列的数据，字段 left 记录了左端出队和入队的位置，字段 right 记录了右端出队和入队的位置。

```
1   public class CDeque<T> implements IDeque<T>, Iterable<T> {
2       private Object[] elements;
3       private int left;
4       private int right;
5       …
6   }
```

双端队列的数组描述维护了不变式：空队时各数组元素为 null。

2. 构造器

构造器构造空队。变量 left 和变量 right 等于 0,双端队列的数据个数等于 0。各数组元素为 null,满足了不变式。

```
1   public CDeque(int maxSize) {
2       elements = new Object[maxSize];
3   }
```

3. 辅助方法 dec 和 inc

dec 方法用于完成 left－1 和 right－1,若结果小于 0,则 left、right 等于数组的右边界。

```
1   private int dec(int i) {
2       if (--i < 0)
3           i = elements.length - 1;
4       return i;
5   }
```

inc 方法用于完成 left＋1 和 right＋1,若结果超过数组的右边界,则 left、right 等于 0。

```
1   private int inc(int i) {
2       if (++i >= elements.length)
3           i = 0;
4       return i;
5   }
```

4. size 方法

若 right≥left,size＝right－left,如图 5.9 所示,代码第 2 行用于计算这种情况的数据个数。若 right < left,如图 5.10 所示,数据分布在两部分,第一部分的数据个数为 right,第二部分的数据个数为 element.length－left,代码第 4 行针对这种情况。

```
1   public int size() {
2       int i = right - left;
3       if (i < 0)
4           i += elements.length;
5       return i;
6   }
```

5. offerFirst 方法

offerFirst 方法使数据在左端入队。若成功入队,则返回 true,否则返回 false。

```
1   public boolean offerFirst(T x) {
2       Objects.requireNonNull(x);
3       elements[left = dec(left)] = x;
4       if (left == right)
5           doubleCapacity();
6       return true;
7   }
```

入队的位置是 left－1,第 3 行将数据存入这个位置。第 4 行测试条件 left＝＝right 是否成立,若成立,则处于满队列状态,已耗尽了所有存储空间,第 5 行扩大存储空间,如果无法从系统获得更大的空间,则抛出异常,否则,由于数据已经入队,因此第 6 行返回 true。

6. offerLast 方法

offerLast 方法使数据在右端入队。若成功入队,则返回 true,否则返回 false。

right 就是入队的位置,入队后要将 right 设置为新入队数据的右邻,参见图 5.9。同样,若用尽了存储空间,则扩大存储空间。

```
1   public boolean offerLast(T x) {
2       Objects.requireNonNull(x);
3       elements[right] = x;
4       if ((right = inc(right)) == left)
5           doubleCapacity();
6       return true;
7   }
```

7. pollFirst 方法

pollFirst 方法使左端的数据出队,并返回出队的数据。若队列为空队,则返回 null。

```
1   public T pollFirst() {
2       T result = (T) elements[left];
3       if (result != null) {
4           elements[left] = null;
5           left = inc(left);
6       }
7       return result;
8   }
```

代码第 2 行获取出队的数据,若出队的数据不为 null,为了维护不变式,第 4 行将左端的数据设置为 null,第 5 行更新 left,完成出队。第 7 行,按照接口的约定,返回左端的数据。

8. pollLast 方法

pollLast 方法使右端的数据出队,并返回出队的数据。若队列为空队,则返回 null。代码与 pollFirst 方法相似。

```
1   public T pollLast() {
2       int t;
3       T result = (T) elements[t = dec(right)];
4       if (result != null) {
5           elements[right = t] = null;
6       }
7       return result;
8   }
```

9. peekFirst 方法和 peekLast 方法

peekFirst 方法和 peekLast 方法分别返回双端队列的队头和队尾,若双端队列为空队,则返回 null。

```
1   public T peekFirst() {
2       return (T) elements[left];
3   }
4   public T peekLast() {
5       return (T) elements[dec(right)];
6   }
```

队头和队尾在数组的下标分别是 left 和 right－1，第 2 行和第 5 行分别取出队头和队尾并返回。若双端队列是空队，由于构造器、出队、清空等方法维护了不变式，因此返回 null。

10. clear 方法

数据在数组的存放有两种情形：一个连续区间，如图 5.9 所示；两个连续区间，如图 5.10 所示。clear 方法的一种实现方法是让 left 追赶 right，一边追赶，一边设置数据为 null，但是，需要使用%运算。clear 方法的另一个实现方法是分别清除两个连续区间，从而避免使用%运算。

```
1   public void clear() {
2       for (int i = left, to = (i <= right) ? right : elements.length;; i = 0, to = right) {
3           for (; i < to; left++)
4               elements[i] = null;
5           if (to == right)
6               break;
7       }
8       left = right = 0;
9   }
```

代码第 2 行的 for 语句会循环一次或两次。若初始设置 i＝left，to＝right，即 left≤right，如图 5.9 所示，第 3、4 行清空这个区间，第 6 行结束循环。若初始设置 i＝left，to＝elements.length，即 left＞right，如图 5.10 所示，则第一次循环，第 3、4 行清除图 5.9 右边的区间，第二次循环，i＝0，to＝right，第 3、4 行清除图 5.9 左边的区间。

11. doubleCapacity 方法

左端入队或右端入队后，队列可能会处于满队列的状态，条件 left＝＝right 成立，如图 5.11 所示。此时，需要调用 doubleCapacity 方法扩大空间。

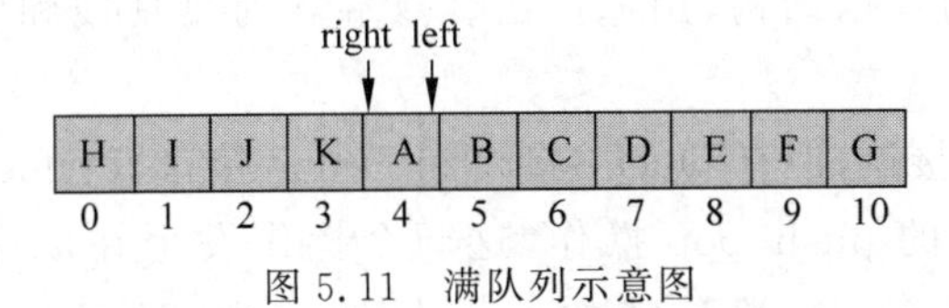

图 5.11 满队列示意图

```
1   private void doubleCapacity() {
2       assert left == right;
3       int n = elements.length;
4       int newCapacity = n << 1;
5       if (newCapacity < 0)
6           throw new IllegalStateException("Sorry, deque too big");
7       Object[] a = new Object[newCapacity];
8       int p = left;
9       int r = n - p;
10      System.arraycopy(elements, p, a, 0, r);
11      System.arraycopy(elements, 0, a, r, p);
12      elements = a;
13      left = 0;
14      right = n;
15  }
```

代码第 4 行设置新空间的大小是原空间的 2 倍。如果原空间很大，再扩大 2 倍可能超出 int 类型的表示范围，发生溢出，即 newCapacity 为负数，则第 6 行抛出异常。第 9 行的变量 r 是从 left 到数组右边界的数据个数，第 10 行将原空间的 left 到数组右边界的数据复制到新空间，占用的位置是 0，1，…，r－1，第 11 行将原空间从 0 到 left－1 的数据复制到新空间，占用的位置是 r，r＋1，…，r＋p－1。队列在新空间的第一个数据的位置是 0，最后一个数据的位置是 n－1。

12. 性能分析

基于数组描述的双端队列的代码很简单，clear 方法和 doubleCapacity 方法的时间复杂度为 $O(n)$，其他方法的时间复杂度为 $O(1)$。所有方法的空间复杂度为 $O(1)$。

5.3.2 双端队列的链式描述

双端队列的链式描述利用结点之间的引用关系表示数据在队列中的顺序，这些结点构成了单向链表，变量 left 引用队头结点，变量 right 引用队尾结点，如图 5.12 所示。

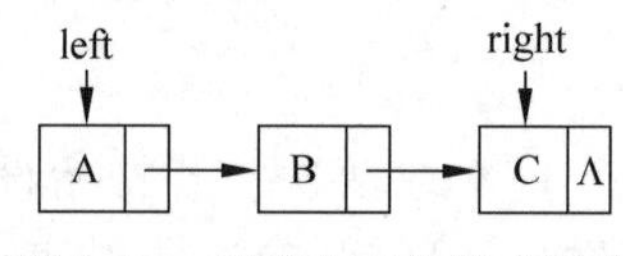

图 5.12 双端队列的链式描述

双端队列的链式描述留作练习。

小结

栈和队列是经典的数据结构，用途广泛。双端队列兼具栈和队列的功能，并且更加灵活。

Java 类库无 Stack 接口，但有 Queue 接口和 Deque 接口，Deque 接口扩展了 Queue 接口。Deque 接口包含栈的 push、pop 操作，这两个操作发生在双端队列的左端，等同于 offerFirst 和 pollFirst。Stack 类是栈的一个早期实现，已经过时。ArrayDeque 类和 LinkedList 类实现了 Deque 接口，前者基于数组描述，后者基于链式描述。

习题

1. 选择题

(1) 一个队列的入队序列是 1，2，3，4，则出队序列是(　　)。

A. 4，3，2，1　　　　B. 1，2，3，4

C. 1，4，3，2　　　　D. 3，2，4，1

(2) 队列的操作有(　　)。

A. 对队列中的数据排序

B. 取出最近入队的数据

C. 在队列的数据之间插入新的数据

D. 删除队头的数据

(3) 为了解决计算机与打印机之间的速度不匹配问题，通常设置一个打印数据缓冲区，主机将要输出的数据一次写入该缓冲区，而打印机则依次从该缓冲区中取出数据。该缓冲区的逻辑结构应该是(　　)。

A. 栈　　B. 队列　　C. 树　　D. 图

(4) 如果队列允许在其两端进行入队，但仅允许在一端进行出队。若数据元素 a,b,c,d,e 依次入队后再出队，则不可能得到的出队序列是(　　)。

A. b,a,c,d,e　　B. d,b,a,c,e

C. d,b,c,a,e　　D. e,c,b,a,d

(5) 最适合用作链式描述的队列的链表是(　　)。

A. 带队头指针和队尾指针的循环单向链表

B. 带队头指针和队尾指针的非循环单向链表

C. 只带队头指针的非循环单向链表

D. 只带队头指针的循环单向链表

(6) 最不适合用作链式描述的队列的链表是(　　)。

A. 只带队头指针的非循环双链表　　B. 只带队头指针的循环双链表

C. 只带队尾指针的循环双链表　　D. 只带队尾指针的循环单向链表

(7) 若用数组 A[6]实现循环队列，且当前 rear 和 front 分别为 1 和 5，当从队列中删除一个数据元素，再加入两个数据元素时，rear 和 front 分别为(　　)。

A. 3 和 4　　B. 3 和 0　　C. 5 和 0　　D. 5 和 1

(8) 最大容量为 n 的循环队列，队尾指针为 rear，队头指针为 front，则队空的条件为(　　)。

A. (rear+1) % n==front　　B. rear==front

C. rear+1==front　　D. (rear−1) % n==front

(9) 现有队列 Q 和栈 S，初始时 Q 中的数据依次为 1,2,3,4,5,6(1 在队头)，S 为空。若仅允许下列 3 种操作：出队并输出队头；出队并将队头压栈；出栈并输出栈顶，则不能得到的输出序列是(　　)。

A. 1,2,5,6,4,3　　B. 2,3,4,5,6,1

C. 3,4,5,6,1,2　　D. 6,5,4,3,2,1

(10) 设栈 S 和队列 Q 的初始状态为空，数据 e_1,e_2,e_3,e_4,e_5,e_6 依次通过栈 S，一个数据出栈后即进队列 Q，若 6 个数据出队的序列为 e_2,e_4,e_3,e_6,e_5,e_1，则栈的容量至少为(　　)。

A. 6　　B. 4　　C. 3　　D. 2

2. 填空题

(1) 队列是一种受限的线性表，允许插入的一端称为________，允许删除的一端称为________，对队列的访问是按照________的原则进行的。

(2) 使用链式描述实现队列时，需要两个引用变量分别引用________和________。

(3) 在具有 n 个数据的非空队列插入或删除一个数据的时间复杂度为________。

(4) 引入循环队列是为了克服________。

(5) 区分循环队列的满与空，有________、________和________方法。

3. 应用题

(1) 实现链式描述的栈 LinkStack，需要实现 IStack 接口。

(2) 实现链式描述的队列 LinkQueue，需要实现 IQueue 接口。

(3) 为类 LinkQueue 增加方法 LinkQueue split()，将奇数位置的数据保留在原队列，偶数位置的数据放到新队列返回。

(4) 为类 CQueue 增加方法 T[] toArray()，按照队头到队尾的次序将队列中的数据存放到数组 T[]，即队头放在 T[0]，以此类推，队尾放在 T[$n-1$]，n 是队列中的数据的个数。

(5) 先执行 1×10^6 次 offer 操作，然后执行 1×10^6 次 poll 操作。测试链式描述队列和数组描述实现的队列的性能。

(6) 实现链式描述的双端队列 LinkedDeque，需要实现 IDeque 接口。

(7) 生成滑动窗口最大值数组问题。有一个整型数组和一个大小为 w 的窗口从数组的最左边滑动到最右边，窗口每次向右滑动一个位置，编写代码输出各窗口的最大值。

例如，数组为 5,4,6,5,3,1,6,2，窗口大小为 3，用符号[]表示窗口，则各窗口的数据及最大值如下：

[5,4,**6**],5,3,1,6,2

5,[4,**6**,5],3,1,6,2

5,4,[**6**,5,3],1,6,2

5,4,6,[**5**,3,1],6,2

5,4,6,5,[3,1,**6**],2

5,4,6,5,3,[1,**6**,2]

输出结果为 6,6,6,5,6,6。提示，使用输入受限的双端队列。

(8) 编写一个类，用两个栈实现队列，需要实现 IQueue 接口。

树与二叉树

本章学习目标

- 了解树的概念
- 理解二叉树的基本概念和基本性质
- 掌握二叉树的链式描述
- 掌握二叉树的遍历

树用于描述像图书目录、机构组织架构、族谱等层次结构。二叉树是常用的数据结构，遍历是二叉树的常用操作，二叉树的遍历包括层次遍历、先序遍历、中序遍历和后序遍历。完全二叉树用数组描述，其他的二叉树用链式描述。树一般使用链式描述，也可以根据需要将树转换为二叉树。

6.1 树

1. 树的定义

树(Tree)是有限的数据集合，并满足以下约束条件：

(1) 有一个数据叫作根(Root)。

(2) 其余的数据划分为 $m(m\geqslant 0)$ 个互不相交的集合 $T_1,T_2,\cdots,T_m$，T_i 是树，称 T_i 为根的子树(Subtree)，$1\leqslant i\leqslant m$。

树的定义有多种形式，本书以递归(Recursion)的方式给出了树的定义，递归的基础是只有根的树。以递归的方式定义树很好地刻画了树的性质，即树由子树构成，子树是规模更小的树，规模指数据的数量。

树的图示形式如图 6.1 所示。图中用带圆圈的字母或数字表示数据，用带箭头的线段连接树和子树的根，箭头指向子树的根。习惯上，树根画在图的上方。

图 6.1 所示的树是由 A、B、C、D、E、F、G、H、I、J、K、L、M 组成的树，A 是根，A 有三棵子树，其中一棵树由 B、E、F、K、L 组成，B 是根。以 B 为根的树有两棵子树，其中一棵树由 E、K、L 组成，E 是根。以 E 为根的树有两棵子树，其中一棵树由 K 组成，K 是根。以 K 为根的树只有根，没有子树，它是规模最小的树。

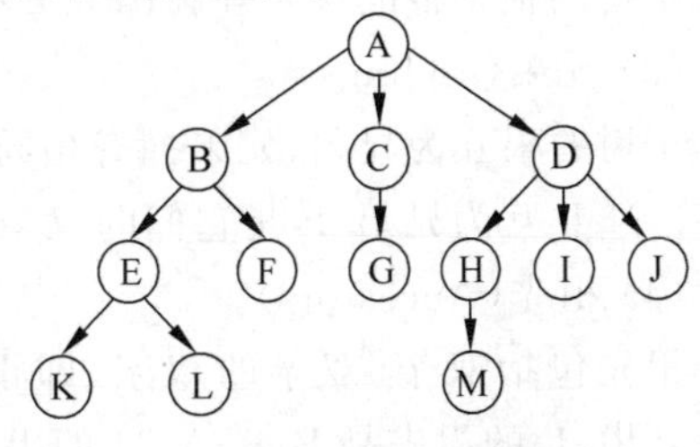

图 6.1　树的示意图

树和子树的根之间的关系使数据有了层次。根位于第0层,子树的根位于第1层,以此类推,如图6.2所示。图中A位于第0层,A的子树的根B、C、D位于第1层,B、C、D的子树的根E、F、G、H、I、J位于第2层。

由于根和子树的根处于相邻的两层,因此常用不带箭头的线段连接根和子树的根,线段的上端关联根,下端关联子树的根。图6.1和图6.2表示同一棵树。

树的深度(高度)是树的层数。图6.2所示的树的深度为4。

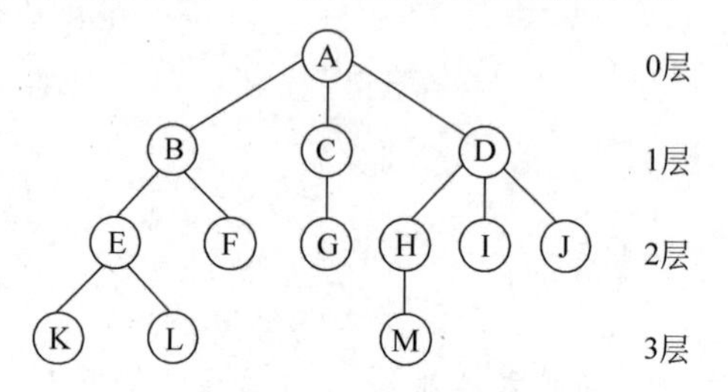

图6.2 树的层次

树用于描述层次结构。例如,国家的行政区划分为国家-省(自治区、直辖市)-市-区(县)4层,族谱上的家族成员的关系等。

有序树(Ordered Tree)是子树之间存在线性次序关系的树。有序树的子树可依次叫作第1棵子树、第2棵子树等。需要注意,两棵有序树相同是指根相同,子树相同,并且子树的次序也要一致。两棵子树次序不同的有序树如图6.3所示。

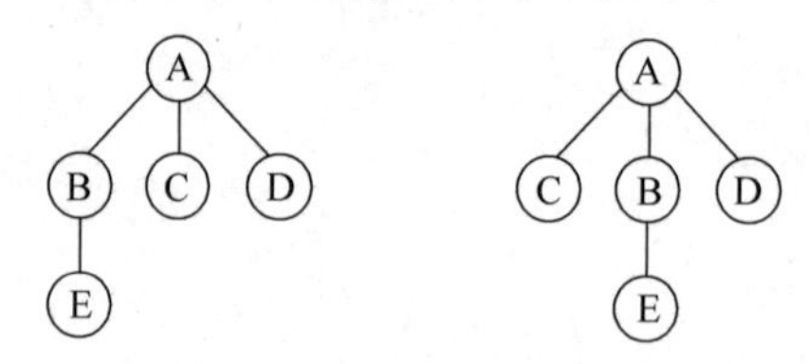

图6.3 两棵不同的有序树

无序树(Oriented Tree)是子树之间没有次序关系的树。

除非特别指明,本书讨论有序树。

2. 树的术语

树的术语借用了族谱和图论的术语。借用族谱的有:

(1) 双亲(Parent)。

根是子树的根的双亲。在图6.2中,A是B、C、D的双亲,B是E、F的双亲。

(2) 孩子(Children)。

子树的根是根的孩子。在图6.2中,B、C、D是A的孩子,E、F是B的孩子。

(3) 兄弟(Siblings)。

子树的根互为兄弟,兄弟拥有相同的双亲。在图6.2中,B、C、D互为兄弟,A是它们的双亲。E、F互为兄弟,B是它们的双亲。

(4) 祖先(Ancestors)。

祖先包括双亲、双亲的双亲,即祖父、祖父的双亲,即曾祖,以此类推,根是始祖。在图6.2中,L的祖先是E、B、A,H的祖先是D、A。

(5) 子孙(Descendants)。

根的子孙是子树的所有数据。在图 6.2 中，B 的子孙是 E、F、K、L。

有了双亲和孩子的概念后，树和子树的根之间的关系又叫作双亲/孩子关系。

如果将图 6.1 视为有向图(Directed Graph)的图示形式，图中的圆代表顶点，弧关联两个顶点，则借用了图论的以下术语：

(1) 度(Degree)。

数据的度为子树的个数。在图 6.2 中，A 的度为 3，B 的度为 2。

(2) 叶子(Leaf)。

叶子是度为 0 的数据。在图 6.2 中，K、L、F、G、M、I、J 都是叶子。

(3) 路径(Path)和路径长度(Path Length)。

路径是一个数据序列：$v_1,v_2,\cdots,v_n$，v_i 是数据，并且 v_i 是 v_{i+1} 的双亲，v_{i+1} 是 v_i 的孩子，路径长度＝数据个数－1。在图 6.2 中，A 到 E 的路径为 A、B、E，路径长度为 2。

6.2　二叉树

1. 二叉树的定义

二叉树是数据的有限集合，它或为空集，或满足以下约束条件：

(1) 有一个数据叫作根。

(2) 其余的数据划分为两个互不相交的集合 T_L 和 T_R，T_L 和 T_R 是二叉树，称 T_L 和 T_R 为根的左子树和右子树。

若二叉树是空集，则称其为空二叉树，简称空树。上述二叉树的定义是以递归的方式给出的，递归的基础是空树。

二叉树的图示形式如图 6.4 所示，通常不画出空树。图 6.4 所示的二叉树的根是 A，以 B 为根的二叉树是 A 的左子树，以 C 为根的二叉树是 A 的右子树。以 B 为根的二叉树的左子树为空树，右子树是以 D 为根的二叉树。以 D 为根的二叉树的左子树是以 F 为根的二叉树，右子树是以 G 为根的二叉树。以 F 为根的二叉树的左、右子树均为空树。

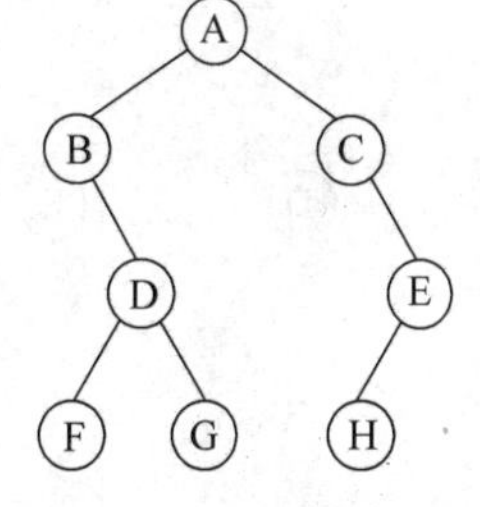

图 6.4　二叉树的示意图

左、右子树均为空树的数据叫作叶子，图 6.4 的 F、G、H 是叶子。左子树的根叫作根的左孩子，右子树的根叫作根的右孩子。例如，图 6.4 的 A 的左、右孩子分别是 B 和 C，B 的左孩子为空(树)，右孩子为 D。

有时需要明确表示空树，此时，使用正方形表示空树，如图 6.5 所示，这样图示的二叉树叫作扩展的二叉树。

二叉树不是树的特例。二叉树可以是空树，非空的二叉树必有两棵子树，子树有左、右之分。图 6.6(a)所示是只有一棵子树的树，它不是二叉树。图 6.6(b)的二叉树的左子树是以 B 为根的二叉树，右子树为空树。图 6.6(c)的二叉树的左子树为空树，右子树是以 B 为根的二叉树。图 6.6(b)的二叉树和图 6.6(c)的二叉树是两棵不同的二叉树。

2. 完全二叉树

若二叉树的第 0 层有 1 个数据，第 1 层有两个数据，第 2 层有 2^2 个数据，以此类推，最

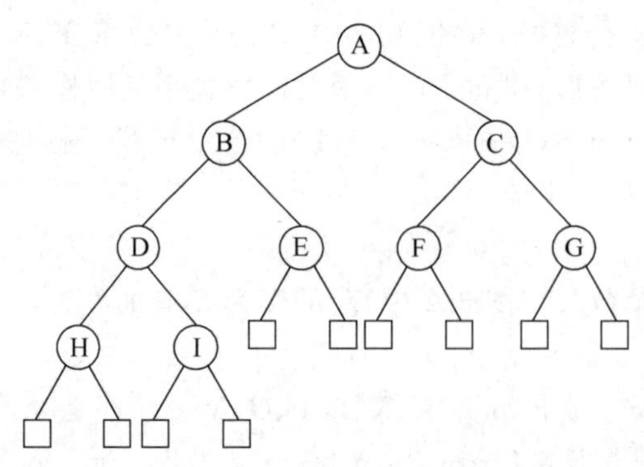

图 6.5　扩展的二叉树的示意图

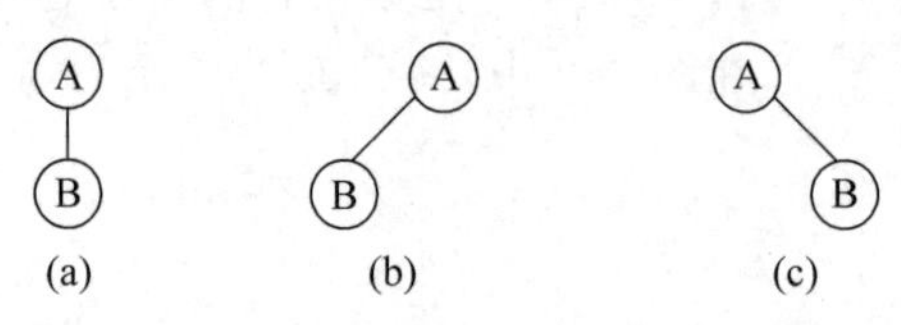

图 6.6　树和二叉树的区别

后一层的数据从左至右排列,并且中间没有出现间断,则这样的二叉树叫作完全二叉树(Complete Binary Tree)。

一棵完全二叉树如图 6.7(a)所示,图中的数字是自顶向下、自左至右、从 0 开始对数据的编号。图 6.7(b)的二叉树不是完全二叉树,因为 D 的右孩子为空,使得最后一层数据的排列出现了间断。

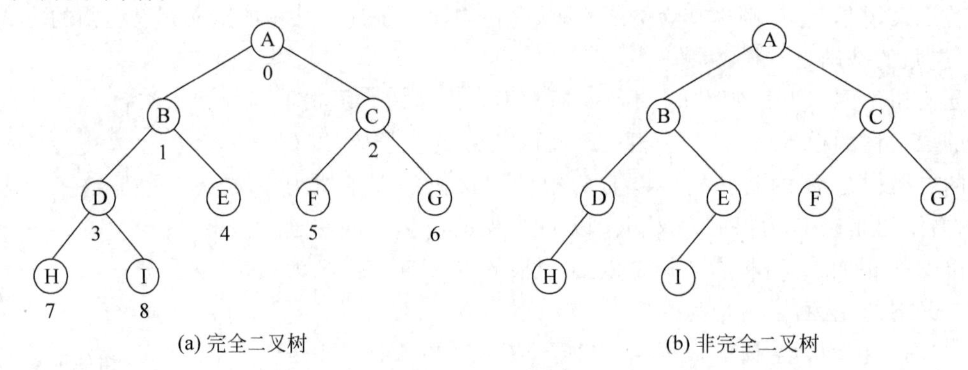

图 6.7　完全二叉树和非完全二叉树

6.3　二叉树的性质

非空的二叉树有以下性质:

性质 1:二叉树的第 i 层最多有 2^i 个数据,$i \geqslant 0$。

证明:用数学归纳法证明如下。

归纳基础:当 $i=0$ 时,只有根,满足 $2^i=2^0=1$,命题正确。

归纳假设:假设第 $i-1$ 层最多有 2^{i-1} 个数据。

归纳证明:由于二叉树最多有两棵非空的子树,即每个数据最多有两个孩子,因此第 i

层最多有 $2^{i-1}\times 2=2^i$ 个数据，故命题成立。

性质 2：深度为 k 的二叉树上最多有 2^k-1 个数据，$k\geqslant 1$。

证明：由性质 1 可知，二叉树的第 i 层最多有 2^i 个数据，则深度为 k 的二叉树最多有 $2^0+2^1+2^2+\cdots+2^{k-1}=2^k-1$ 个数据。

性质 3：若二叉树有 n_0 个叶子、n_2 个度为 2 的数据，则必存在关系式：$n_0=n_2+1$。

证明：设有 n_1 个度为 1 的数据，数据总数为 n，则有：

$$n=n_0+n_1+n_2 \tag{6.1}$$

设弧数为 b，因为除了根之外，每个数据都通过 1 条弧与上层的数据相连(请参见图 6.1)，因此 $n=b+1$，又因为度为 1 的数据引出 1 条弧，度为 2 的数据引出 2 条弧，所以有 $b=n_1+2n_2$，因此有：

$$n=n_1+2n_2+1 \tag{6.2}$$

根据式(6.1)和式(6.2)可得：

$$n_0+n_1+n_2=n_1+2n_2+1 \tag{6.3}$$

整理后：$n_0=n_2+1$。

性质 4：有 n 个数据的完全二叉树的深度为$\lceil \log_2^{n+1}\rceil$ 或 $\lfloor \log_2^n\rfloor+1$。

证明 1：假设有 n 个数据的完全二叉树的深度为k。由完全二叉树的定义，0 到 $k-2$ 层的数据个数为 $2^{k-1}-1$，由性质 2，深度是 k 的二叉树的数据个数最多为 2^k-1，所以：

$$2^{k-1}-1<n\leqslant 2^k-1 \tag{6.4}$$

对式(6.4)各项都加 1 可得：

$$2^{k-1}<n+1\leqslant 2^k \tag{6.5}$$

对式(6.5)的各项取以 2 为底的对数，可得：

$$k-1<\log_2^{n+1}\leqslant k \tag{6.6}$$

因为 k 是整数，所以 $k=\lceil \log_2^{n+1}\rceil$。

证明 2：因为 n 是整数，由式(6.4)可得：

$$2^{k-1}\leqslant n<2^k \tag{6.7}$$

对式(6.7)的各项取以 2 为底的对数，可得：

$$k-1\leqslant \log_2^n<k \tag{6.8}$$

因为 k 是整数，所以 $k=\lfloor \log_2^n\rfloor+1$。

性质 5：对有 n 个数据的完全二叉树像图 6.7(a)那样编号，则编号为 i 的数据与双亲和孩子的编号之间具有以下关系：

(1) 若 $i=0$，则编号为 i 的数据是根，无双亲；否则，双亲的编号为$\lfloor (i-1)/2\rfloor$。

(2) 若 $2i+1\geqslant n$，则编号为 i 的数据无左孩子；否则，左孩子的编号为 $2i+1$。

(3) 若 $2i+2\geqslant n$，则编号为 i 的数据无右孩子；否则，右孩子的编号为 $2i+2$。

证明：如果(2)和(3)成立，就可以推导出(1)成立。下面用数学归纳法证明(2)和(3)。

归纳基础：当 $i=0$ 时，编号为 i 的数据的左孩子的编号是 1。如果 $1\geqslant n$，则编号为 i 的数据的左孩子不存在。编号为 i 的数据的右孩子的编号是 2。如果 $2\geqslant n$，则编号为 i 的数据的右孩子不存在。命题正确。

归纳假设：假设当 $i=j$ 时，命题成立，即如果编号为 j 的数据有左孩子，则左孩子的编号为 $2j+1$，如果有右孩子，则右孩子的编号为 $2j+2$。

归纳证明：当 $i=j+1$ 时。

(1) 如果编号为 j 的数据与编号为 $j+1$ 的数据处于同一层，根据编号规则，编号为 j 的数据和编号为 $j+1$ 的数据相邻，其孩子(如果有)也一定相邻，如图 6.8 所示。根据归纳假设，编号为 j 的数据的左、右孩子的编号分别是 $2j+1$ 和 $2j+2$，根据编号规则，编号为 $j+1$ 的数据的左、右孩子的编号应为 $2j+3$ 和 $2j+4$，即 $2(j+1)+1$ 和 $2(j+1)+2$。

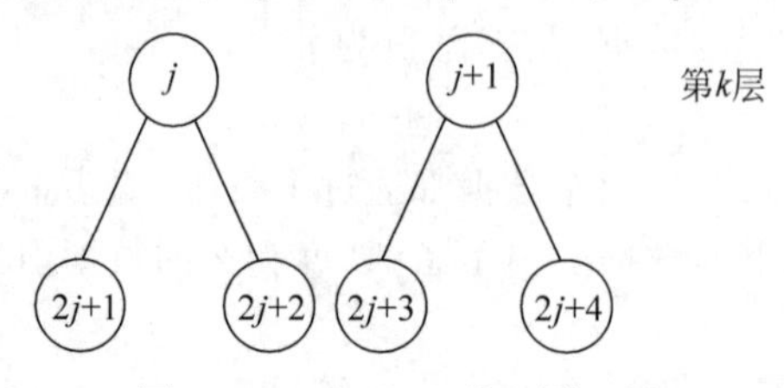

图 6.8　j 和 $j+1$ 处于同一层

(2) 如果编号为 j 的数据与编号为 $j+1$ 的数据处于不同层，假设编号为 j 的数据位于第 $k-1$ 层，则编号为 j 的数据一定是第 $k-1$ 层最右边的数据，编号为 $j+1$ 的数据是第 k 层最左边的数据。如果编号为 $j+1$ 的数据有左、右孩子，则左、右孩子为第 $k+1$ 层的第一个数据 n_1 和第二个数据 n_2，如图 6.9 所示。根据性质 2，$j+1=2^k-1$，$n_1=2^{k+1}-1$，根据编号规则 $n_2=2^{k+1}$，可以验证，$2(j+1)+1=n_1$，$2(j+1)+2=n_2$。

综合(1)和(2)，命题成立。

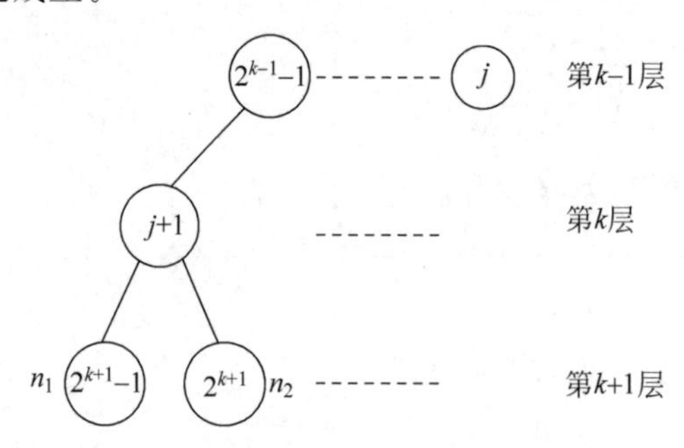

图 6.9　j 和 $j+1$ 处于不同层

6.4　二叉树的实现

6.4.1　二叉树的数组描述

二叉树的数组描述适用于完全二叉树。在完全二叉树的数据编号和数组下标之间建立对应关系，即 0 号数据存储于下标为 0 的数组元素，1 号数据存储于下标为 1 的数组元素，以此类推，如图 6.10 所示。根据二叉树的性质 5，可以确定编号为 i 的数据的双亲和左、右孩子在数组的下标。

对于非完全二叉树来说，可以增加一些虚拟数据使其成为完全二叉树。由于引入了大量的虚拟数据，因此会浪费存储空间。

二叉树的数组描述的应用例子请见第 8 章的优先级队列。

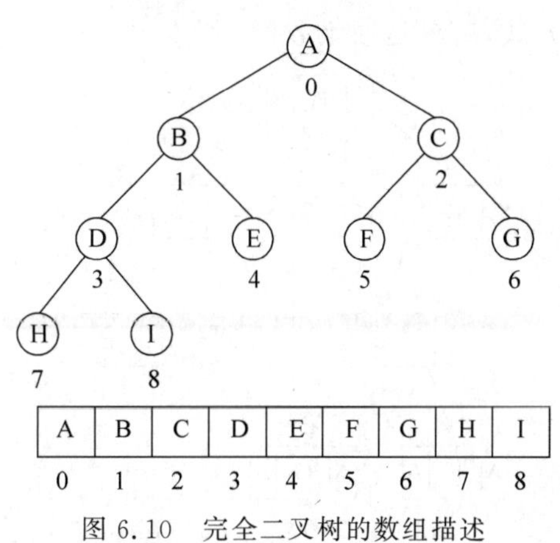

图 6.10　完全二叉树的数组描述

6.4.2　二叉树的链式描述

二叉树的链式描述使用结点存储数据以及数据之间的双亲/孩子关系，数据和结点一一对应。

为了叙述方便，存储数据 A 的结点称为结点 A，存储根的结点称为根结点。存储双亲的结点称为双亲结点，存储孩子的结点称为孩子结点，其中，存储左孩子的结点称为左孩子结点，存储右孩子的结点称为右孩子结点。变量 *t* 引用的结点称为结点 t。

1. 链式描述

1）Node 类

字段 data 存储数据，字段 left 引用左孩子结点，字段 right 引用右孩子结点。由字段 left 和 right 可以找到左孩子结点和右孩子结点，但不能直接找到双亲结点。

```
1   private static class Node<T> {
2       T data;
3       Node<T> left;
4       Node<T> right;
5       Node(Tdata, Node<T> left, Node<T> right) {
6           this.data = data;
7           this.left = left;
8           this.right = right;
9       }
10  }
```

图 6.4 的二叉树的链式描述如图 6.11 所示，图中用 3 个相邻的矩形代表结点，左、中、右的矩形分别是字段 left、data 和 right。A 存储于结点 A，B 存储于结点 B，以此类推。B 是 A 的左孩子，结点 A 的字段 left 引用结点 B。C 是 A 的右孩子，结点 A 的字段 right 引用结点 C。B 的左子树为空树，B 无左孩子，结点 B 的字段 left 为 null（图中用 Λ 表示）。E 的右子树为空树，E 无右孩子，结点 E 的字段 right 为 null。

有些教材将图 6.11 所示的二叉树的链式描述叫作二叉链表。本书将其称作以某结点为根的二叉树，在不引起混淆的情况下，简称为二叉树。例如，如图 6.11 所示的链式描述叫作以结点 A 为根的二叉树。与之对应，如图 6.4 所示的二叉树叫作以 A 为根的二叉树。前者是二叉树在内存的组织方式,后者是抽象数据类型。

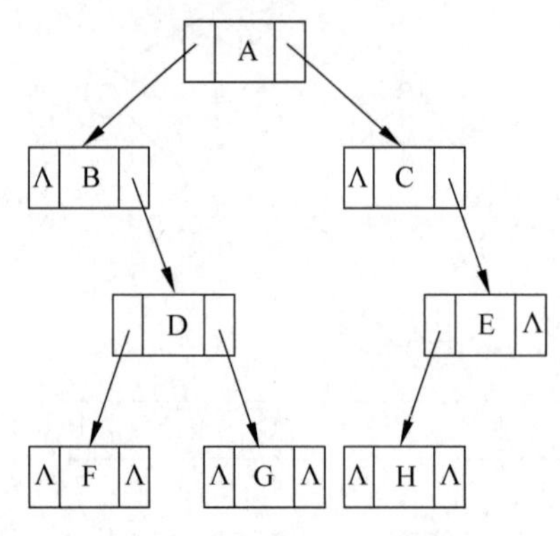

图 6.11 二叉树的链式描述

2) BinaryTree 类

BinaryTree 类是使用链式描述实现的二叉树,字段 root 引用根结点。

```
1   public class BinaryTree<T> implements Cloneable {
2       private Node<T> root;
3       private static class Node<T> {
        …
4       }
5       public BinaryTree() {
6       }
7       public BinaryTree(T data, BinaryTree<T> lBiTree, BinaryTree<T> rBiTree) {
8           root = new Node<>(data, leftBiTree.root, rightBiTree.root);
9           leftBiTree.root = rightBiTree.root = null;
10      }
11  }
```

第 5、6 行的构造器构造空树。第 7～10 行的构造器合并已有的两棵二叉树得到一棵规模更大的二叉树,其中,第 8 行创建了用于存储 data 的结点,字段 left 和 right 分别引用以结点 lBiTree.root 和 rBiTree.root 为根的二叉树。第 9 行使二叉树 lBiTree 和 rBiTree 成为空树。

使用以上两个构造器可以建立任意的二叉树,但是比较烦琐,更好的办法在 6.5.2 节介绍。

以下是建立只有根的二叉树的示意代码。

```
1   public static void main(String[] args) {
2       BinaryTree<Character> bt1 = new BinaryTree<>();
3       BinaryTree<Character> bt2 = new BinaryTree<>();
4       BinaryTree<Character> bt3 = new BinaryTree<>('A', bt1, bt2);
5   }
```

代码第 2、3 行建立了空树 bt1 和 bt2,第 4 行建立了二叉树 bt3,结点 root 存储 A,其左、右孩子结点分别是二叉树 bt1 和 bt2 的根结点,bt3 是只有根的二叉树。

2. 带双亲的链式描述

二叉树的链式描述便于找孩子,适合自顶向下处理二叉树的场合。若需要找双亲,则增加字段 parent 引用双亲结点。

```
1  private static class Node<T>
2      T data;
3      Node<T> parent;
4      Node<T> left;
5      Node<T> right;
6      Node(Tdata, Node<T> parent , Node<T> left, Node<T> right) {
7          this.data = data;
8          this.parent = parent;
9          this.left = left;
10         this.right = right;
11     }
12 }
```

图 6.4 的二叉树的带双亲的链式描述如图 6.12 所示，图中用 4 个相邻的矩形代表结点，上端的矩形是字段 parent，下端的左、中、右的矩形分别是字段 left、data 和 right。第 7 章介绍的 AVL 树需要使用这种链式描述。

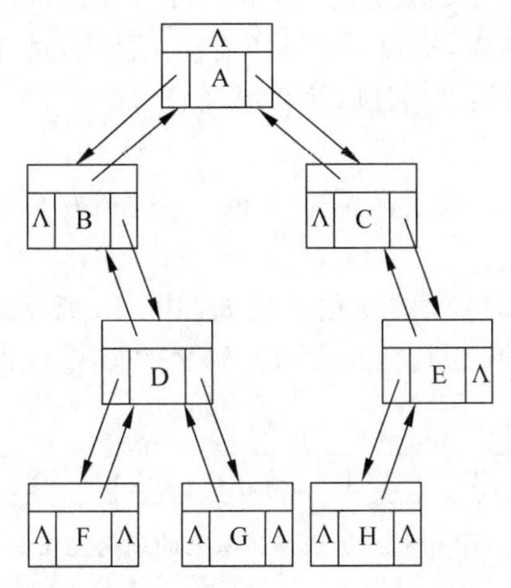

图 6.12　二叉树的带双亲的链式描述

6.5　二叉树的常用操作

实际应用经常需要遍访二叉树的数据，这就是二叉树的遍历(Traversal)问题。二叉树的遍历是指使用系统的方法枚举数据，保证数据既不遗漏，也不重复。

6.5.1　二叉树的遍历

二叉树是层次结构，非空的二叉树由根、左子树和右子树三部分组成，因此，遍历二叉树有以下三种途径。

(1) 自顶向下按层次的遍历。

(2) 先左(子树)后右(子树)的遍历。

(3) 先右(子树)后左(子树)的遍历。

对于先左(子树)后右(子树)的遍历，根据造访根的时机又分为以下三种遍历方式。

① 先序遍历：先造访根，再枚举左子树的所有数据，最后枚举右子树的所有数据。

② 中序遍历：先枚举左子树的所有数据，然后造访根，最后枚举右子树的所有数据。

③ 后序遍历：先枚举左子树的所有数据，然后枚举右子树的所有数据，最后造访根。

同样，对于先右（子树）后左（子树）的遍历，也有先序、中序和后序遍历之分，与先左（子树）后右（子树）的遍历相比只是左、右子树遍历的次序相反，没有本质上的区别，所以本书主要介绍层次遍历、先左（子树）后右（子树）的先序、中序和后序遍历。

1. 层次遍历

层次遍历是从第 0 层开始，自顶向下逐层遍历，同一层从左至右遍历。

以图 6.4 的二叉树为例，层次遍历先造访第 0 层的 A，然后是第 1 层的 B 和 C，接下来是第 2 层的 D 和 E，最后造访第 3 层的 F、G 和 H。层次遍历的结果是 A、B、C、D、E、F、G、H。

层次遍历的实现需要考虑如何按照从左至右的次序找到同一层的全部数据，遍历完某层的数据后，如何找到下一层的数据。第 0 层只有根，第 1 层包括根的左孩子和右孩子，以此类推。在层次遍历结果中，先被造访的数据的孩子先于后被造访的数据的孩子，这与队列的先进先出的特点相吻合，所以，实现层次遍历需使用队列，过程如下：

(1) 若二叉树为空树，则结束，否则，执行第(2)步。

(2) 创建一个队列，将根入队。

(3) 若队列非空，则出队，将出队的数据的非空左、右孩子入队，继续第(3)步，否则结束。

以图 6.4 的二叉树为例，队列的变化过程如图 6.13 所示。依次为：初始时队列为空队，A 入队，A 出队，A 的孩子 B、C 入队，B 出队，B 的孩子 D 入队，以此类推，最后队列为空，遍历结束。

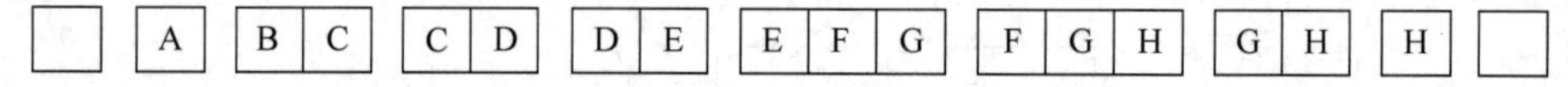

图 6.13 层次遍历队列的变化过程

levelOrder 方法实现了层次遍历。

```
1   public void levelOrder() {
2       if (root == null)
3           return;
4       Deque<Node<T>> queue = new LinkedList<>();
5       queue.offer(root);
6       while (!queue.isEmpty()) {
7           Node<T> t = queue.poll();
8           System.out.println(t.data);
9           if (t.left != null)
10              queue.offer(t.left);
11          if (t.right != null)
12              queue.offer(t.right);
13      }
14  }
```

代码第 2 行判断以结点 root 为根的二叉树是不是空树，第 4 行创建队列 queue，第 5 行将根结点入队，第 6～13 行重复出队、入队，其中，第 7 行出队，第 8 行表示造访结点 t 时在屏幕输出结点 t 的数据，可根据需要替换成其他操作。第 9 行和第 10 行将结点 t 的非空左孩子结点入队，第 11 行和第 12 行将结点 t 的非空右孩子结点入队。

由于每个结点都被入队、出队，因此，对于有 n 个数据的二叉树，层次遍历的时间复杂度为 $O(n)$。所需辅助空间为遍历过程中队列占用的存储空间，最多为相邻两层的数据个数之和，不会超过 n，所以层次遍历的空间复杂度为 $O(n)$。

2. 先序遍历

先序遍历是先造访根，然后枚举左子树的全部数据，最后枚举右子树的全部数据。因为左、右子树是二叉树，枚举它们的数据，最直接的方法就是先序遍历左、右子树。

先序遍历以 t 为根的二叉树的过程如下：

(1) 若二叉树是空树，则遍历结束，否则，执行第(2)步。

(2) 造访根。

(3) 先序遍历左子树。

(4) 先序遍历右子树。

以图 6.4 的二叉树为例，先序遍历的过程如图 6.14 所示，图中的数字是造访数据的顺序。

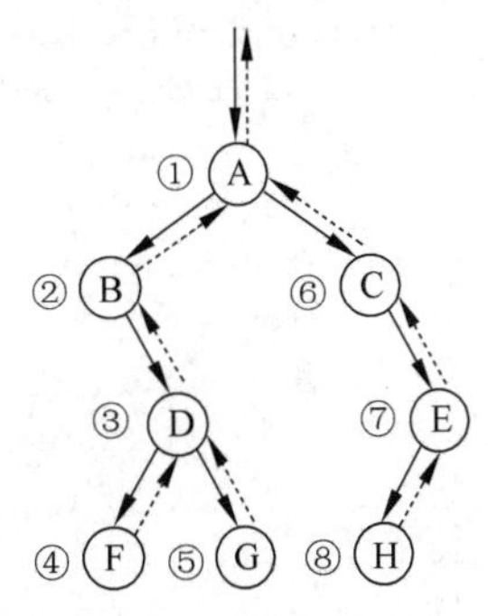

图 6.14 先序遍历

先序遍历以 A 为根的二叉树时，造访 A，先序遍历 A 的左子树。

先序遍历以 B 为根的二叉树时，造访 B，先序遍历 B 的左子树，左子树为空树，B 的左子树遍历完毕。先序遍历 B 的右子树。

先序遍历以 D 为根的二叉树时，造访 D，先序遍历 D 的左子树。

先序遍历以 F 为根的二叉树时，造访 F，先序遍历 F 的左子树，左子树为空树，遍历完毕，先序遍历 F 的右子树，右子树为空树，遍历完毕，至此以 F 为根的二叉树遍历完毕。

D 的左子树遍历完毕，遍历 D 的右子树。

先序遍历以 G 为根的二叉树时，造访 G，先序遍历 G 的左子树，左子树为空树，遍历完毕。先序遍历 G 的右子树，右子树为空树，遍历完毕，至此以 G 为根的二叉树遍历完毕。

D 的右子树遍历完毕，至此以 D 为根的二叉树遍历完毕。

B 的右子树遍历完毕，至此以 B 为根的二叉树遍历完毕。

A 的左子树遍历完毕，继续先序遍历 A 的右子树，以此类推。

先序遍历的最终结果是 A、B、D、F、G、C、E、H。

preOrder 方法先序遍历以结点 t 为根的二叉树，它以递归的方式实现了先序遍历。

```
1   private void preOrder(Node < T > t) {
2       if (t == null)
3           return;
4       System.out.println(t.data);
5       preOrder(t.left);
6       preOrder(t.right);
7   }
```

代码第 2 行判断以结点 t 为根的二叉树是不是空树，如果为空树，则条件 t==null 成立，第 3 行结束遍历。第 4 行造访结点 t 时输出结点 t 的数据。第 5 行先序遍历结点 t 的左子树，第 6 行先序遍历结点 t 的右子树。

图 6.14 的实线箭头表示调用 preOrder 方法，虚线箭头表示 preOrder 方法执行完毕返回调用者。

先序遍历二叉树就是调用 preOrder 方法先序遍历以结点 root 为根的二叉树。

```
1   public void preOrder() {
2       preOrder(root);
3   }
```

先序遍历也可以使用非递归的方式实现。从图 6.14 可知，先序遍历从根出发，先造访根，然后遍历左子树，此时右子树尚未被遍历，因此需要保存右子树以便遍历完左子树后再遍历右子树。虽然先造访 A 后造访 B，但要先遍历 B 的右子树，然后才遍历 A 的右子树，这与栈的后进先出的特点相吻合。

preOrderNonRecursively 方法以非递归的方式实现了先序遍历。

```
1   public void preOrderNonRecursively() {
2       if (root == null)
3           return;
4       Deque<Node<T>> stack = new LinkedList<>();
5       Node<T> p = root;
6       for (;;) {
7           while (p != null) {
8               System.out.println(p.data);
9               if (p.right != null)
10                  stack.push(p.right);
11              p = p.left;
12          }
13          if (stack.isEmpty())
14              return;
15          p = stack.pop();
16      }
17  }
```

代码第 4 行初始化栈，第 5 行使变量 p 引用根结点，表示遍历整棵二叉树。第 6～16 行用于控制遍历所有结点。第 7～12 行重复造访和压栈操作，其中第 8 行造访结点 p，输出结点 p 的数据，第 9、10 行将结点 p 的非空右子树的根结点压栈，第 11 行使变量 p 引用结点 p 的左孩子结点，遍历结点 p 的左子树。当结点 p 的左子树遍历完毕后，第 15 行将结点 p 的右子树的根结点出栈，继续遍历结点 p 的右子树，此时栈顶是双亲结点的右孩子结点。当结点 p 的右子树遍历完毕时，第 15 行将结点 p 的双亲的右孩子结点出栈，继续遍历双亲的右子树。

以图 6.4 的二叉树为例，解释代码的执行过程，先序遍历栈的变化如图 6.15 所示。

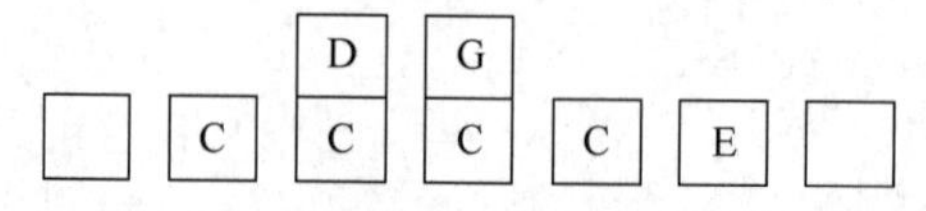

图 6.15　非递归先序遍历栈的变化过程

第 4 行创建空栈，第 5 行使变量 p 引用结点 A。

遍历以结点 A 为根的二叉树，第 8 行输出结点 A 的数据，第 9 行将结点 C 压栈，遍历结点 A 的左子树，第 11 行使变量 p 引用结点 B。

遍历以结点 B 为根的二叉树，第 8 行输出结点 B 的数据，第 9 行将结点 D 压栈，遍历结点 B 的左子树，第 11 行使变量 p 等于 null。

结点 B 的左子树为空树，遍历完毕，遍历结点 B 的右子树，第 15 行将结点 D 出栈。

遍历以结点 D 为根的二叉树，第 8 行输出结点 D 的数据，第 9 行将结点 G 压栈，遍历结点 D 的左子树，第 11 行使变量 p 引用结点 F。

遍历以结点 F 为根的二叉树，第 8 行输出结点 F 的数据，遍历结点 F 的左子树，第 11 行使变量 p 等于 null。

结点 F 的左子树为空树，遍历完毕，结点 F 的右子树为空树，以结点 F 为根的二叉树遍历完毕。

结点 D 的左子树遍历完毕，遍历结点 D 的右子树，第 15 行将结点 G 出栈。

遍历以结点 G 为根的二叉树，第 8 行输出结点 G 的数据，遍历结点 G 的左子树，第 11 行使变量 p 等于 null。

结点 G 的左子树为空树，遍历完毕，结点 G 的右子树为空树，以结点 G 为根的二叉树遍历完毕。

结点 D 的右子树遍历完毕，以结点 D 为根的二叉树遍历完毕。

结点 B 的右子树遍历完毕，以结点 B 为根的二叉树遍历完毕。

结点 A 的左子树遍历完毕，遍历结点 A 的右子树，第 15 行将结点 C 出栈。

继续遍历以结点 C 为根的二叉树。

由于每个结点都会被压栈、出栈，因此，对于有 n 个数据的二叉树，先序遍历的时间复杂度为 $O(n)$。所需辅助空间为遍历过程栈所需的最大容量，最大容量为二叉树的深度，不会超过 n，所以先序遍历的空间复杂度为 $O(n)$。

3. 中序遍历

中序遍历是先枚举左子树的全部数据，然后造访根，最后枚举右子树的全部数据。因为左、右子树是二叉树，枚举它们的数据，最直接的方法就是中序遍历左、右子树。

中序遍历以 t 为根的二叉树的过程如下：

(1) 若二叉树是空树，则结束，否则，执行第(2)步。

(2) 中序遍历左子树。

(3) 造访根。

(4) 中序遍历右子树。

以图 6.4 的二叉树为例，中序遍历过程如图 6.16 所示，图中的数字是造访数据的顺序。

中序遍历以 A 为根的二叉树时，中序遍历 A 的左子树。

中序遍历以 B 为根的二叉树时，中序遍历 B 的左子树，左子树为空树，遍历完毕。造访 B，中序遍历 B 的右子树。

中序遍历以 D 为根的二叉树时，中序遍历 D 的左子树。

中序遍历以 F 为根的二叉树时，中序遍历 F 的左子树，左子树为空树，遍历完毕，造访 F，中序遍历 F 的右子树，右子树为空树，遍历完毕。以 F 为根的二叉树的中序遍历已完毕。

D 的左子树遍历完毕，造访 D，中序遍历 D 的右子树。

中序遍历以 G 为根的二叉树时，中序遍历 G 的左子树，左子树为空树，遍历完毕，造访 G，中序遍历 G 的右子树，右子树为空树，遍历完毕。以 G 为根的二叉树的中序遍历已完毕。

以 D 为根的二叉树遍历完毕。

B 的右子树遍历完毕，以 B 为根的二叉树遍历完毕。

A 的左子树遍历完毕，造访 A，继续中序遍历 A 的右子树，以此类推。

中序遍历的最终结果是 B、F、D、G、A、C、H、E。

inOrder 方法遍历以结点 t 为根的二叉树，它以递归的方式实现了中序遍历。

```
1   private void inOrder(Node<T> t) {
2       if (t == null)
3           return;
4       inOrder(t.left);
5       System.out.println(t.data);
6       inOrder(t.right);
7   }
```

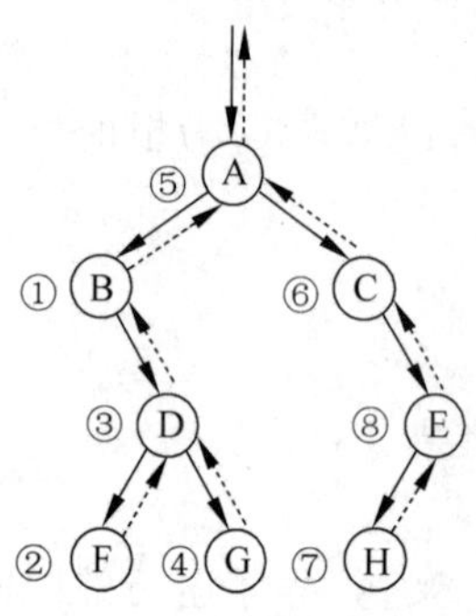

图 6.16　中序遍历

图 6.16 的实线箭头表示调用 inOrder 方法，虚线箭头表示 inOrder 方法执行完毕返回调用者。

中序遍历二叉树就是调用 inOrder 方法中序遍历以结点 root 为根的二叉树。

```
1   public void inOrder() {
2       inOrder(root);
3   }
```

从图 6.16 可知，中序遍历从根出发，先遍历左子树，此时根和右子树尚未被遍历，因此需要使用栈保存根结点，遍历完左子树后，再遍历根结点和右子树。

inOrderNonRecursively 方法以非递归的方式实现了中序遍历。

```
1   public void inOrderNonRecursively() {
2       if (root == null)
3           return;
4       Deque<Node<T>> stack = new LinkedList<>();
5       Node<T> p = root;
6       for (;;) {
7           while (p != null) {
8               stack.push(p);
9               p = p.left;
10          }
11          if (stack.isEmpty())
12              return;
13          p = stack.pop();
14          System.out.println(p.data);
15          p = p.right;
16      }
17  }
```

代码第 4 行初始化栈 stack，第 5 行使变量 p 引用根结点，表示遍历整棵二叉树。第 7～10 行不断地将结点 p 压栈，当以结点 p 为根的二叉树遍历完毕后（最基础的情况是空树，见第 7 行），第 13 行将结点 p 的父结点出栈，第 14 行输出父结点的数据，第 15 行继续遍历父结点的右子树。

4. 后序遍历

后序遍历是先枚举左子树的数据，然后枚举右子树的全部数据，最后造访根。因为左、右子树是二叉树，枚举它们全部的数据，最直接的方法就是后序遍历左、右子树。

后序遍历以 t 为根的二叉树的过程如下：

(1) 若二叉树是空树，则结束，否则，执行第(2)步。

(2) 后序遍历左子树。

(3) 后序遍历右子树。

(4) 造访根。

以图 6.4 的二叉树为例，后序遍历的次序如图 6.17 所示，图中的数字是造访数据的顺序。后序遍历的结果是 F、G、D、B、H、E、C、A。

递归实现后序遍历的代码如下：

```
1   public void postOrder() {
2       postOrder(root);
3   }
4   private void postOrder(Node<T> t) {
5       if (t == null)
6           return;
7       postOrder(t.left);
8       postOrder(t.right);
9       System.out.println(t.data);
10  }
```

造访数据有 3 个时机，分别是从双亲进入时、遍历完左子树返回时和遍历完右子树返回时，如图 6.18 所示。

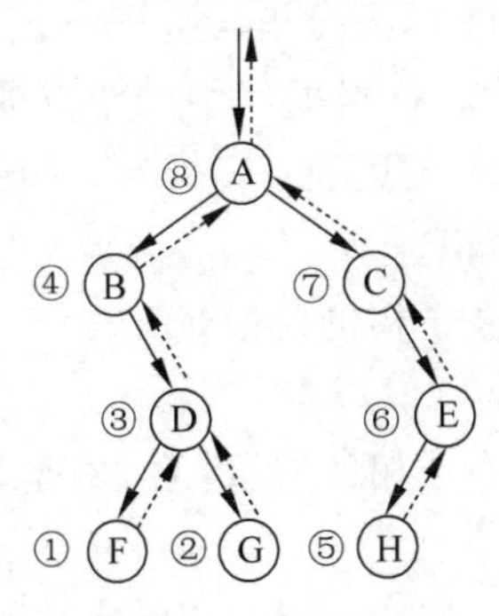

图 6.17 后序遍历

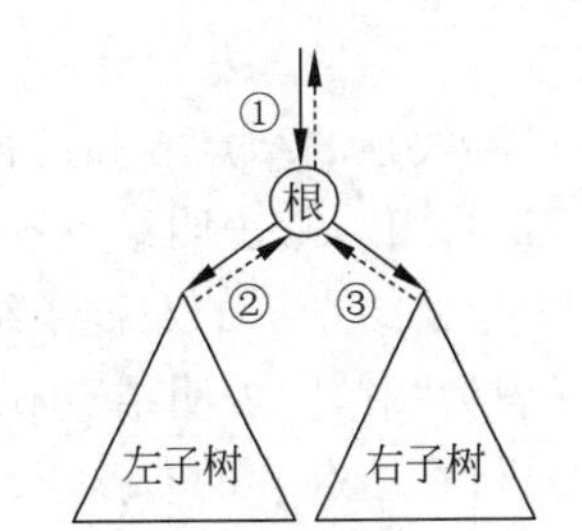

图 6.18 造访数据的 3 个时机

使用递归实现时，这些时机体现为语句在代码中的先后次序。例如，上述代码第 5 行是从双亲进入时，执行完第 7 行的语句后是从遍历完左子树返回时，执行完第 8 行的语句后是从遍历完右子树返回时。

通过使用栈记录造访时机，也能以非递归的方式实现先序遍历、中序遍历和后序遍历。

```
1   public void traversalNonRecursively() {
2       if (root == null)
3           return;
4       Deque<Node<T>> stackNode = new LinkedList<>();
5       Deque<String> stackPhase = new LinkedList<>();
```

```
6         stackNode.push(root);
7         stackPhase.push("1");
8         while (!stackNode.isEmpty()) {
9             Node<T> p = stackNode.peek();
10            String flag = stackPhase.pop();
11            switch (flag) {
12            case "1":
13                //System.out.println(p.data);
14                stackPhase.push("2");
15                if (p.left != null) {
16                    stackNode.push(p.left);
17                    stackPhase.push("1");
18                }
19                break;
20            case "2":
21                //System.out.println(p.data);
22                stackPhase.push("3");
23                if (p.right != null) {
24                    stackNode.push(p.right);
25                    stackPhase.push("1");
26                }
27                break;
28            case "3":
29                //System.out.println(p.data);
30                stackNode.pop();
31                break;
32            }
33        }
34    }
```

代码第 4 行的栈 stackNode 记录结点，第 5 行的栈 stackPhase 记录结点压栈的时机标识。第 6、7 行将根结点和时机标识“1”压栈。第 8～33 行根据栈中的结点的时机标识进行不同的处理。

第 9、10 行探测栈顶的结点 p 和压栈时的时机标识。

如果时机标识为“1”，则表明结点 p 应进入遍历左子树的阶段，第 14 行将时机标识更改为“2”，第 15～18 行将结点 p 的左孩子结点压栈。

如果时机标识为“2”，则表明结点 p 应进入遍历右子树的阶段，第 22 行将时机标识更改为“3”，第 23～26 行将结点 p 的右孩子结点压栈。

如果时机标识为“3”，则表明已经遍历了结点 p 的左、右子树，以结点 p 为根的二叉树已遍历完毕，需要处理双亲结点，第 30 行将结点 p 出栈，此时，栈顶为结点 p 的父结点。

分别打开第 13、21、29 行的注解，代码将输出先序遍历、中序遍历和后序遍历的结果。

上述代码需要将时机标识压栈、出栈 3 次，执行效率低，没有实用价值，但为编写非递归的代码指明了方向。

preOrderNonRecursively 方法和 inOrderNonRecursively 方法通过赋予栈中结点不同的含义而隐含了造访结点的时机，所以不需要记录造访结点的时机标识。例如，先序遍历压栈的是右子树的根结点，代表右子树，出栈后，不需造访这个结点。中序遍历时压栈的也是右子树的根结点，但代表右子树的根结点，出栈后，需造访这个结点。

后序遍历时，结点压栈后，只有它的右子树遍历完毕后才能出栈。以下为后序遍历的非递归实现的代码,代码通过判断结点是否有右子树或已完成遍历的二叉树是不是双亲结点的右子树而决定是否将结点出栈。

```
1   public void postOrderNonRecursively() {
2       if (root == null)
3           return;
4       Deque<Node<T>> stack = new LinkedList<>();
5       Node<T> p = root;
6       for (;;) {
7           while (p != null) {
8               stack.push(p);
9               p = p.left;
10          }
11          while ((p = stack.peek().right) == null) {
12              do {
13                  p = stack.pop();
14                  System.out.println(p.data);
15                  if (stack.isEmpty())
16                      return;
17              } while (stack.peek().right == p);
18          }
19      }
20  }
```

下面以图 6.4 的二叉树为例,解释代码的执行过程,后序遍历栈的变化如图 6.19 所示。

第 4 行设置空栈,第 5 行使变量 p 引用二叉树的根 A。

遍历以结点 A 为根的二叉树。第 8 行将结点 A 压栈,遍历 A 的左子树,第 9 行使变量 p 引用结点 A 的左孩子结点 B。

遍历以结点 B 为根的二叉树。第 8 行将结点 B 压栈,遍历结点 B 的左子树,左子树为空树,第 9 行使变量 p 等于 null。

结点 B 的左子树遍历完毕。遍历结点 B 的右子树,第 11 行使变量 p 引用结点 B 的右孩子结点 D。

遍历以结点 D 为根的二叉树。第 8 行将结点 D 压栈,遍历 D 的左子树,第 9 行使变量 p 引用结点 D 的左孩子结点 F。

遍历以结点 F 为根的二叉树。第 8 行将结点 F 压栈,遍历 F 的左子树,左子树为空树,第 9 行变量使 p 等于 null。

结点 F 的左子树遍历完毕。遍历结点 F 的右子树,右子树为空树,第 11 行使变量 p 等于 null。

结点 F 的右子树遍历完毕,第 13 行将结点 F 出栈,输出结点 F 的数据,以结点 F 为根的二叉树遍历完毕。

第 17 行断定结点 F 不是结点 D 的右孩子结点,表明结点 D 有右子树,遍历结点 D 的右子树,第 11 行使变量 p 引用结点 D 的右孩子结点 G。

遍历以结点 G 为根的二叉树。第 8 行将结点 G 压栈,遍历 G 的左子树,左子树为空树,第 9 行使变量 p 等于 null。

结点 G 的左子树遍历完毕,遍历结点 G 的右子树,右子树为空树,第 11 行使变量 p 等于 null。

结点G的右子树遍历完毕，第13行将结点G出栈，输出结点G的数据，以结点G为根的二叉树遍历完毕。

第17行断定结点G是结点D的右孩子结点，表明结点D的右子树遍历完毕，第13行将结点D出栈，输出结点D的数据，以结点D为根的二叉树已遍历完毕。

第17行断定结点D是结点B的右孩子结点，表明结点B的右子树遍历完毕，第13行将结点B出栈，输出结点B的数据。以结点B为根的二叉树已遍历完毕。

第17行断定结点B不是结点A的右孩子结点，表明结点A有右子树，遍历结点A的左子树，第11行使变量p引用结点A的右孩子结点C。

继续遍历以结点C为根的二叉树，以此类推。

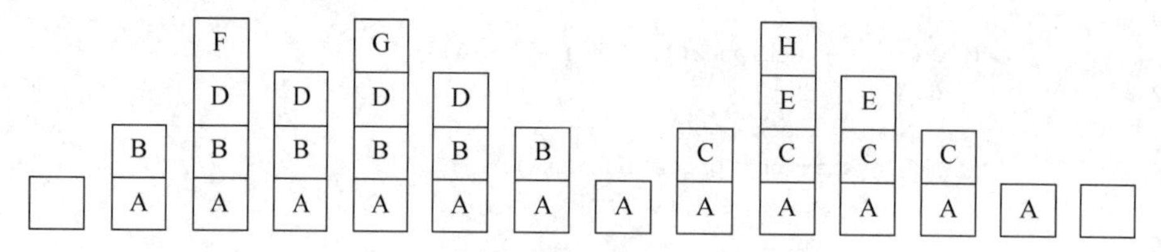

图6.19 非递归后序遍历栈的变化过程

6.5.2 二叉树的其他常用操作

二叉树的先序遍历、中序遍历和后序遍历的递归实现利用了二叉树的递归特性。为加深对二叉树递归特性的理解和把握，本节给出二叉树的其他常用操作。

1. 求数据个数

若二叉树是空树，则数据个数为0。对于非空的二叉树，因为二叉树由根、左子树和右子树三部分组成，所以数据个数＝左子树的数据个数＋右子树的数据个数＋1。左子树和右子树都是二叉树，求它们的数据个数的方法与求整棵二叉树的数据个数的方法相同，因此，可以使用递归的形式编写代码。

countNode方法返回以结点t为根的二叉树的结点个数，代码如下：

```
1    private int countNode(Node<T> t) {
2        if (t == null)
3            return 0;
4        return countNode(t.left) + countNode(t.right) + 1;
5    }
```

求二叉树的数据个数就是求以结点root为根的二叉树的结点个数，代码如下：

```
1    public int countNode() {
2        return countNode(root);
3    }
```

2. 求叶子个数

若二叉树是空树，则有0个叶子。对于非空的二叉树，如果只有根，则只有1个叶子，否则，叶子个数＝左子树的叶子个数＋右子树的叶子个数。

countLeafNode方法返回以结点t为根的二叉树的叶子结点个数，代码如下：

```
1    private int countLeafNode(Node<T> t) {
```

```
2       if (t == null)
3           return 0;
4       if (t.left == null && t.right == null)
5           return 1;
6       return countLeafNode(t.left) + countLeafNode(t.right);
7   }
```

求叶子个数就是求以结点 root 为根的二叉树的叶子结点个数，代码如下：

```
1   public int countLeafNode() {
2       return countLeafNode(root);
3   }
```

3. 求二叉树的深度

若二叉树是空树，则二叉树的深度为 0。否则，从二叉树深度的定义可知，二叉树的深度＝ max(左子树的深度，右子树深度) ＋ 1。因此，需先分别求得左、右子树的深度，才能得到整棵二叉树的深度。

```
1   public int depth() {
2       return depth(root);
3   }
4   private int depth(Node<T> t) {
5       if (t == null)
6           return 0;
7       int left = depth(t.left);
8       int right = depth(t.right);
9       return left > right ? left + 1 : right + 1;
10  }
```

4. 判断二叉树是否包含某个数据

如果二叉树包含数据 x，则返回 true，否则返回 false。

空树不包含任何数据。若以结点 root 为根的二叉树包含数据 x，则要么 x 与根结点的数据相等，要么 x 包含于根结点的左子树，要么 x 包含于根结点的右子树。

```
1   public boolean exist(T x) {
2       return exist(root, x);
3   }
4   private boolean exist(Node<T> t, T x) {
5       if (t == null)
6           return false;
7       if (t.data.equals(x))
8           return true;
9       if (exist(t.left, x))
10          return true;
11      return exist(t.right, x);
12  }
```

5. 判断两棵二叉树是否相等

若两棵二叉树都是空树，则相等，返回 true；若一棵是空树，另一棵不是空树，则不相等，返回 false；若两棵二叉树都为非空的二叉树，则分别对比根、左子树和右子树是否相等，有其中的一项不相等，则不相等，返回 false，否则返回 true。

```
1   @SuppressWarnings("unchecked")
2   public boolean equals(Object rhd) {
3       if (!(rhd instanceof BinaryTree<?>))
4           return false;
5       if (this == rhd)
6           return true;
7       return equals(this.root, ((BinaryTree<T>) rhd).root);
8   }
9   private boolean equals(Node<T> t1, Node<T> t2) {
10      if (t1 == null && t2 == null)
11          return true;
12      if (t1 == null || t2 == null)
13          return false;
14      if (!t1.data.equals(t2.data))
15          return false;
16      return equals(t1.left, t2.left) && equals(t1.right, t2.right);
17  }
```

6. 复制二叉树

给定二叉树 bitree，复制 bitree 创建一棵新的二叉树。若 bitree 为空树，则返回空树；否则，先复制 bitree 的左子树，记为 left，然后复制 bitree 的右子树，记为 right，创建新的二叉树，其左、右子树分别为 left 和 right。

```
1   public BinaryTree(BinaryTree<T> bitree) {
2       root = copy(bitree.root);
3   }
4   private Node<T> copy(Node<T> t) {
5       if (t == null)
6           return null;
7       Node<T> left = copy(t.left);
8       Node<T> right = copy(t.right);
9       return new Node<>(t.data, left, right);
10  }
```

copy 方法复制以结点 t 为根的二叉树。代码第 5、6 行处理空树，第 7 行复制结点 t 的左子树，第 8 行复制结点 t 的右子树，第 9 行创建新结点存储结点 t 的数据，并且其左、右孩子结点为结点 left 和结点 right，并将新结点作为根结点返回。

第 1～3 行的构造器通过复制二叉树 bitree 构造二叉树，代码第 2 行调用 copy 方法复制以结点 bitree.root 为根的二叉树，其根结点作为新构造的二叉树的根结点。

7. 根据先序遍历和中序遍历构建二叉树

二叉树先序遍历结果是：根、左子树、右子树，中序遍历结果是：左子树、根、右子树。从二叉树先序遍历和中序遍历结果可分离出左子树先序遍历和中序遍历结果以及右子树先序遍历和中序遍历结果，通过递归就能构建这棵二叉树。

以图 6.4 的二叉树为例，先序遍历结果是 ABDFGCEH，中序遍历结果是 BFDGACHE。从先序遍历可知 A 是二叉树的根，根据 A 在中序遍历结果的位置可知左子树中序遍历结果是 BFDG，右子树中序遍历结果是 CHE，左子树有 4 个数据。从先序遍历结果的第 2 个位置开始取出 4 个数据：BDFG，它们就是左子树的先序遍历结果，余下的数据是右子树的先序遍历结果 CEH。至此，就确定了这棵二叉树的根、左子树、右子树，使用递归方式继续处理左子树和右子树，如图 6.20 所示。

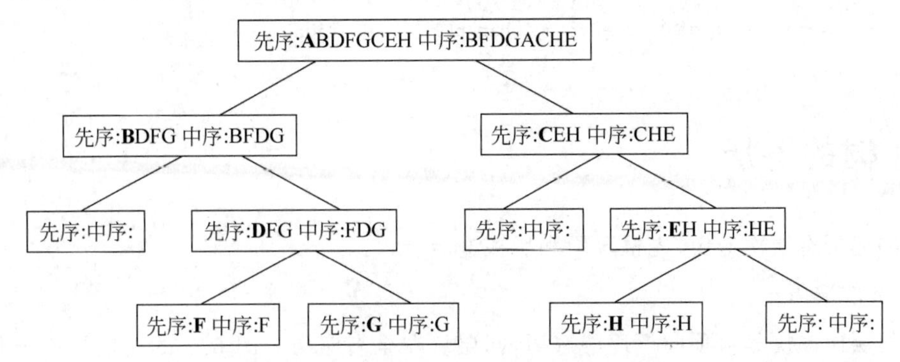

图 6.20　根据先序遍历和中序遍历结果构建二叉树

以下是根据二叉树先序遍历和中序遍历结果构建二叉树的代码。

构造器的参数 preString 为先序遍历结果，inString 为中序遍历结果。代码第 2 行判断如果字符串为空，则二叉树为空树；否则，将 makeBitree()方法返回的结点作为二叉树的根结点。

makeBitree 方法的参数 preString 为先序遍历结果，inString 为中序遍历结果。makeBitree 方法创建先序遍历结果是 preString、中序遍历结果是 inString 的二叉树，并返回根结点。

如果遍历结果的数据个数等于 1，则二叉树只有根，第 20 行创建新结点存储数据，左孩子结点和右孩子结点均为 null，返回新结点。

如果遍历结果的数据个数不等于 1，则递归地构建二叉树。第 10 行找到根在先序遍历结果的位置，第 15 行分离出左子树的先序遍历结果和中序遍历结果，调用 makeBitree 方法创建左子树，左子树的根结点保存到变量 left 中。第 18 行分离出右子树的先序遍历结果和中序遍历结果，调用 makeBitree 方法创建右子树，右子树的根结点保存到变量 right 中。第 20 行创建新结点存储根，左孩子结点和右孩子结点分别是 left 和 right，返回新结点。

```
1   public BinaryTree(String preString, String inString) {
2       if (preString.length() == 0)
3           root = null;
4       else
5           root = (Node<T>) makeBitree(preString, inString);
6   }
7   public Node<Character> makeBitree(String preString, String inString) {
8       Node<Character> left = null, right = null;
9       if (preString.length() != 1) {
10          int rootPos = inString.indexOf(preString.charAt(0));
11          if (rootPos == -1)
12              throw new IllegalStateException();
13          int countLeft = rootPos;
14          if (countLeft > 0)
15              left = makeBitree(preString.substring(1, countLeft + 1),
                                  inString.substring(0, countLeft));
16          int countRight = inString.length() - 1 - countLeft;
17          if (countRight > 0)
```

```
18                right = makeBitree(preString.substring(countLeft + 1),
                                    inString.substring(countLeft + 1));
19            }
20            return new Node<>(preString.charAt(0), left, right);
21    }
```

6.6 树的遍历

树的遍历有层次遍历、先根遍历和后根遍历。

1. 层次遍历

树的层次遍历是自顶向下逐层遍历，同层从左至右遍历。图 6.2 的树的层次遍历结果为 A、B、C、D、E、F、G、H、I、J、K、L、M。

2. 先根遍历

先根遍历是先造访根，然后枚举各子树的全部数据。因为子树是树，枚举它的数据，最直接的方法是先根遍历子树。先根遍历的过程如下：

(1) 若只有根，则造访根，结束。

(2) 造访根。

(3) 从左至右先根遍历各子树。

图 6.2 的树的先根遍历结果为 A、B、E、K、L、F、C、G、D、H、M、I、J。

3. 后根遍历

后根遍历是先枚举各子树的数据，最后造访根。因为子树是树，枚举它的数据，最直接的方法就是后根遍历子树。后根遍历的过程如下：

(1) 若只有根，则造访根，结束。

(2) 从左至右先根遍历各子树。

(3) 造访根。

图 6.2 的树的后根遍历结果为 K、L、E、F、B、G、C、M、H、I、J、D、A。

6.7 树的描述

二叉树的数据有左、右两个孩子，树的数据有任意多个孩子，因此，描述树的核心是如何有效地描述数据之间的双亲/孩子关系。

1. 双亲描述

双亲描述用数组存储数据以及数据之间的双亲/孩子关系。数组元素由两部分组成：数据和双亲在数组的位置，图 6.2 的树的双亲表示如图 6.21 所示。0 号数组元素存储 A，A 是根，无双亲，因为数组下标的有效范围为 0、1、2、……，图中使用 −1 表示 A 无双亲。1、2、3 号数组元素存储 B、C、D，它们的双亲是 A，A 存储于 0 号数组元素，因此 1、2、3 号数组元素的第二部分为 0。

双亲描述本质上是链式描述，因为数组模型与存储器的模型（见图 3.3）是相同的，数组

A	B	C	D	E	F	G	H	I	J	K	L	M
-1	0	0	0	1	1	2	3	3	3	4	4	7

0　1　2　3　4　5　6　7　8　9　10　11　12

图 6.21　双亲表示法

的下标可视为存储器的地址，通过数组元素的第二部分可以找到双亲在数组的位置，其功能等同于引用变量。

双亲描述易于查找双亲，但若要查找孩子，则需要遍历整个数组。

2. 链式描述

链式描述在数据和结点之间建立一一对应关系，结点存储数据和数据之间的双亲/孩子关系。

1）Node 类

字段 data 存储数据，数组 subtrees 存储子树的根结点。构造器传入子树的棵数 m，数组 subtrees 的长度等于 m。

```
1   private static class Node<T> {
2       T data;
3       Node<T>[] subtrees;
4       public Node(T data, int m) {
5           this.data = data;
6           subtrees = (Node<T>[]) new Node<?>[m];
7       }
8   }
```

使用数组存储子树的根，需要在创建结点时明确子树的棵数，子树的棵数一经确定就不能再改变。为了获得灵活性，还可以使用线性表存储子树的根结点，声明如下：

```
1   private static class Node<T> {
2       T data;
3       List<Node<T>> subtrees;
4       public Node(T data) {
5           this.data = data;
6           subtrees = new LinkedList<>();
7       }
8   }
```

2）Tree 类

Tree 类使用链式描述实现树，字段 root 引用根结点，部分代码如下：

```
1   public class Tree<T> {
2       private static class Node<T> {
3           …
4       }
5       Node<T> root;
6   }
```

3. 二叉树描述

二叉树描述又叫作孩子兄弟描述，它将树转换为二叉树，然后采用二叉树的链式描述作为树的描述。

树转换为二叉树的规则如下：

(1) 根作为二叉树的根。

(2) 第 1 棵子树的根作为二叉树根的左孩子，记作 c_1，第 2 棵子树的根作为 c_1 的右孩子，记作 c_2，第 3 棵子树的根作为 c_2 的右孩子，以此类推，第 n 棵子树的根作为 c_{n-1} 的右孩子，记作 c_n。

(3) 递归地转换各子树。

图 6.2 的树对应的二叉树如图 6.22 所示。

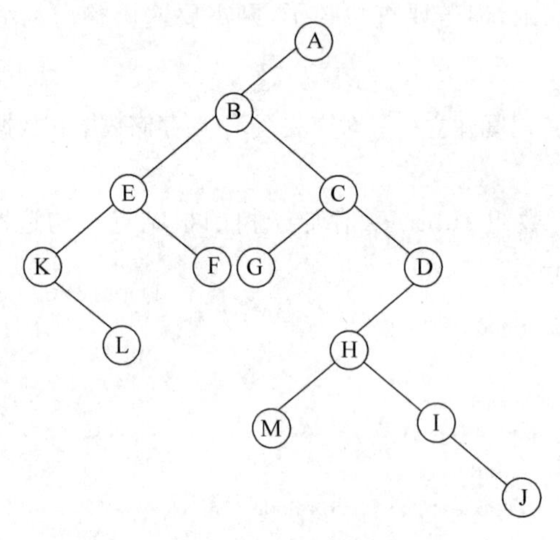

图 6.22 二叉树描述

使用二叉树描述，编写代码时要牢记结点的字段 left 引用了第 1 棵子树的根，字段 right 引用了它的兄弟。

例 6.1 编写代码求树的深度。

若树只有根，无子树，则深度为 1，否则树的深度=最深的子树的深度+1。二叉树的根结点存储根，根结点的左孩子结点存储第 1 棵子树的根，左孩子结点的字段 right 存储第 2 棵子树的根，以此类推。代码如下：

```
1   public int treeDepth() {
2       return treeDepth(root);
3   }
4   private int treeDepth(Node<T> t) {
5       if (t.left == null)
6           return 1;
7       int depth = 1;
8       Node<T> child = t.left;
9       while (child != null) {
10          int cdepth = treeDepth(child);
11          depth = depth < cdepth ? cdepth : depth;
12          child = child.right;
13      }
14      return depth + 1;
15  }
```

代码第 5、6 行是递归的基础，处理只有根的树。第 7 行设置变量 depth 的初值，它记录子树的最大深度。第 8 行从根的第 1 棵子树的根开始，第 9～13 行，逐一取出各子树的根，递归地求各子树的深度,并调整 depth。

求树的深度的另一种方法是先求出第 1 棵子树的深度,然后求出第 2 棵子树的深度,记住最大深度,再求出第 3 棵子树的深度,记住最大深度,以此类推,最后求出整棵树的深度。这个求深度的过程与树的后序遍历过程相同。

理论上可以证明树的先根遍历的结果与相应的二叉树的先序遍历的结果相同,树的后根遍历的结果与相应的二叉树的中序遍历的结果相同。

根据上述分析,对相应的二叉树进行中序遍历,在遍历的过程中求树的深度,代码如下:

```
1   public int treeDepth() {
2       return treeDepth(root);
3   }
4   private int treeDepth(Node<T> t) {
5       if (t == null)
6           return 0;
7       int left = treeDepth0(t.left);
8       int depth = left + 1;
9       int right = treeDepth0(t.right);
10      return depth < right ? right : depth;
11  }
```

小结

本章介绍了树与二叉树的基本概念,树有 0 或多棵子树,树除了根以外,其他数据有唯一的双亲。树用于表达像族谱、行政区等层次关系。

二叉树有两棵子树,这两棵子树是二叉树且有左右之分。二叉树具有 5 个重要性质,需要注意的是性质 4 和性质 5 只适用于完全二叉树。

二叉树有数组描述和链式描述,数组描述适用于完全二叉树,链式描述适用于一般二叉树。树也有数组描述和链式描述。一些实际应用经常将树转换为二叉树再进行处理。

遍历是树和二叉树的基本操作,本章介绍了二叉树的层次遍历、先序遍历、中序遍历和后序遍历,以及树的层次遍历、先根遍历和后根遍历。树的先根遍历是其对应二叉树的先序遍历,后根遍历是其对应二叉树的中序遍历。

本章还介绍了二叉树的其他操作,如求二叉树的数据个数、二叉树的深度、复制二叉树等。

本章的重点和难点是要学会使用递归的思想将问题分解为若干个同类型的规模变小的子问题,然后将子问题再分解为规模更小的同类型的子问题,直至最小的子问题,解决子问题后,利用子问题的解得出问题的解。

树的定义来自参考文献[1],参考文献[1]没有区分逻辑结构和存储结构,将树定义成结点(Node)的集合。本书将树定义成数据的集合,符合数据结构的内涵。将结点定义成 Node 对象,区分了逻辑结构和存储结构。

习题

1. 选择题

(1) 具有 10 个叶子的二叉树有(　　)个度为 2 的数据。

A. 8　　B. 9　　C. 10　　D. 11

(2) 假设一棵二叉树的数据个数为 50,则它的最小深度是(　　)。

A. 4　　B. 5　　C. 6　　D. 7

(3) 一棵具有 1025 个数据的二叉树的深度为(　　)。

A. 11　　B. 10　　C. 11～1025　　D. 10～1024

(4) 已知一棵完全二叉树的第 5 层(设根为第 0 层)有 8 个叶子,则该完全二叉树的数据个数最多为(　　)。

A. 39　　B. 52　　C. 111　　D. 119

(5) 对于任意一棵深度为 5 且有 10 个数据的二叉树,若采用数组描述,每个数据占用 1 个存储单元(仅存放数据的数据信息),则存放该二叉树需要的存储单元至少是(　　)。

A. 31　　B. 16　　C. 15　　D. 10

(6) 若一棵完全二叉树有 768 个数据,则该完全二叉树的叶子的个数是(　　)。

A. 257　　B. 258　　C. 384　　D. 385

(7) 若一棵二叉树的先序遍历序列为 a,e,b,d,c,后序遍历序列为 b,c,d,e,a,则根的孩子是(　　)。

A. 只有 e　　B. 有 e,b　　C. 有 e,c　　D. 无法确定

(8) 已知一棵二叉树的后序遍历序列为 DABEC,中序遍历序列为 DEBAC,则先序遍历序列为(　　)。

A. ACBED　　B. DECAB　　C. DEABC　　D. CEDBA

(9) 已知一棵二叉树的层次遍历序列为 ABCDEF,中序遍历序列为 BADCFE,则先序遍历序列为(　　)。

A. ACBEDF　　B. ABCDEF　　C. BDFECA　　D. FCEDBA

(10) 先序遍历的序列为 a,b,c,d 的不同二叉树的个数是(　　)。

A. 13　　B. 14　　C. 15　　D. 16

(11) 树最适合用来表示(　　)。

A. 有序数据　　B. 无序数据

C. 数据之间具有层次关系的数据　　D. 数据之间无联系的数据

(12) 树是一种逻辑关系,表示数据之间存在的关系为(　　)。

A. 集合关系　　B. 一对一关系　　C. 一对多关系　　D. 多对多关系

(13) 若一棵度为 4 的树有 20 个度为 4 的数据,10 个度为 3 的数据,1 个度为 2 的数据,10 个度为 1 的数据,则树的叶子个数是(　　)。

A. 41　　B. 82　　C. 113　　D. 122

(14) 已知一棵有 2011 个数据的树,其叶子的个数为 116,该树对应的二叉树无右孩子的数据个数是(　　)。

A. 115　　B. 116　　C. 1895　　D. 1896

(15) 若将一棵树T转换为对应的二叉树BT,则下列对BT的遍历中,其遍历结果与T的后根遍历结果相同的是(　　)。

A. 先序遍历　　B. 中序遍历　　C. 后序遍历　　D. 层次遍历

(16) 树一般不能用来表示(　　)。

A. 资源管理器界面　　B. 学校的行政机构

C. 家谱　　D. 微信的好友关系

2. 填空题

(1) 按层次遍历的次序将一棵有 n 个数据的完全二叉树的所有数据从1到 n 编号,数据就是编号,即根是1,其左孩子是2,右孩子是3,以此类推。采用________遍历使得遍历得到的序列是 $n,n-1,\cdots,2,1$。

(2) 若按层次遍历的次序将一棵有 n 个数据的完全二叉树的所有数据从1到 n 编号,那么编号为 i 的数据没有右兄弟的条件为________。

(3) 若按层次遍历的次序将一棵有100个数据的完全二叉树的所有数据从0开始编号,根的编号为0,则编号为50的数据的右孩子的编号为________。

(4) 若某棵二叉树的中序遍历结果是abc,则有________棵不同的二叉树可以得到这个遍历结果,它们分别是________。

(5) 一棵有 n 个数据的满二叉树有________度为1的数据,有________分支数据和________叶子,该满二叉树的深度为________。

(6) 已知完全二叉树有266个数据,则整棵树上度为1的数据个数是________。

(7) 在二叉树中,变量 p 引用了叶子结点的条件是________。

(8) 一棵有 n 个数据的二叉树,如果采用链式描述,则有________个null。

(9) 在顺序存储的二叉树中,编号为 i 和 j 的两个数据处于同一层的条件是________。

(10) 将一棵树转换为二叉树后,根没有________子树。

(11) $n(n\geqslant 1)$ 个数据的各棵树中,深度最小的那棵树的深度为________,它共有________叶子,________非叶子。深度最大的那棵树的深度为________,它共有________叶子,________非叶子。

(12) 在树的二叉树描述中,Node类的字段left指向________,字段right指向________。

3. 应用题

(1) 为类BinaryTree增加方法public boolean isCompleteBiTree(),判断给定的二叉树是不是完全二叉树。

(2) 为类BinaryTree增加方法public void clear(),清空二叉树,清空后为空树。

(3) 为类BinaryTree增加方法public void toList(List<T> list),将后序遍历的结果存放到线性表list。

(4) 为类BinaryTree增加方法public T[] toArray(T[] a),将先序遍历的结果存放到数组 a,并返回。如果数组 a 的长度不足以存放所有数据,则需要创建新数组。

(5) 设计实现用数组描述的完全二叉树,并给出先序遍历、中序遍历、后序遍历的代码。

(6) 采用带双亲的链式描述,设计算法求二叉树的某个数据在中序遍历结果的后继。

(7) 二叉树的序列化和反序列化。设计算法：

① 将二叉树的先序遍历结果存放到数组。

② 根据先序遍历得到的数组重建二叉树。

(8) 二叉树的序列化和反序列化。设计算法：

① 将二叉树的层次遍历结果存放到数组。

② 根据层次遍历得到的数组重建二叉树。

(9) 假设二叉树采用链式描述，设计算法统计完全二叉树的数据个数。要求尽量降低时间复杂度。

(10) 假设二叉树采用链式描述，设计算法求出任意两个数据的最近公共祖先。

(11) 树的先根遍历结果序列为 GFKDAIEBCHJ，树的后根遍历结果序列为 DIAEKFCJHBG，画出这棵树。

(12) 采用双亲描述，k 为数据在数组的下标。设计算法，求出从树的根到数据 k 的路径上的所有数据。

(13) 采用双亲描述，设计算法，实现树的后根遍历。

(14) 采用二叉树描述，设计算法，求出树的度。

综合运用篇

第7章 查　找

本章学习目标

- 了解查找的基本概念
- 理解静态查找和动态查找
- 掌握二叉搜索树的基本概念和实现方法
- 理解平衡二叉搜索树 AVL 树和红黑树的基本原理
- 掌握哈希表的概念和实现方法

查找是数据处理常用的操作，数据由关键字（Key）和值（Value）两部分组成，这样的数据称为键-值（Key-Value）对。查找是指在数据集合中找到关键字等于给定关键字的数据。

对于静态的数据集合，一般将数据存储于数组，进行顺序查找或折半查找。对于动态的数据集合，一般使用基于二叉树的二叉搜索树、AVL 树、红黑树等存储数据，自顶向下地查找所需的数据。如果在大量的数据中进行查找，则使用 B 树存储数据。除此之外，还可以使用哈希表实现查找。

7.1 基本概念

在日常生活中，人们经常需要从电话号码簿中找到商业伙伴的电话号码，从书架上搜寻需要的书籍，这些操作叫作查找，即根据某个特征找到所需要的数据。数据的特征又叫作关键字，例如，姓名、书名就是关键字。

设有数据集合 $S=\{<k_1,v_1>,<k_2,v_2>,\cdots,<k_{n-1},v_{n-1}>\}$，$<k_i,v_i>$是键-值对。例如，字典的词条由词语和释文组成，词语是关键字，释文是值。电话号码本的条目由姓名、电话号码、单位和地址组成，姓名是关键字，其他的数据项作为值。

查找就是给定关键字 k，如果 S 中存在键-值对$<k_i,v_i>$，使得 $k_i=k$，则查找成功，查找结果为 v_i，否则，查找失败，查找结果为 null。

查找算法的性能分析除了使用渐近分析外，由于查找算法的运行时间与待查找的关键字有关，而且大多数查找算法使用比较操作查找满足条件的数据，比较操作是主要操作，因此，一般使用查找成功时的平均比较次数 C 作为性能指标。

$$C=\sum_{i=0}^{n-1} p_i c_i$$

其中，n 是数据个数，p_i 是查找第 i 个数据的概率，并且 $\sum_{i=0}^{n-1} p_i=1$，c_i 是查找第 i 个数据时

的比较次数。

在等概率的情形下，即 $p_i=\frac{1}{n}$，$C=\frac{1}{n}\sum_{i=0}^{n-1}c_i$。

同样可以定义查找失败时的平均比较次数 C'：

$$C'=\sum_{i=0}^{n}p'_i c'_i$$

由于 n 个关键字将关键字的值域划分为 $n+1$ 个区间，p'_i是查找属于第 i 个区间的数据的概率，$\sum_{i=0}^{n}p'_i=1$，c'_i是查找属于第 i 个区间的数据时的比较次数。

在等概率的情形下，即 $p'_i=\frac{1}{n+1}$，$C'=\frac{1}{n+1}\sum_{i=0}^{n}c'_i$。

查找是计算机领域的经典问题之一，人们对其进行了深入的研究，提出了若干算法，查找算法有多种分类方法，其中之一是根据数据集合 S 是否发生变化，分为静态查找和动态查找。

7.2 静态查找

静态查找是指数据集合 S 一经确定就不再发生变化，由于 S 不发生变化，因此，使用数组存储 S。静态查找不需要将数据分为关键字和值两部分，只需要数据支持 equals 方法，即可以比较两个数据是否相等。查找成功时，返回数据在数组的下标，查找失败时，返回－1。

1. 顺序查找

顺序查找是一种简单的查找算法。其基本思想是将给定的数据 x 与各数组元素进行比较，如果存在下标 i，使得 a[i]＝＝x 成立，则查找成功，返回 i，否则，查找失败，返回－1。

例如，8 个数据类型为 int 的数据存放于数组 a，如图 7.1 所示。

68	56	179	81	167	112	90	78
a[0]	a[1]	a[2]	a[3]	a[4]	a[5]	a[6]	a[7]

图 7.1　无序的数据集合

例如，查找 x＝167。为了做到与每个数据进行比较，使之既不重复，也不遗漏数据，引入变量 i，i 代表数组元素的下标。初始时 i＝0，重复执行比较操作 a[i]＝＝x 和自增操作 i＋＋，使 x 与 a[0]、a[1]、a[2]、a[3]、a[4]逐个比较，发现 x 与 a[4]相等，查找成功，返回 4。

例如，查找 x＝99。x 与 a[0]、a[1]、…、a[7]比较后，没有任何一个数据与 x 相等，查找失败，返回－1。

sequentialSearch 方法实现了顺序查找算法。

```
1   public static <T> int sequentialSearch(T[] a, T x) {
2       for (int i = 0; i < a.length; i++) {
3           if (x.equals(a[i]))
4               return i;
5       }
6       return -1;
7   }
```

算法的执行时间与 x 有关。查找成功时,最长的执行时间是 x 与最后一个数据相等。查找失败时,最长的执行时间是 x 与所有数据比较后,发现没有与 x 相等的数据。所以,无论查找成功或查找失败,算法的时间复杂度均为 $O(n)$,n 是数据的个数。

查找成功时,所需要的比较次数和与 x 相等的数据在数组的位置有关。如果 x 与 a[0] 相等,则需要执行 1 次比较操作;如果 x 与 a[1]相等,则需要执行两次比较操作;以此类推;如果 x 与 a[i]相等,则需要执行 i+1 次比较操作。假设查找每个数据的概率相同,则平均比较次数为:

$$C=\frac{1}{n}\sum_{i=0}^{n-1}c_i=\frac{1}{n}(1+2+\cdots+n)=\frac{n+1}{2}$$

即平均需要比较一半的数据才能找到与 x 相等的数据。如果数据的查找概率不相同,则一般将查找概率大的数据存放在数组的左边,以减少比较次数。

如果数组的最后一个元素不存放数据而是用于存储 x 作为"哨兵",则可以减少比较操作的次数。

```
1   public static <T> int sequentialSearchWithSentinel(T[] a, T x) {
2       a[a.length - 1] = x;
3       int i = 0;
4       for (;;) {
5           if (x.equals(a[i]))
6               break;
7           i++;
8       }
9       return i != a.length - 1 ? i : -1;
10  }
```

sequentialSearchWithSentinel 方法使用了哨兵。代码第 2 行将 x 复制到数组的最后一个元素,使得第 6 行的 break 语句肯定被触发,从而跳出循环。与 sequentialSearch 方法的代码相比,第 4 行的 for 语句不需要 i < a.length,减少了 $n+1$ 次比较操作。

采用消除循环或者减少循环次数的方法,也可以减少部分操作。

sequentialSearchUnrolling 方法采用了"展开"循环的技术,每次循环检测两个数组元素而不是只检测一个数据元素。代码第 5~11 行检测 a[i]和 a[i+1],并使循环控制变量 i=i+2。与 sequentialSearchWithSentinel 方法的代码相比,sequentialSearchUnrolling 方法减少了一半的 i++操作。

```
1   public static <T> int sequentialSearchUnrolling(T a[], T x) {
2       a[a.length - 1] = x;
3       int i = -2;
4       for (;;) {
5           i += 2;
6           if (a[i].equals(x))
7               break;
8           if (a[i + 1].equals(x)) {
9               i++;
10              break;
11          }
12      }
13      return i < a.length - 1 ? i : -1;
14  }
```

虽然理论分析表明哨兵和“展开”循环技术可以减少部分操作，有助于加快程序的执行，但是，上述代码使用高级程序设计语言书写，是否能达到预期的效果还有赖于 Java 编译器的优化和物理机器的指令集，可以使用第 2 章介绍的程序性能测量方法进行具体的比较。

sequentialSearch 是泛型方法，它使用了 equals 方法比较两个数据是否相等。使用 sequentialSearch 方法对基本数据类型进行查找，还需要经过装箱和拆箱操作，查找效率低。因此，需编写针对具体基本数据类型的查找代码。例如，针对整型数据的查找代码如下：

```
1   public static int sequentialSearch(int[] a, int x) {
2       for (int i = 0; i < a.length; i++) {
3           if (x == a[i])
4               return i;
5       }
6       return -1;
7   }
```

2. 折半查找

如果数据集合 S 的数据从小到大排列，即 $a_0 < a_1 < \cdots < a_{n-1}$，如图 7.2 所示，则可以使用折半查找算法。

折半查找算法首先将给定的数据 x 与位于中间的数据进行比较，如果二者相等，则查找成功，查找结果为中间数据的下标。否则，如果 x 比中间数据小，则对中间数据左边的数据集合重复相同的查找过程。如果 x 比中间数据大，则对中间数据右边的数据集合重复相同的查找过程。查找过程持续到查找成功，或查找失败，查找失败时的数据集合为空集。

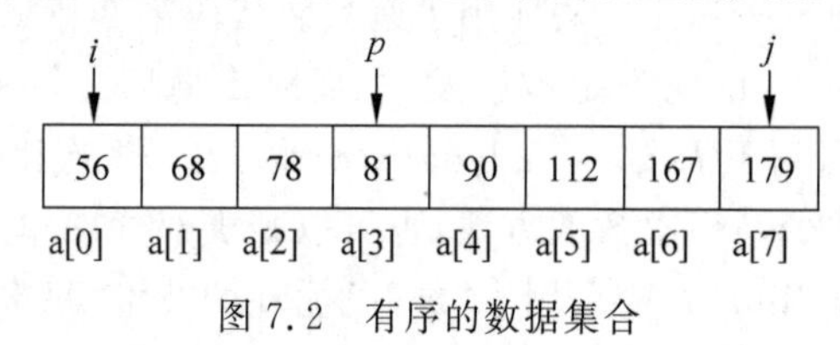

图 7.2　有序的数据集合

下面的例子使用符号[和]分别表示数据集合的左端和右端，[]表示空集。带下画线的是位于中间的数据，如果数据个数为奇数，则中间数据是唯一的，否则，有两个中间数据，选取左边的数据作为中间数据。

查找 56：

[56　68　78　81　90　112　167　179]
[56　68　78]　81　90　112　167　179
[56]　68　78　81　90　112　167　179

查找 170：

[56　68　78　81　90　112　167　179]
56　68　78　81　[90　112　167　179]
56　68　78　81　90　112　[167　179]
56　68　78　81　90　112　167　[179]
56　68　78　81　90　112　167[]　179

以上表达方式清晰地展示了位于中间的数据在数据集合的变化过程。下面的表达方式每行给出的是用于查找的数据集合，可更好地体会折半的含义。

查找 56：

[56　68　78　81　90　112　167　179]

[56　68　78]

[56]

查找 170：

[56　68　78　81　90　112　167　179]

[90　112　167　179]

[167　179]

[179]

[]

以下是针对 int 型数据的折半查找的代码。

```
1   public static int binarySearch(int[] a, int x) {
2       int i = 0;
3       int j = a.length - 1;
4       while (i <= j) {
5           int p = i + (j - i >>> 1);
6           if (x == a[p])
7               return p;
8           else if (x > a[p])
9               i = p + 1;
10          else
11              j = p - 1;
12      }
13      return -1;
14  }
```

数组 a 用于存储数据，变量 i 和 j 分别表示数据集合的左端和右端数据的下标，变量 p 表示中间数据的下标。第 4～12 行在子数组 a[i..j]查找 x。其中，第 4 行通过测试条件 i<=j 判断是否为空集，如果 a[i..j]为空集，则 a[i..j]肯定不包含 x，查找失败，第 13 行返回−1。第 5 行计算中间数据的下标，移位运算 j−i >>> 1 的效果等同于(j−i)/2。第 6 行检测 x 是否等于中间数据，如果二者相等，则第 7 行返回中间数据的下标 p。否则，第 8 行检测 x 是否大于中间数据，如果 x 大于中间数据，第 9 行令 i=p+1，继续在子数组 a[i..j]查找 x。否则，第 11 行令 j=p−1，继续在子数组 a[i..j]查找 x。

以下是使用泛型方法实现的折半查找算法。

```
1   public static <T> int binarySearch(T[] a, T x) {
2       int i = 0;
3       int j = a.length - 1;
4       while (i <= j) {
5           int p = i + (j - i >>> 1);
6           if (((Comparable<T>) x).compareTo(a[p]) == 0)
7               return p;
8           else if (((Comparable<T>) x).compareTo(a[p]) > 0)
9               i = p + 1;
10          else
```

```
11              j = p - 1;
12          }
13          return -1;
14      }
```

代码第6行和第8行将x转型为Comparable<T>,即要求类型T实现Comparable接口,可以比较大小。

折半查找算法也可以使用递归的方式实现,但比循环实现方式需要更多的空间和时间。

```
1   public static <T> int binarySearchByRecursion(T[] a, T x) {
2       return binarySearchByRecursion(a, 0, a.length - 1, x);
3   }
4   @SuppressWarnings("unchecked")
5   public static <T> int binarySearchByRecursion(T[] a, int i, int j, T x) {
6       if (i > j)
7           return -1;
8       int p = i + (j - i >>> 1);
9       if (((Comparable<T>) x).compareTo(a[p]) == 0)
10          return p;
11      else if (((Comparable<T>) x).compareTo(a[p]) > 0)
12          return binarySearchByRecursion(a, p + 1, j, x);        // 对右半部分继续查找
13      else
14          return binarySearchByRecursion(a, i, p - 1, x);        // 对左半部分继续查找
15  }
```

代码第5行的参数i和j指明数据集合在数组的位置,i和j分别是左端和右端数据的下标。第6行测试条件i>j,如果条件成立,则数据集合为空集。第12行和第14行对左半部分和右半部分继续进行折半查找。

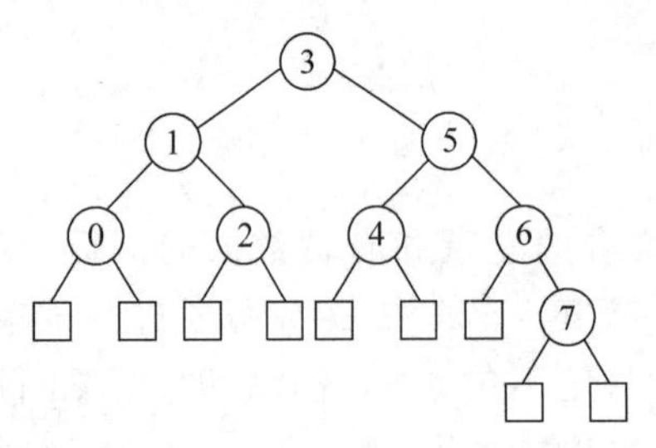

图7.3　二叉判定树

折半查找过程可表示为二叉树,图7.2的8个数据构成的二叉树如图7.3所示,圆内的数字表示数组的下标,正方形表示空树,代表空集。根是中间数据的下标,其左、右子树分别代表左半部分的数据集合和右半部分的数据集合。如图7.3所示的二叉树叫作二叉判定树。

假设使用数组a存储数据,使用二叉判定树查找数据x的过程如下:

(1) 若条件$x=\mathrm{a}[i]$成立,i是根,则查找成功;否则,转(2)。

(2) 若$x<\mathrm{a}[i]$,则在左子树递归地查找,若左子树不包含x,则转(3)。

(3) 在右子树递归地查找,若右子树不包含x,则转(4)。

(4) 查找失败。

例如,在以3为根的二叉判定树查找56时,比较56与a[3],56小于81,在3的左子树查找。在以1为根的二叉判定树查找56时,比较56与a[1],56小于68,在1的左子树查找。在以0为根的二叉判定树查找56时,比较56与a[0],二者相等,查找成功。

例如,在以3为根的二叉判定树查找170时,比较170与a[3],170大于81,在3的右子树查找。以5为根的二叉判定树查找170时,比较170与a[5],170大于112,在5的右子树查找。在以6为根的二叉判定树查找170时,比较170与a[6],170大于167,在6的右子树

查找。在以7为根的二叉判定树查找170时，比较170与a[7]，170小于179，在7的左子树查找。7的左子树是空树，即数据集合为空集，查找失败。

二叉判定树近似为完全二叉树，因此，它的深度 $h=\lceil \log_2^{n+1} \rceil$ 或 $h=\lfloor \log_2^n \rfloor+1$，所以，折半查找的时间复杂度为 $O(\log n)$。

假设查找各数据的概率相等，二叉判定树的第0层有1个数据，需要比较1次，第1层有2个数据，各需要比较2次，第3层有4个数据，各需要比较3次，以此类推，因此，折半查找的平均比较次数为：

$$C=\frac{1}{n}\sum_{i=0}^{h-1}(i+1)2^i=\frac{1}{n}(h2^h-(2^0+2^1+\cdots+2^{h-1}))$$

$$=\frac{1}{n}(h2^h-2^h+1)=\frac{1}{n}((n+1)\log_2^{n+1}-n)\approx\frac{n+1}{n}\log_2^{n+1}-1$$

当 n 足够大时，$C\approx\log_2^{n+1}$。

折半查找要求数据有序。如果数据无序，并且只是偶尔查找几次，则使用顺序查找。如果需要反复查找，则可以使用排序算法[好的排序算法的时间复杂度为 $O(n\log n)$]对数据排序后，再使用折半查找。

7.3 动态查找

动态查找允许数据集合 S 发生变化，即可以向 S 增加数据和从 S 删除数据。数据集合 S 以及查找数据、增加数据、删除数据等操作构成了抽象数据类型Map。为了区别于Java类库的Map，本书定义了以下的IMap：

```
public interface IMap<K, V> {
    public V get(K key);
    public V put(K key, V value);
    public V remove(K key);
    public void clear();
    public int size();
    public boolean isEmpty();
}
```

- get方法在 S 中查找满足条件 k_i=key的键-值对<k_i,v_i>，返回 v_i。如果不存在满足条件的键-值对，则返回null。
- put方法将键-值对<k_i,v_i>加入 S，返回null。如果 S 已存在键-值对<k_i,v_i>，则更新 v_i，使 v_i=value，并返回更新前的 v_i。
- remove方法从 S 删除满足条件 k_i=key的键-值对<k_i,v_i>，返回 v_i。如果 S 不存在满足条件的键-值对，则返回null。
- clear方法清空 S，使 S 成为空集。
- size方法返回 S 的数据个数。
- isEmpty方法测试 S 是否为空集，如果 S 为空集，则返回true，否则返回false。

有两种实现Map的方法：一是使用二叉树实现Map，要求数据的关键字可以比较大小，即实现了Comparable接口，7.4～7.7节介绍这方面的内容；二是使用哈希表实现

Map,要求数据的关键字支持 equals 方法,7.8 节介绍哈希表。

7.4 二叉搜索树

二叉搜索树(Binary Search Tree)是二叉树,或是空树,或满足以下条件:

(1) 关键字具有唯一性。

(2) 左子树的所有数据(如果有的话)的关键字都小于根的关键字。

(3) 右子树的所有数据(如果有的话)的关键字都大于根的关键字。

(4) 左、右子树是二叉搜索树。

一棵二叉搜索树如图 7.4 所示,图中用圆表示键-值对,为了清晰起见,只给出了关键字,没有给出值。正方形表示空树,每棵空树代表一个不包含于 S 的数据集合。例如,56 的左孩子代表所有小于 56 的数据集合,56 的右孩子代表所有大于 56 且小于 68 的数据集合,78 的左孩子代表所有大于 68、小于 78 的数据集合,78 的右孩子代表所有大于 78 且小于 81 的数据集合。为了叙述方便,将空树代表的不同的数据集合统称为**外部数据**,数据集合 S 的数据叫作**内部数据**。

根据二叉搜索树的定义,二叉搜索树的中序遍历结果是一组按照关键字从小到大排列的键-值对,因此,二叉搜索树又叫作二叉排序树(Binary Sort Tree)。

实际上,图 7.4 的二叉搜索树是将图 7.3 的二叉判定树的数字(下标)替换成了图 7.2 的数据,因此,二叉搜索树起源于折半查找。由于二叉树具有易于加入和删除数据的特点,因此二叉搜索树是一种用于实现动态查找的数据结构。

为了清晰起见,用图表示二叉搜索树时,一般不画出空树,如图 7.5 所示。

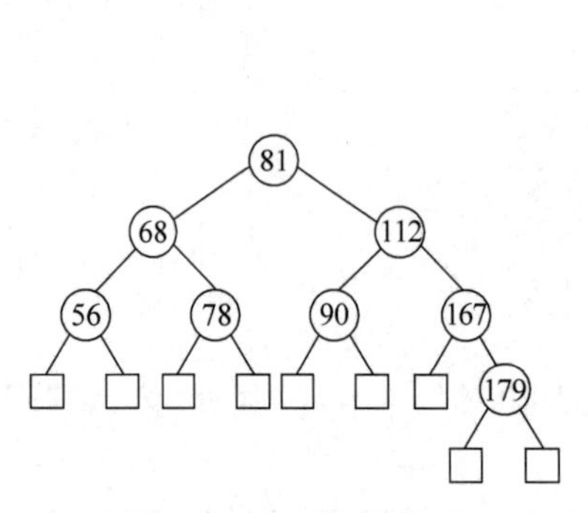

图 7.4 二叉搜索树(1)

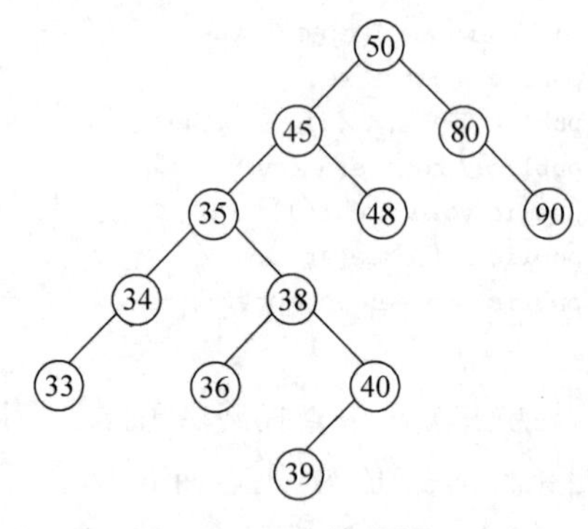

图 7.5 二叉搜索树(2)

7.4.1 二叉搜索树的操作

1. 查找

给定关键字 x,查找是指在二叉搜索树中找到关键字与 x 相等的数据。查找是一个从根开始,逐步向下的比较过程。若二叉搜索树不为空树,则首先将 x 与根的关键字进行比较,若相等,则查找成功。否则,依据 x 和根的关键字之间的大小关系,分别在左子树或右子树查找。

例如,在图 7.5 的二叉搜索树中查找关键字为 48 的数据。首先 48 与 50 比较,因为 48 小于 50,所以在 50 的左子树查找。48 与 45 比较,因为 48 大于 45,所以在 45 的右子树查找,此时,48 与根的关键字相等,查找成功。

如果二叉搜索树没有与 x 相等的关键字,则查找失败。例如,查找关键字为 75 的数据,首先 75 与 50 比较,因为 75 大于 50,所以在 50 的右子树查找。75 与 80 比较,因为 75 小于 80,所以在 80 的左子树查找,80 的左子树为空树,查找失败。

查找成功时,查找过程给出从根到内部数据的路径,例如,查找 48 的路径为 50、45、48。如果查找失败,则查找过程给出从根到外部数据的路径。例如,查找 75 的路径为 50、80、ϕ,ϕ 表示外部数据。

2. 插入

为了实现方便,新插入的数据作为叶子。为了保证二叉搜索树的性质,新插入的数据要作为查找失败时查找路径上最后一个内部数据的左孩子或右孩子。

例如,在图 7.5 的二叉搜索树中插入 85,查找路径为 50、80、90、ϕ,90 是路径上最后的一个内部数据,85 比 90 小,85 要作为 90 的左孩子。插入 42,查找路径为 50、45、35、38、40、ϕ,42 比 40 大,42 要作为 40 的右孩子。插入 85 和 42 后的二叉搜索树如图 7.6 所示。

可以验证,插入数据后的二叉搜索树的中序遍历结果是一个有序序列,满足二叉搜索树的约束条件。

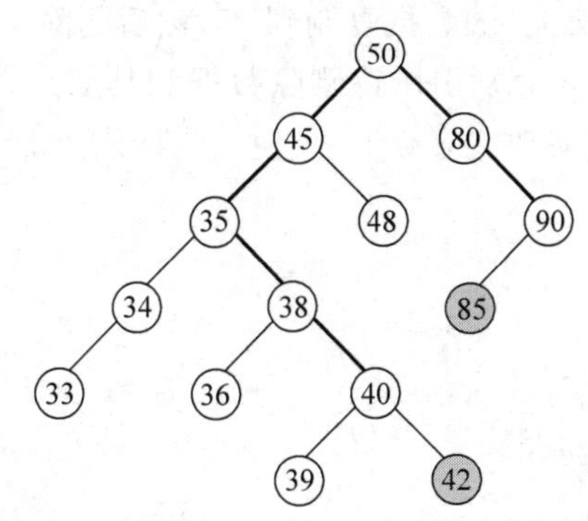

图 7.6　插入 85 和 42 后的二叉搜索树

3. 删除

从二叉搜索树删除数据后,仍然要满足二叉搜索树的约束条件。删除操作分以下 3 种情况。

1) 删除叶子

删除叶子时,如果叶子是双亲的左孩子,则令双亲的左孩子为空树,如果叶子是双亲的右孩子,则令双亲的右孩子为空树。

例如,删除图 7.5 的 33 后,双亲 34 的左孩子为空,删除 90 后,双亲 80 的右孩子为空,结果如图 7.7 所示。

2) 删除的数据只有左子树或右子树

如果删除的数据是双亲的左孩子,则将删除数据的非空子树的根作为双亲的左孩子。如果删除的数据是双亲的右孩子,则将删除数据的非空子树的根作为双亲的右孩子。

例如,删除图 7.5 的 34,令 33 作为 35 的左孩子,删除 80,令 90 作为 50 的右孩子,删除后的结果如图 7.8 所示。

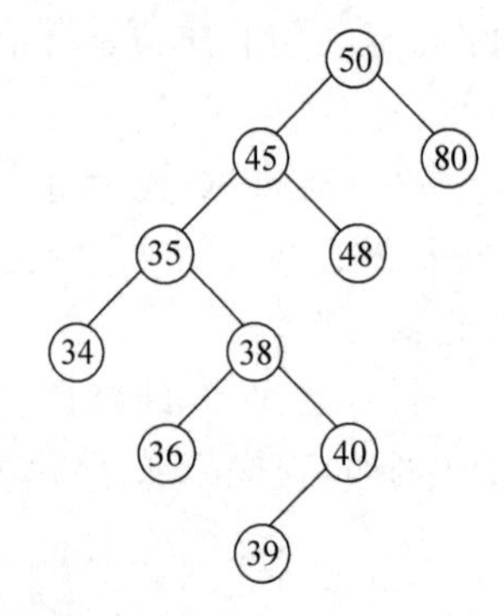

图 7.7　删除叶子 33 和 90 后的二叉搜索树

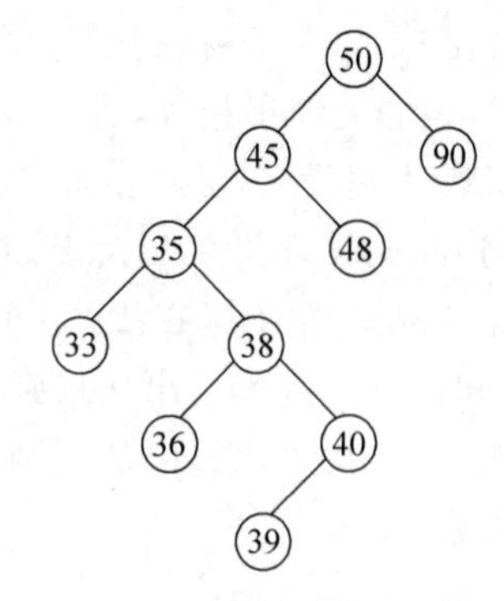

图 7.8　删除只有一棵子树的数据 34 和 80 后的二叉搜索树

3）删除的数据既有左子树又有右子树

删除这样的数据首先需要从中序遍历结果找到其前驱或后继，然后通过复制数据或交换位置操作转换为情形 2）。

例如，删除图 7.5 的 45。中序遍历结果为 33，34，35，36，38，39，**40**，*45*，48，50，80，90，45 的前驱是 40。40 一定位于左子树的右下角，它只有左子树，没有右子树，如图 7.9(a)所示。

第一种处理方式是将前驱 40 的数据复制到 45，然后删除 40，如图 7.9(b)所示。图 7.9(a)和图 7.9(b)中，变量 c 和 p 分别引用待删除数据和其双亲，变量 q 和 pq 分别引用前驱和其双亲。复制数据后，通过更改变量 c 和 p，使 40(带阴影)成为待删除的数据。

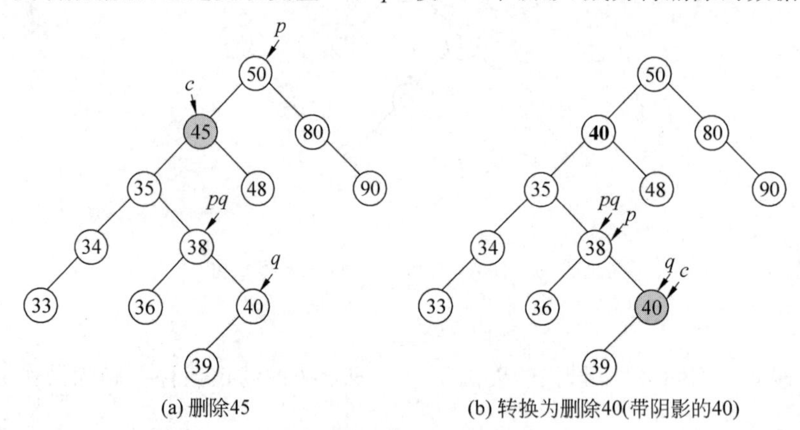

图 7.9　通过复制数据将删除 45 转换为删除 40

这种处理方式不会破坏二叉搜索树的约束条件。因为复制数据后，中序遍历结果为 33，34，35，36，38，39，**40**，***40***，48，50，80，90，删除前驱后，仍然为有序序列。

第二种处理方式是交换前驱 40 和 45 在二叉搜索树的位置，即更改它们与其他数据的双亲/孩子关系，然后删除 45，此时，45 只有左子树，没有右子树，如图 7.10 所示。

这种处理方式也不会破坏二叉搜索树的约束条件。因为交换位置后，中序遍历结果为 33，34，35，36，38，39，***45***，**40**，48，50，80，90，删除 45 后，仍然为有序序列。

因为 45 最终被删除，所以在编写代码时，可以简化某些步骤。例如，可以省略将 40 的左子树作为 45 的左子树，将 45 作为 38 的右孩子的步骤，而直接将 39 作为 38 的右孩子。

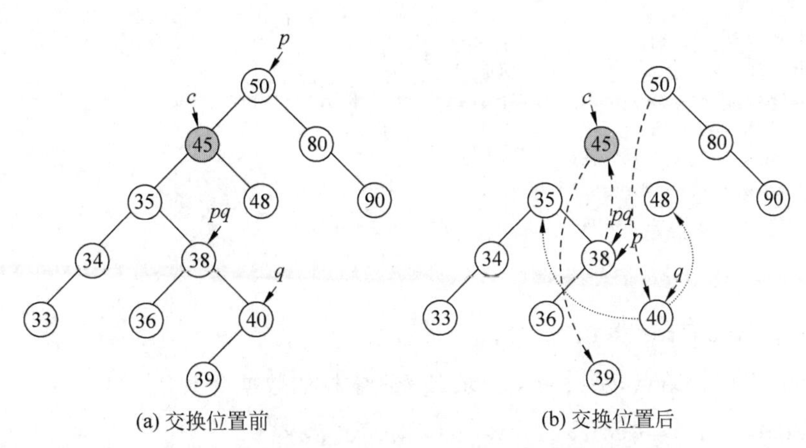

图 7.10　通过交换位置，使 45 有左子树，无右子树

如果待删除数据的左子树的最大关键字是左子树的根，则需要进行特殊处理。例如，删除图 7.5 的 35，调整数据之间的双亲/孩子关系的方法如图 7.11 所示。

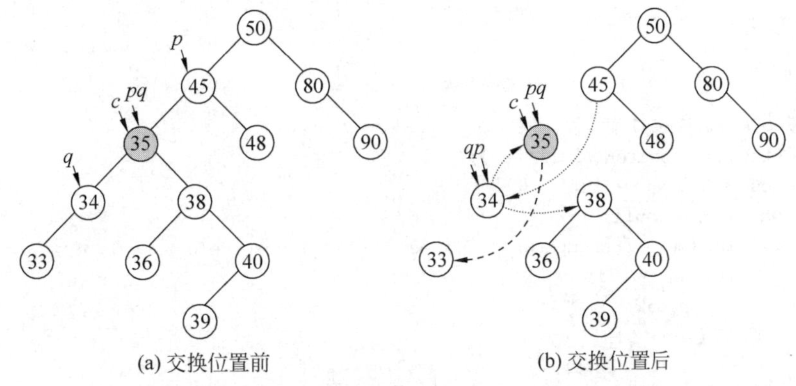

图 7.11　通过交换位置，使 35 有左子树，无右子树

还有一种处理方式是将待删除数据的右子树转让给前驱，作为其右子树，此时，待删除数据没有右子树。例如，将图 7.10(a)的以 48 为根的子树作为 40 的右子树，然后删除 45。但这种处理方式不利于后续的平衡操作。

前面介绍了使用前驱将删除操作转换为只有左子树的情形，同样可以使用后继将删除操作转换为只有右子树的情形。例如，删除图 7.5 的 35 时，其后继一定是 35 的右子树的左下角的数据 36。复制数据和交换位置的过程与上述过程类似。

7.4.2　二叉搜索树的实现

下面介绍基于链式描述实现二叉搜索树，使用复制数据将既有左子树又有右子树的删除操作转换为只有一棵子树的情形。

1. Node 类

字段 key 存储关键字，value 存储值。字段 left 和 right 分别引用左、右子树的根结点。

```
private static class Node < K, V > {
    K key;
    V value;
```

```
    Node<K, V> left;
    Node<K, V> right;
    Node(Kkey, V value, Node<K, V> left, Node<K, V> right) {
        this.key = key;
        this.value = value;
        this.left = left;
        this.right = right;
    }
}
```

2. BinarySearchTree 类

字段 root 引用根结点，字段 size 记录二叉搜索树的数据个数。

```
public class BinarySearchTree<K, V> implements IMap<K, V> {
    private Node<K, V> root;
    private int size;
    …
}
```

3. get 方法

示例代码如下：

```
1   public V get(K key) {
2       Objects.requireNonNull(key);
3       Node<K, V> t = root;
4       while (t != null) {
5           int cmp = ((Comparable<? super K>) key).compareTo(t.key);
6           if (cmp == 0)
7               break;
8           if (cmp < 0)
9               t = t.left;
10          else
11              t = t.right;
12      }
13      return t == null ? null : t.value;
14  }
```

代码第 3 行使变量 t 引用根结点，从整棵二叉搜索树查找。第 4～12 行不断自顶向下查找，其中，第 5 行调用 compareTo 方法比较 key 与根结点的关键字，调用之前需要转型操作(Comparable<? super K>) key。第 6 行判断二者是否相等，如果相等，则第 7 行跳出循环，第 13 行返回 value。否则，第 8 行判断 key 是否小于根结点的关键字，如果判断结果为真，则第 9 行使变量 t 引用根结点的左孩子结点，继续在左子树查找。否则，第 11 行使变量 t 引用根结点的右孩子结点，继续在右子树查找。如果以结点 root 为根的二叉搜索树不包含 key，循环结束时，t=null，第 13 行返回 null。

4. put 方法

put 方法将键-值对<key,value>加入二叉搜索树。

```
1   public V put(K key, V value) {
2       Objects.requireNonNull(key);
3       if (root == null) {            // 空树
4           root = new Node<>(key, value, null, null);
```

```
5           size = 1;
6           return null;
7       }
8       Node<K, V> p = root, c = root;
9       int cmp = 0;
10      while ((cmp = ((Comparable<? super K>) key).compareTo(c.key)) != 0) {
11          p = c;
12          if (cmp < 0)
13              c = c.left;
14          else
15              c = c.right;
16          if (c == null)
17              break;
18      }
19      if (c != null) {
20          V result = c.value;
21          c.value = value;
22          return result;
23      }
24      if (cmp < 0)
25          p.left = new Node<>(key, value, null, null);
26      else
27          p.right = new Node<>(key, value, null, null);
28      size++;
29      return null;
30  }
```

代码第3～7行对空树进行特殊处理，第8～18行查找关键字值等于key的结点，变量c引用这个结点，变量p引用其双亲，第10～18行的循环结束时，如果条件c !=null成立，即数据已经存在，则第20～23行更新value。否则，根据变量cmp记录的最后一次的比较结果，将新结点作为双亲的左孩子或右孩子插入二叉搜索树。

5. remove方法

remove方法从二叉搜索树删除关键字等于key的数据。

```
1   public V remove(K key) {
2       if (root == null)
3           return null;
4       Objects.requireNonNull(key);
5       Node<K, V> p = root, c = root;
6       int cmp;
7       while ((cmp = ((Comparable<? super K>) key).compareTo(c.key)) != 0) {
8           p = c;
9           if (cmp < 0)
10              c = c.left;
11          else
12              c = c.right;
13          if (c == null)
14              return null;
15      }
16      V result = c.value;
17      if (c.left != null && c.right != null) {
18          Node<K, V> q;
```

```
19            for (p = c, q = c.left; q.right != null; p = q, q = q.right)
20                ;
21            c.key = q.key;
22            c.value = q.value;
23            c = q;
24        }
25        Node<K, V> orphan = c.left == null ? c.right : c.left;
26        size--;
27        c.key = null;
28        c.value = null;
29        c.left = c.right = null;
30        if (c == root) {
31            root = orphan;
32            return result;
33        }
34        if (c == p.left)
35            p.left = orphan;
36        else
37            p.right = orphan;
38        return result;
39    }
```

代码第 5～15 行查找关键字值等于 key 的数据，如果没有这样的数据，则第 13 行条件 c==null 成立，第 14 行使方法结束执行。否则，第 7～15 行的循环结束后，变量 c 引用关键字等于 key 的结点，变量 p 引用其双亲。

第 16～24 行将既有左子树又有右子树的情形转换为只有左子树的情形。其中，第 18～20 行查找结点 c 的左子树的右下角结点，变量 q 引用这个结点，变量 p 引用结点 q 的双亲结点，第 21、22 行复制结点 q 的数据到结点 c，第 23 行设置变量 c，至此，变量 c 和变量 p 分别引用待删除结点和其双亲结点，与其他情形保持一致，以便共用后续的代码。

第 25～39 行处理待删除结点是叶子或只有一棵子树的情形。其中，第 25 行变量 orphan 引用结点 c 唯一的子树（如果结点 c 为叶子，则为 null），第 27～29 行帮助垃圾回收器。第 30～33 行处理结点 c 是根结点的特殊情形，第 34～39 行根据结点 c 与双亲结点 p 的关系，使结点 c 的子树成为结点 p 的左子树或右子树。

7.4.3 二叉搜索树的性能分析

二叉搜索树的 get、put 和 remove 方法的核心都是自顶向下进行查找，执行时间与二叉搜索树的形态相关。

例如，有 5 个关键字 1、2、3、4、5，如果按照 5、4、3、2、1 的次序建立二叉搜索树，结果如图 7.12(a)所示。如果按照 3、2、1、4、5 的次序建立二叉搜索树，结果如图 7.12(b)所示。前者是一棵单支树，深度为 5，后者近似为一棵完全二叉树，深度为 3。

对于有 n 个数据的二叉搜索树，其深度介于 $\log n$ 和 n 之间，因此，get、put 和 remove 方法的时间复杂度为 $O(n)$。

为了控制二叉搜索树的形态，在插入和删除操作后，需要对树进行修剪，使其近乎为完全二叉树，这样就可以使二叉搜索树的深度为 $O(\log n)$，这样的二叉搜索树称为平衡二叉搜索树。

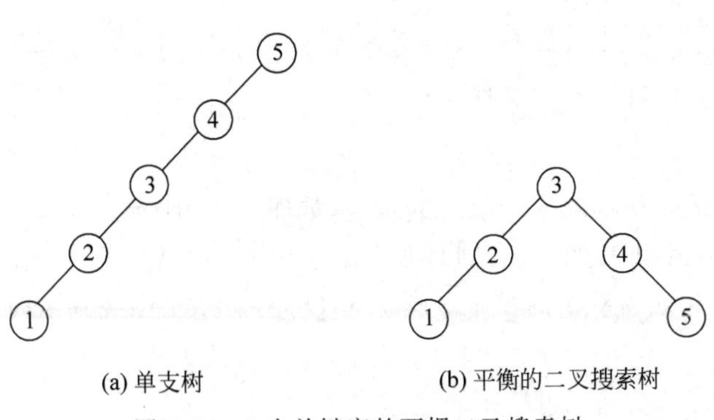

图 7.12 5 个关键字的两棵二叉搜索树

7.5 AVL 树

AVL 树是一种平衡二叉搜索树，由 Adelson-Velskii 和 Landis 于 1962 年提出，故此得名。AVL 树是在二叉搜索树的基础上，通过在插入和删除操作之后执行平衡操作，使得二叉搜索树的左子树和右子树的深度之差不超过 1，从而达到平衡的目的。

为了进行平衡，引入了平衡因子(Balance Factor)的概念，平衡因子是左、右子树的深度之差。如果每个数据的平衡因子为−1、0 或+1，那么这棵二叉树就是 AVL 树。图 7.12 的两棵二叉搜索树的平衡因子如图 7.13 所示，图 7.13(a)的二叉搜索树不是 AVL 树，因为数据 3、4、5 的平衡因子超出了范围，而图 7.13(b)的二叉搜索树是 AVL 树。

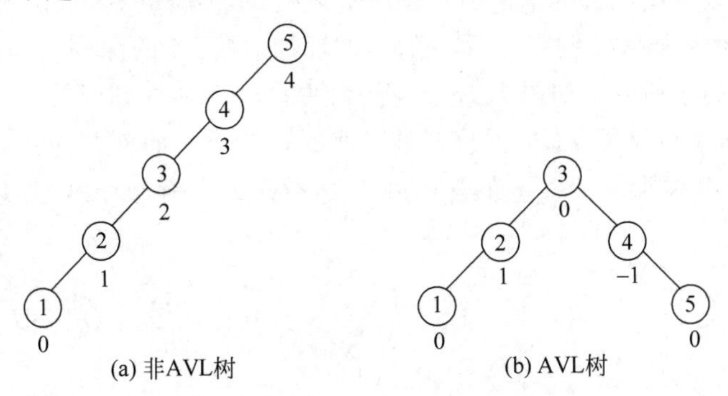

图 7.13 平衡因子、AVL 树和非 AVL 树

1. AVL 树的深度

对深度为 h 的 AVL 树，令 N_h 是其最少的数据个数。不失一般性，设根的一棵子树的深度为 $h-1$，另一棵子树的深度为 $h-2$，而且两棵子树都是 AVL 树。因此有：

$$N_h = N_{h-1} + N_{h-2} + 1, \quad N_0 = 0 \text{ 且 } N_1 = 1$$

注意，N_h 的定义类似于斐波那契数列的定义：

$$F_n = F_{n-1} + F_{n-2}, \quad F_0 = 0 \text{ 且 } F_1 = 1$$

通过归纳法可以证明：$N_h = F_{h+2} - 1, h \geqslant 0$。

由斐波那契定理可知，$F_h \approx \phi^h/\sqrt{5}$，其中，$\phi = (1+\sqrt{5})/2$。

因此，$N_h \approx \phi^{h+2}/\sqrt{5} - 1$。如果 AVL 树的数据个数为 n，则 AVL 树的最大深度为：

$$\log_{\phi}(\sqrt{5}(n+1))-2\approx 1.44\log_2(n+2)=O(\log n)$$

所以，AVL 树是一种平衡二叉搜索树。

2. 旋转操作

旋转操作的目的是交换双亲和孩子的角色，如图 7.14 所示。图 7.14(a)将左孩子围绕双亲向上旋转，对调 A 和 B 的角色，同时改变了子树 B_R 的从属关系，虚线表示 A 可能有双亲，旋转后，B 替代 A 成为双亲的孩子。图 7.14(b)将右孩子围绕双亲向上旋转。

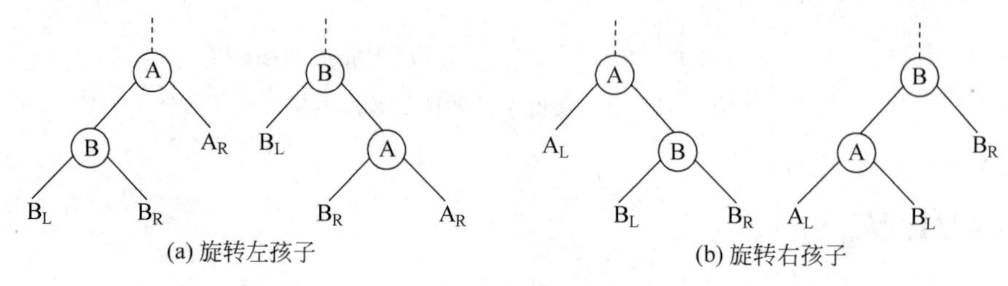

图 7.14　旋转操作

旋转操作满足了二叉搜索树的约束条件。以图 7.14(a)为例，旋转左孩子前，以 A 为根的子树的中序遍历结果为 B_L，B，B_R，A，A_R，旋转后，以 B 为根的子树的中序遍历结果也是 B_L，B，B_R，A，A_R。

3. 失衡的原因

插入数据或删除数据会造成以双亲为根的二叉树的深度发生变化，而且这种变化可能向上传播，从而造成某些数据的平衡因子超出了范围，不再满足 AVL 树的要求。

例如，图 7.13(b)插入关键字 6 后，5 的深度增加，进而 4 的深度增加，即 3 的右子树的深度增加，各数据的平衡因子如图 7.15(a)所示，注意，4 是从 5 到根的路径上第 1 个失衡的数据。图 7.13(b)删除 5 后，4 的深度减少，即 3 的右子树的深度减少，新的平衡因子如图 7.15(b)所示。继续删除 4 后，3 的平衡因子为 2，失去平衡，如图 7.15(c)所示。

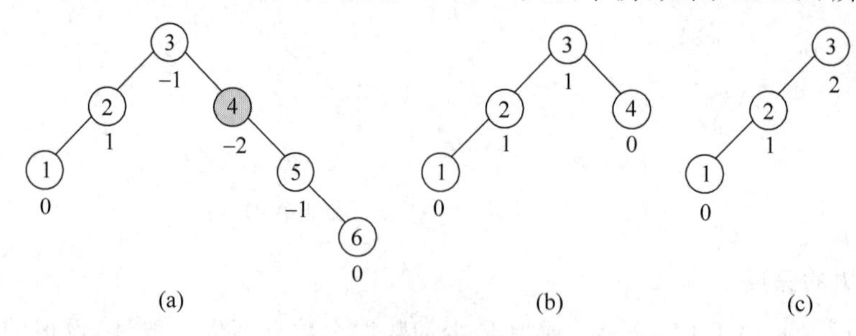

图 7.15　插入和删除操作改变了平衡因子

4. 插入操作后的平衡操作

插入数据后，假设从双亲 a_p 到根的路径是 a_p，a_{p+1}，…，a_{root}，按照这个次序，逐个计算路径上各数据的平衡因子，直到遇到平衡因子为 2 或 −2 的数据，或为 0 的数据，或根才停止这个计算过程。如果计算过程因为遇到平衡因子为 −2 或 2 的数据而停止，假设这个数据为 A，则插入操作引起了不平衡。有两类 4 种情况，需要进行不同的处理，基本原理是使用旋转操作以减少左、右子树的深度差。

1）L 型

L 型是指插入的数据位于 A 的左子树，又分为 LL 型和 LR 型。假设 A 的左子树的根为 B。

（1）LL 型是指插入的数据位于 B 的左子树，这棵子树因深度的增加而失衡。由于插入数据后，A 是从插入数据到根的路径上遇到的第一个不平衡的数据，因此在插入前，A 和 B 的平衡因子一定为 1 和 0，即 A 和 B 的子树 A_R、B_L、B_R 的深度相同，假设为 h，如图 7.16(a)所示。插入数据后，A 和 B 的平衡因子如图 7.16(b)所示。

通过旋转 B 改变 LL 型的失衡状态，旋转后，更新 A 和 B 的平衡因子，二者均为 0，如图 7.16(c)所示。

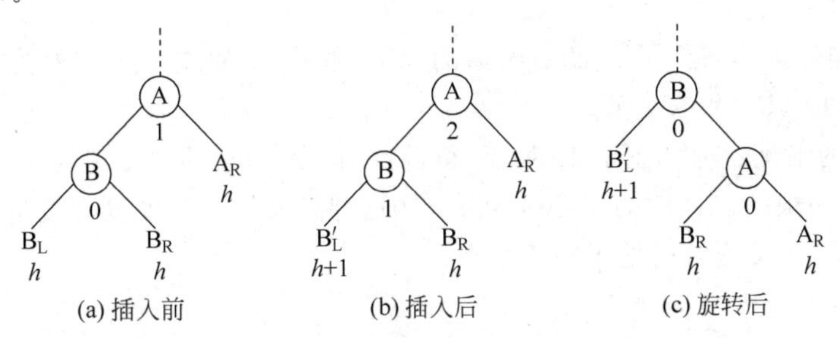

图 7.16　LL 型的平衡过程

插入数据前，以 A 为根的二叉树的深度为 $h+2$，插入数据并旋转之后，以 B 为根的二叉树的深度也为 $h+2$，这棵二叉树的深度没有变化，不会影响祖先的平衡因子，二叉搜索树处于平衡状态。

（2）LR 型是指插入数据位于 B 的右子树，这棵子树因深度的增加而失衡，如图 7.17(a)和图 7.17(b)所示。假设这棵子树的根为 C，插入数据增加了左子树 C_L 的深度。

通过两次旋转 C 改变 LR 型的失衡状态。第一次旋转 C，如图 7.17(c)所示，第二次旋转 C，如图 7.17(d)所示。两次旋转后，更新 A、B、C 的平衡因子，分别为 −1、0、0，如图 7.17(d)所示。如果插入操作增加了 C_R 的深度，处理过程相同，但 A 和 B 的平衡因子变为 0 和 1。

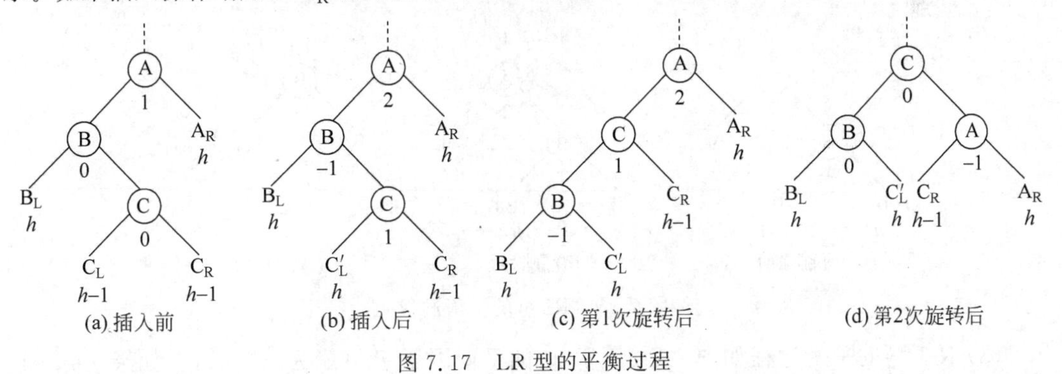

图 7.17　LR 型的平衡过程

插入数据前，以 A 为根的二叉树的深度为 $h+2$，两次旋转操作后，以 C 为根的二叉树的深度也为 $h+2$，这棵二叉树的深度没有变化，不会影响祖先的平衡因子，二叉搜索树处于平衡状态。

2）R 型

R 型是指插入数据位于 A 的右子树，又分为 RR 型和 RL 型。假设 A 的右子树的根为 B。RR 型是指插入数据位于 B 的右子树，RL 型是指插入数据位于 B 的左子树。RR 型与

LL 型、RL 型和 LR 型为对称关系。

5. 删除操作后的平衡操作

删除数据后，假设从双亲 a_p 到根的路径是 a_p、a_{p+1}、…、a_{root}，按照这个次序，逐个计算路径上各数据的平衡因子，直到遇到平衡因子为−2 或 2 的数据，或为−1 或 1 的数据，或根才停止这个计算过程。如果计算过程因为遇到平衡因子为−2 或 2 的数据而停止，假设这个数据为 A，则删除操作引起了不平衡。有两类 6 种情况，需要进行不同的处理，基本原理是使用旋转操作以减少左、右子树的深度差。

1）R 型

R 型是指删除操作减少了 A 的右子树的深度，假设 A 的左子树的根为 B，根据 B 的平衡因子，又分为 R0、R1 和 R-1 型。

（1）R0 型的平衡过程如图 7.18 所示，删除前，以 A 为根的二叉树的深度为 $h+2$，删除和平衡后，以 B 为根的二叉树的深度也为 $h+2$，这棵二叉树的深度没有发生变化，不会影响祖先的平衡因子，二叉搜索树处于平衡状态。

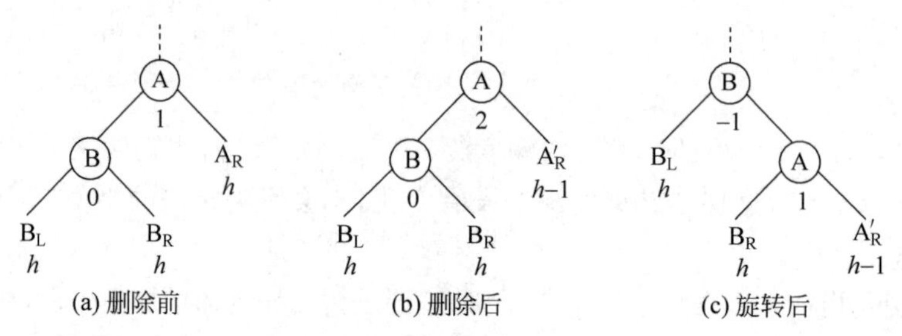

图 7.18　R0 型的平衡过程

（2）R1 型的平衡过程如图 7.19 所示，删除前，以 A 为根的二叉树的深度为 $h+2$，平衡后，以 B 为根的二叉树的深度为 $h+1$，B 的祖先可能失衡，需要继续向上平衡，平衡过程可能持续到根。

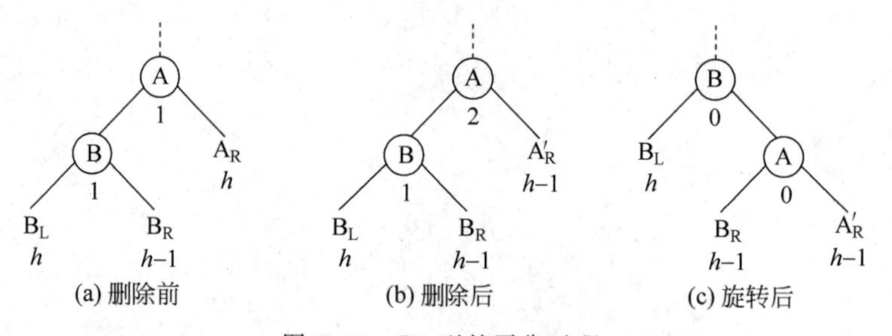

图 7.19　R1 型的平衡过程

（3）R-1 型的平衡过程如图 7.20 所示，C 的平衡因子 f 可能为−1、0、1。如果 $f=-1$，则平衡后 A 和 B 的平衡因子为 0 和 1；如果 $f=0$，则平衡后 A 和 B 的平衡因子均为 0；如果 $f=1$，则平衡后 A 和 B 的平衡因子为−1 和 0。

删除前，二叉树的深度为 $h+2$，平衡后，深度变为 $h+1$，二叉树深度减少，需要继续平衡 C 的双亲，平衡过程可能持续到根。

2）L 型

L 型是指删除操作减少了 A 的左子树的深度，与 R 型为对称关系，L0 与 R0 对称，L1

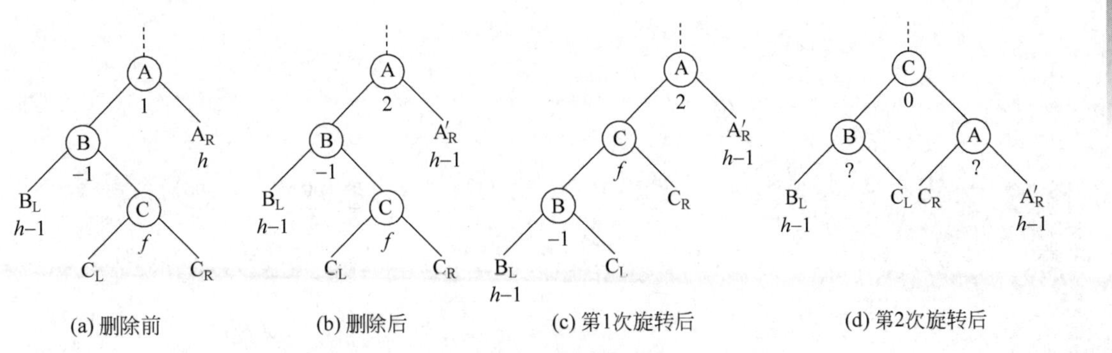

图 7.20　R-1 型的平衡过程

和 R-1 对称，L-1 和 R1 对称，平衡过程与上述过程相似。

6. 插入和删除操作统一的平衡过程

插入和删除操作的平衡过程有很多共同之处。LL 型与 R1 型的旋转相同，LL 型与 R0 型旋转的区别仅在于 A 和 B 的平衡因子，LR 型与 R-1 型的旋转相同。RR 型和 RL 型与 L0 型、L1 型和 L-1 型也有相同的结论。在编写代码时，可以统一处理对插入和删除操作的平衡操作。

例 7.1　按照 60,40,20,12,16,80,90,98,96 的次序构建 AVL 树。

插入 60,40,20 后，60 的平衡因子为 2，属于 LL 型的失衡，旋转 40，结果如图 7.21(a)所示。插入 12,20 和 40 的平衡因子均变为 1，再插入 16,12 和 20 的平衡因子变为 −1 和 2，属于 LR 型的失衡，对 16 进行两次旋转，结果如图 7.21(b)所示。插入 80,60 和 40 的平衡因子变为 −1 和 0，再插入 90,80 和 60 的平衡因子为 −1 和 −2，属于 RR 型的失衡，旋转 80，结果如图 7.21(c)所示。插入 98,90、80 和 40 的平衡因子均变为 −1，再插入 96,98 和 90 的平衡因子为 1 和 −2，属于 RL 型的失衡，对 96 进行两次旋转，结果如图 7.21(d)所示。

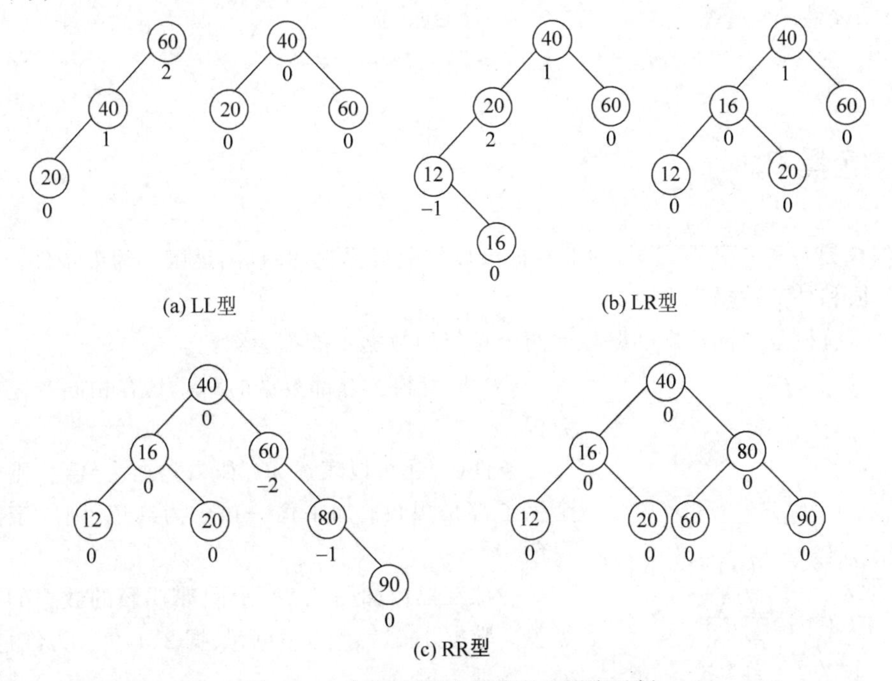

图 7.21　AVL 树插入操作后的平衡示例

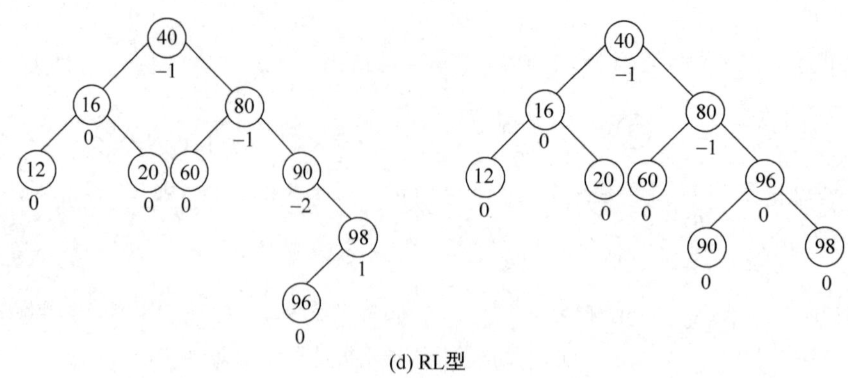

(d) RL型

图 7.21 (续)

例 7.2 从图 7.21(d)的 AVL 树删除 12 和 20。

删除 12 后,更改从双亲到根路径上各数据的平衡因子,因为双亲 16 的平衡因子更新为 −1,所以平衡因子的更新过程结束,如图 7.22(a)所示。删除 20 后,双亲 16 的平衡因子变为 0,继续更新过程,双亲 40 的平衡因子变为 −2,更新过程结束,如图 7.22(b)所示,此时,AVL 树处于 L-1 型的失衡状态。旋转 80,AVL 树处于平衡状态,如图 7.22(c)所示。

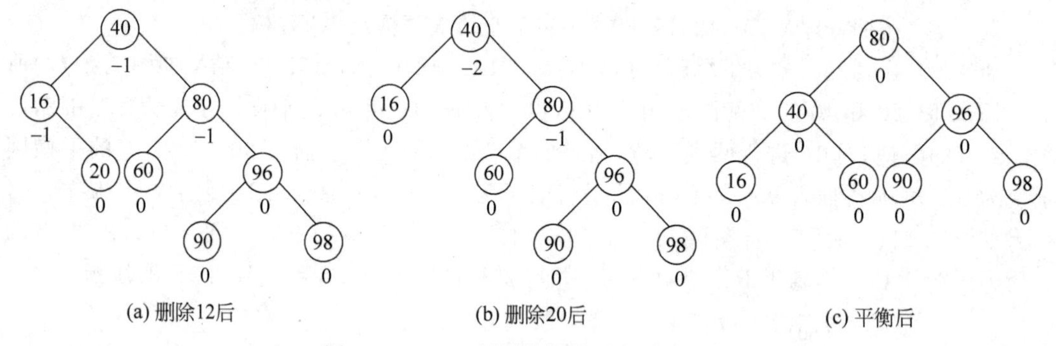

(a) 删除12后 (b) 删除20后 (c) 平衡后

图 7.22 AVL 树删除操作后的平衡示例

7.6 红黑树

红黑树是一种二叉搜索树,内部数据涂以红色或黑色,并且满足以下约束条件:

(1) 根和外部数据为黑色。

(2) 所有根至外部数据的路径上两个相邻的数据不能都为红色。

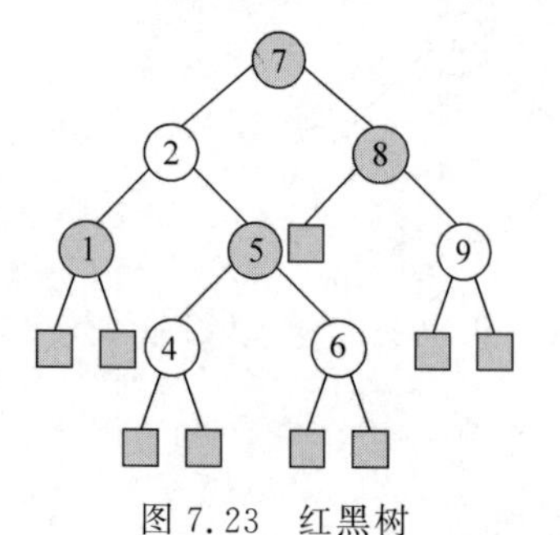

图 7.23 红黑树

(3) 所有根至外部数据的路径具有相同数量的黑色数据。

条件(2)还可以表述为:如果数据为红色,则它的两个孩子都是黑色;如果任一孩子为红色,则双亲只能为黑色。

一棵红黑树如图 7.23 所示,带阴影的数据的颜色为黑色。数据 1、5、7、8 为黑色,数据 2、4、6、9 为红色,所有外部数据为黑色。

从数据 x 出发到达外部数据的路径(不包括 x)上黑色数据的个数称为 x 的黑深度,记为 $bd(x)$。由条件(3),黑深度的概念是明确定义的。例如,$bd(7)=bd(2)=2$,$bd(8)=bd(9)=1$,各外部数据的黑深度为 0。

通过归纳法可以证明,以数据 x 为根的子树至少包含 $2^{bd(x)}-1$ 个内部数据。假设二叉搜索树的数据个数为 n,深度为 h,由性质 2,从根到任一外部数据的路径上至少有一半的数据(不包括根)为黑色,从而,根的黑深度至少是 $h/2$,所以 $n\geqslant 2^{h/2}-1$,$h\leqslant 2\log(n+1)$,即红黑树的最大深度为 $2\log(n+1)$,所以红黑树为平衡二叉搜索树。

7.6.1 自底向上的平衡操作

1. 插入操作后的平衡操作

为了满足条件(3),新加入的数据 x 必须着以红色。如果插入后,x 是根,则将其改为黑色,插入操作结束。如果 x 的双亲为黑色,则插入操作结束。否则,因为双亲和 x 都为红色,不满足条件(2),需要对 x 进行平衡操作,平衡的过程可能持续到根。

平衡操作分为两组,对应 6 条规则,其中一组如图 7.24 所示,图中带阴影的三角形表示根为黑色的子树。

由于 x 与双亲都为红色,而根为黑色,因此 x 一定有祖父,也一定有叔父(可能为外部数据)。

1) 叔父是红色

如果叔父 y 为红色,则改变祖父、双亲和叔父的颜色。改变着色前、后,从 C 到子树 1、2、3、4、5 的根的路径上的黑色数据个数没有变化,因此满足了条件(3)。祖父改为红色后,可能破坏条件(2),因此需要继续平衡,将祖父设置为 x。如果 x 为根,则将根着以黑色,结束平衡操作,如图 7.24(a)和图 7.24(b)所示。

2) 叔父是黑色,x 是右孩子

旋转 x,并将双亲 A 设置为 x,转换为规则 3,如图 7.24(c)所示,叔父是子树 4 的根。

3) 叔父是黑色,x 是左孩子

旋转 x 的双亲 B 后,改变双亲和祖父的颜色。可以验证,旋转、改色操作没有破坏条件 3,也不会破坏条件 2,平衡过程结束,如图 7.24(d)所示。

另一组需要平衡的情形是 x 位于其祖父的右子树,与上述处理过程为对称关系,平衡过程相似。

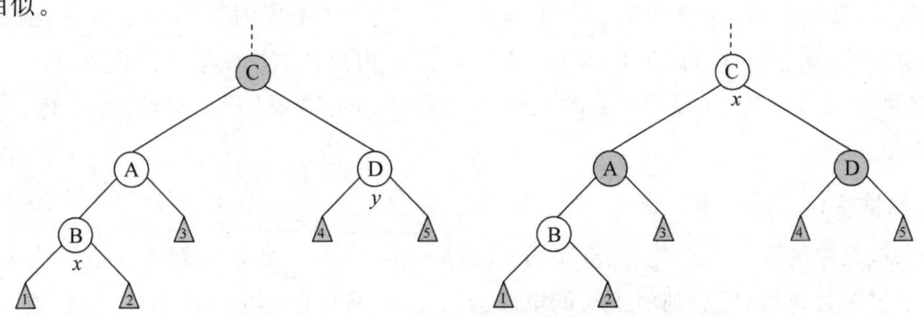

(a) 规则1-a：叔父为红色，改变着色

图 7.24 插入操作后的平衡规则

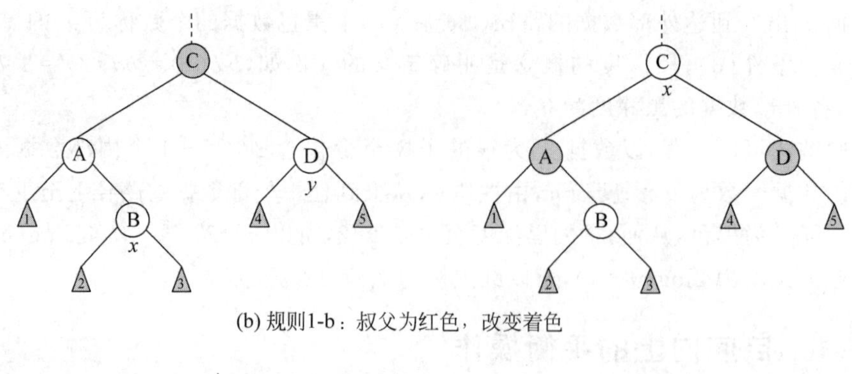

(b) 规则1-b：叔父为红色，改变着色

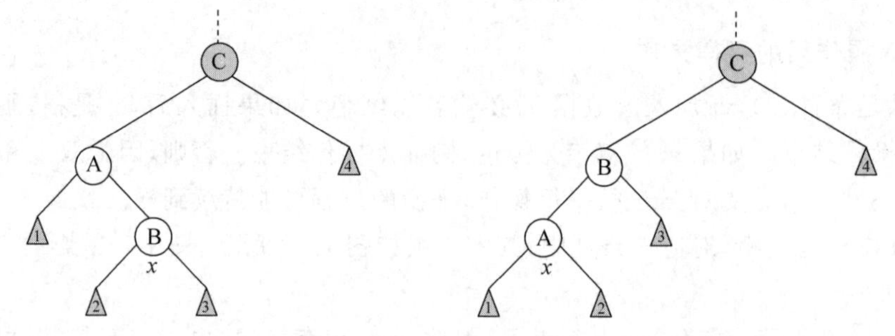

(c) 规则2：叔父为黑色，x是右孩子，旋转后转换为规则3

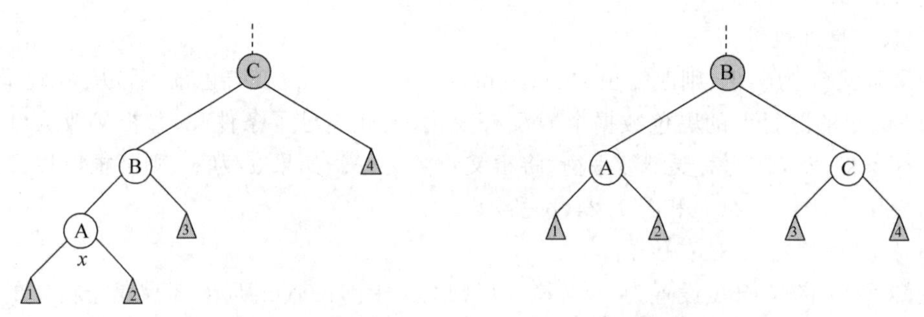

(d) 规则3：叔父为黑色，x是左孩子，先旋转，后改变颜色

图 7.24 （续）

例 7.3 向图 7.23 所示的红黑树中插入数据 3。

平衡过程如图 7.25 所示，为清晰起见，没有画出外部数据。插入 3 后，双亲 4 为红色，如图 7.25(a)所示，需要平衡。由于叔父 6 为红色，使用规则 1，改变 4、5、6 的颜色后，将 5 设置为 x，结果如图 7.25(b)所示。5 的叔父 8 为黑色，使用规则 2，旋转 5，将 2 设置为 x，结果如图 7.25(c)所示。2 的叔父 8 为黑色，使用规则 3，旋转 5，改色，结果如图 7.25(d)所示。

2. 删除操作后的平衡操作

如果被删除的数据为红色，则删除后不会违反条件(3)。如果被删除的数据为黑色，有非空的子树并且根为红色，则将子树的根改为黑色，删除后也不会违反条件(3)。否则，删除后，因为从根到外部数据的路径(经由被删除数据的孩子)会少一个黑色数据，违反了条件(3)，需要进行平衡操作。

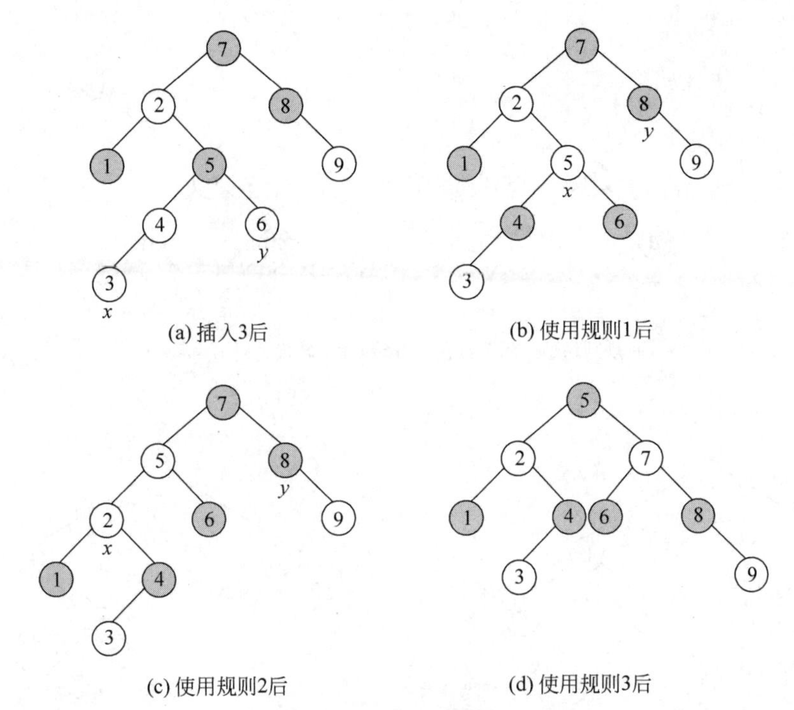

图 7.25 插入操作后的平衡示例

平衡操作分为两组，对应 8 条规则，其中一组如图 7.26 所示，图中虚线三角形表示根或为红色或为黑色的子树，并且与双亲的颜色不冲突。图中 z 是被删除数据的孩子(如果被删除的数据是叶子，则为外部数据)，颜色一定是黑色，从根到子树 1 和 2 的根的路径上少了一个黑色数据。

1) 兄弟为红色

由条件(2)可知，兄弟 w 为红色，双亲必为黑色。旋转兄弟后，更改双亲和兄弟的颜色，B 成为新兄弟。平衡操作后，兄弟的颜色为黑色，如图 7.26(a)所示。转换后，继续运用规则 2。可以验证，平衡前后，从根到子树 1、2、3、4、5、6 的根的路径上的黑色的数据个数没有发生变化。

2) 兄弟为黑色

若兄弟 w 为黑色，则双亲或为红色或为黑色。

(1) 侄子均为黑色。

将兄弟改为红色，如图 7.26(b)所示。

如果双亲为红色，则改为黑色，这样不会因为将兄弟改为红色而违反条件(2)，而且，从根到子树 1、2 的根的路径上增加了一个黑色数据，同时，从根到子树 3、4、5、6 的根的路径上的黑色的数据个数没有变化，满足了条件(3)，平衡结束。

如果双亲为黑色，平衡操作后，从根到子树 1 和 2 的根的路径上仍然少一个黑色数据，而且造成了从根到子树 3、4、5、6 的外部数据的路径上也少了一个黑色数据，因此，从根到以双亲为根的子树的路径上少了一个黑色数据，令双亲为 z，继续平衡 z。

(2) 内侧侄子为红色。

内侧侄子 B 为红色，旋转 B，更改 B 和 D 的颜色，令 B 为 w，转换为外侧侄子为红色的情形，如图 7.26(c)所示。

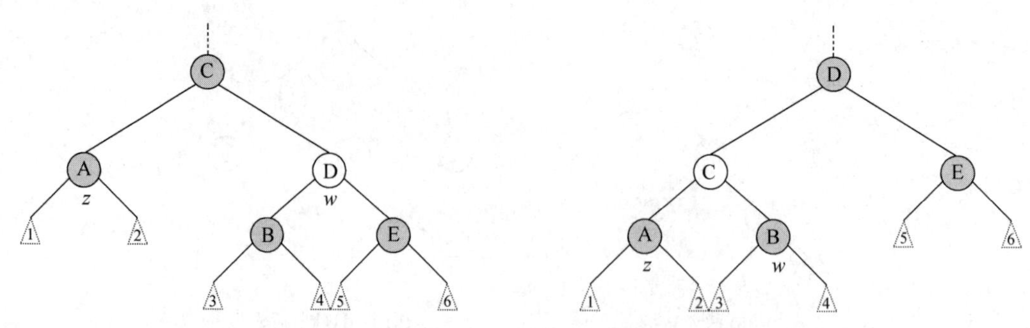

(a) 规则1：兄弟w为红色，旋转w后，转换为兄弟为黑色

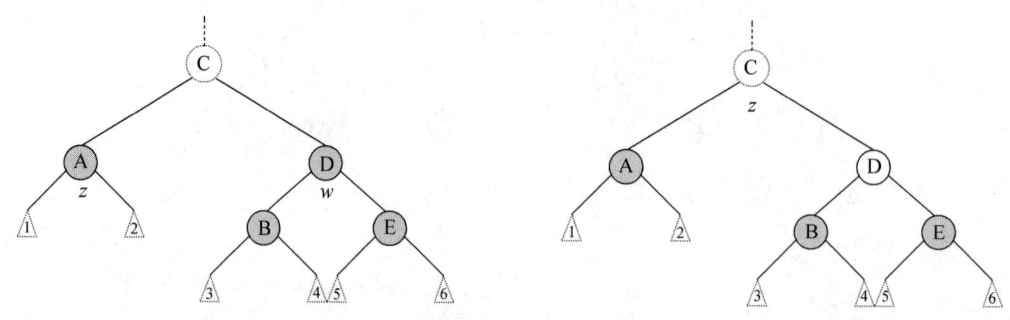

(b) 规则2：兄弟w为黑色，侄子均为黑色，将w改为红色，平衡结束或继续向上平衡

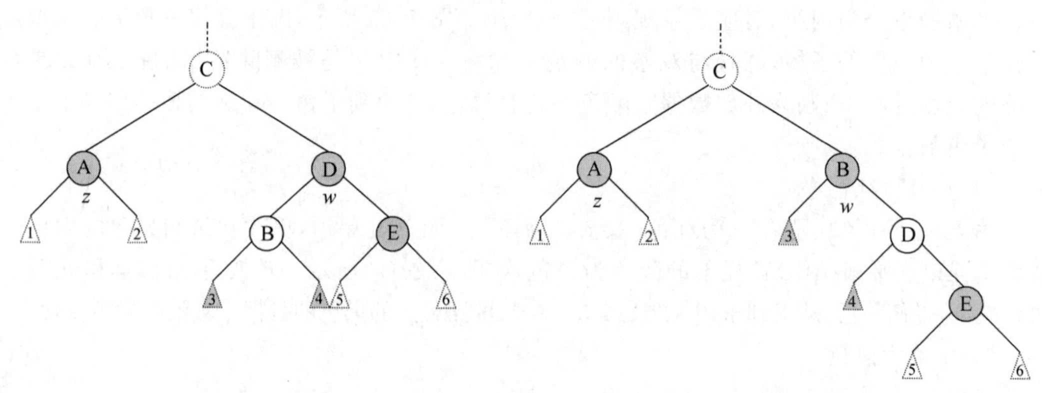

(c) 规则3：兄弟w为黑色，内侧侄子B为红色，旋转B，改颜色，转换为规则4的情形

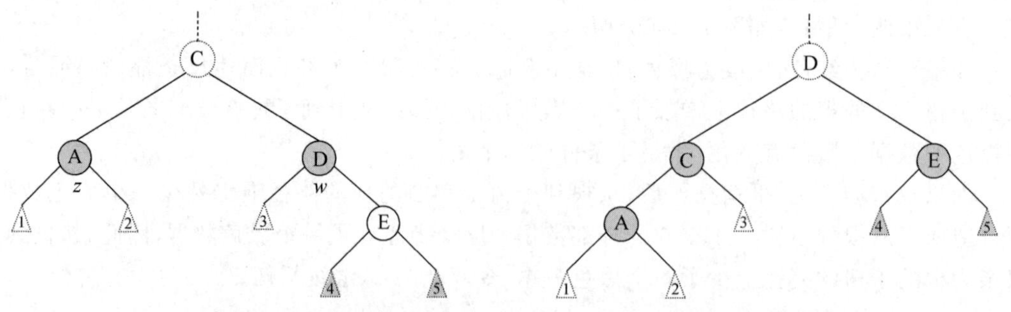

(d) 规则4：兄弟w为黑色，外侧侄子E为红色，旋转w，改颜色，平衡结束

图 7.26　删除操作后的平衡规则

(3) 外侧侄子为红色。

内侧侄子 E 为红色,旋转 D,将 D 的颜色改为 C 的颜色,C 的颜色改为黑色。平衡操作后,从根到子树 1 和 2 的根的路径上增加了一个黑色数据,同时,从根到子树 3、4、5、6 的根的路径上黑色的数据个数与操作前没有变化,满足了条件(3),平衡结束,如图 7.26(d)所示。

另一组需要平衡的情形是 z 位于双亲的右子树,与上述处理过程为对称关系,平衡过程相似。

7.6.2 自顶向下的平衡操作

红黑树除了在 put 和 remove 增加自底向上的平衡操作外,还可以在 put 和 remove 的查找插入位置或删除数据的阶段调整红黑树的结构,使后续的插入或删除操作不再需要复杂的平衡操作。

1. 插入数据前的平衡操作

在插入操作的查找阶段,假设数据 x 是正与给定关键字 k 比较大小的数据。当 k 与 x 的关键字不相等而需要继续与 x 的孩子比较时,如果 x 为黑色,并且 x 的两个孩子均为红色,则将 x 改为红色,两个孩子都改为黑色,如图 7.27 所示。

如果 x 的双亲为红色,则 x 的叔父一定为黑色。因为双亲为红色,则 x 的祖父必为黑色,如图 7.28 所示,P 是双亲,U 是叔父,G 是祖父,查找过程是从 G 经过 P 走到了 x,如果叔父是红色,则处理祖父时将应用上述规则,使得双亲和叔父均为黑色,但双亲为红色,显然没有运用该规则,所以,叔父一定为黑色。

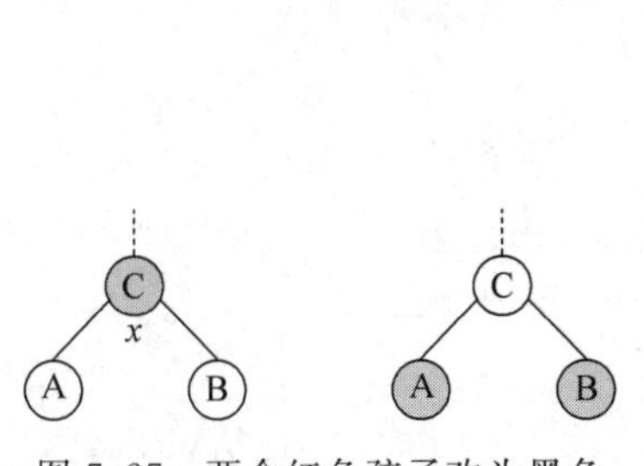

图 7.27 两个红色孩子改为黑色

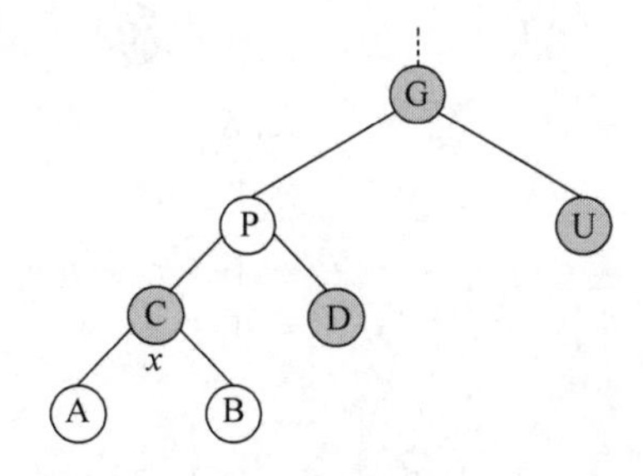

图 7.28 双亲为红色,叔父为黑色

将 x 由黑色改为红色前,如果双亲为红色,则首先应用 7.6.1 节的插入平衡规则 2~3 [见图 7.24(c)~(d)]使双亲为黑色,然后,更改 x 的颜色,不会违反条件(2)。

查找阶段结束后,x 是新加入数据的双亲,将新数据插入二叉搜索树。如果 x 为黑色,则插入操作结束。如果 x 为红色,则新数据的叔父肯定为黑色,应用 7.6.1 节的插入平衡规则 2~3 后,x 变为黑色,满足了条件(2)。

最后,如果根的颜色在查找过程中被改为红色,则将其重新设置为黑色。

2. 删除数据前的平衡操作

删除操作开始时,如果根的孩子都为黑色,则将根更改为红色,以保证数据是黑色时,双亲为红色的前提条件。

在删除操作的查找阶段,比较关键字 k 与数据 x 的关键字,如果二者相等,则查找过程结束,x 就是要删除的数据。否则,与 x 的孩子比较之前,如果 x 为黑色,则将 x 改为红色,需遵循以下规则：

(1) x 的两个孩子都为黑色。

规则(1)有 3 种情形，如图 7.29 所示，图中，P 是 x 的双亲，B 是 x 的兄弟。

① 如果侄子均为黑色，则置 P 为黑色，A 和 B 为红色，如图 7.29(a)所示，子树 3 和 4 的根为侄子。

② 如果外侧侄子为红色，则旋转 B，置 P 为黑色，A 和 B 为红色，B 的右孩子为黑色，如图 7.29(b)所示，子树 4 的根是右侄子。

③ 如果内侧侄子 C 为红色，则将 C 旋转两次，置 P 为黑色，A 为红色，如图 7.29(c)所示。

可以验证，以上操作没有违反条件(2)和(3)。

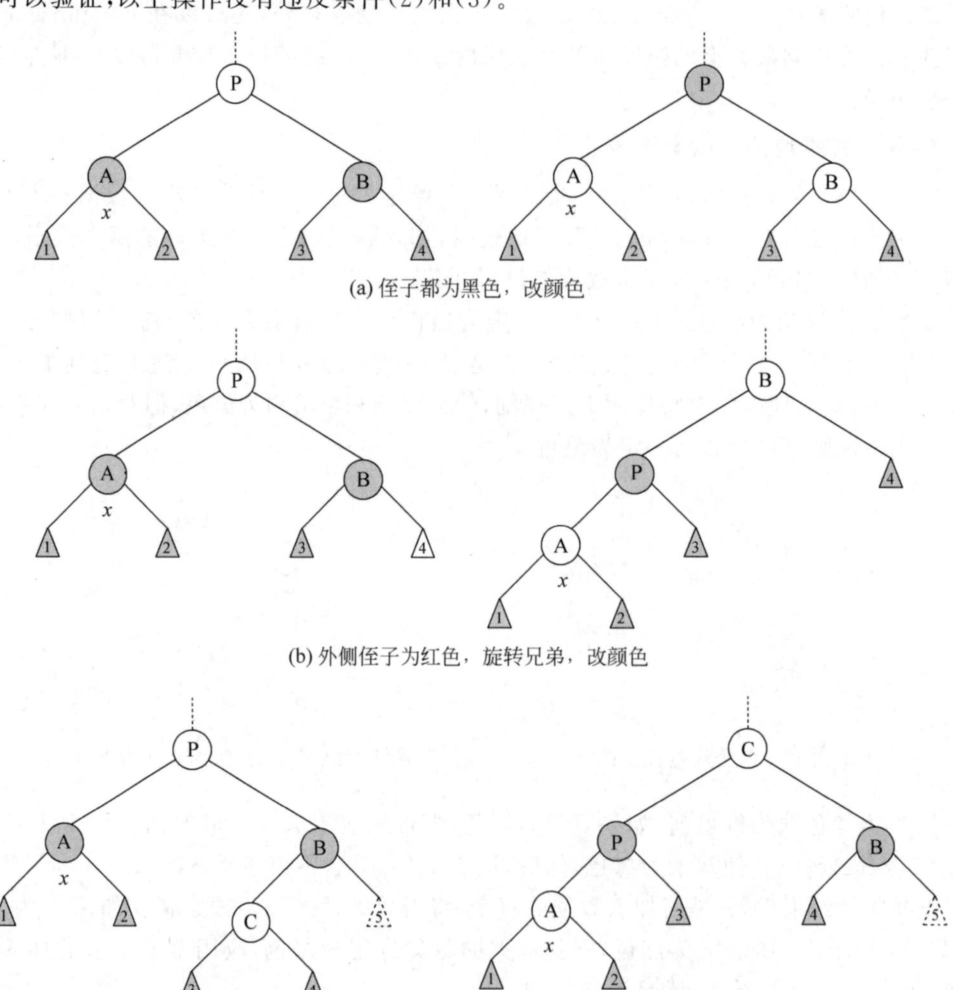

图 7.29 规则(1)：x 的两个孩子均为黑色

(2) x 至少有一个孩子为红色。

假设 x 的左孩子 B 为红色，如图 7.30 所示，图中没有画出 C 的子树。此时，暂时不更改 x 的颜色，继续比较关键字 k 与 x 的孩子的关键字是否相等，如果参与比较的孩子是红色的 B，则不需要进行平衡操作。如果参与比较的孩子是黑色的 C，则旋转 B，置 B 为黑色，A 为红色，以保证 x 是黑色时，双亲为红色的前提条件。

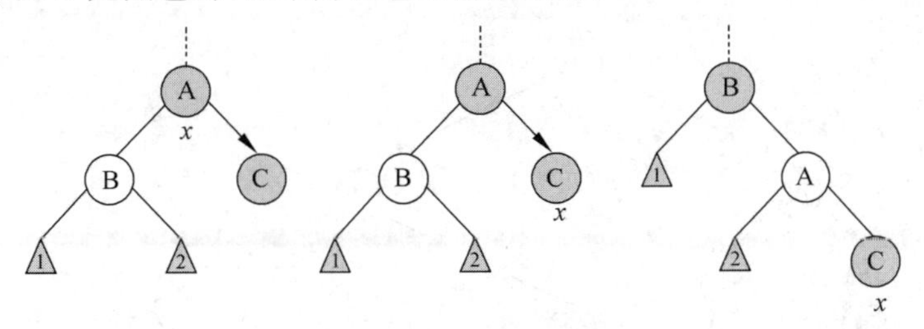

图 7.30 规则(2)：x 的某个孩子为红色

当最终确定 x 是被删除的数据时，根据 7.4.1 节对删除操作的分析，x 要么是叶子，要么只有一个孩子。有以下几种情形：

① 如果 x 是红色，则将它删除，不会违反条件(3)。

② 如果 x 是黑色，并且是叶子，则其两个孩子(外部数据)为黑色，使用规则(1)，将 x 变为红色，然后将它删除，不会违反条件(3)。请注意，规则(1)的 3 种情形都保证应用规则后，x 的孩子仍为应用规则前的孩子，即 x 仍然是叶子。

③ 如果 x 是黑色，并且唯一的孩子为黑色，另一个孩子肯定为外部数据(黑色)，处理方式同(2)。

④ 如果 x 是黑色，并且唯一的孩子为红色，则删除 x，并将孩子改为黑色，不会违反条件(3)。

删除操作最后一步设置根为黑色。

例 7.4 从图 7.31(a)删除关键字等于 80 的数据。

首先从根开始，根为黑色，有红色的孩子，暂不改变 40 的颜色，继续向下与 60 比较，如图 7.31(a)所示。60 为黑色，双亲也是黑色，应用规则(2)，旋转 20，改变 20 和 40 的颜色，如图 7.31(b)所示。60 的两个孩子都是黑色，应用图 7.29(b)所示规则(1)，旋转 30，改变 25、30、40 和 60 的颜色，继续向下与 80 比较，如图 7.31(c)所示。80 是要删除的数据，颜色为黑色，其两个孩子(外部数据)为黑色，应用图 7.29(c)所示规则(1)，将 55 旋转两次，改变 50、55 和 80 的颜色，如图 7.31(d)所示。最后删除 80，因其为红色，不会违反条件(3)。

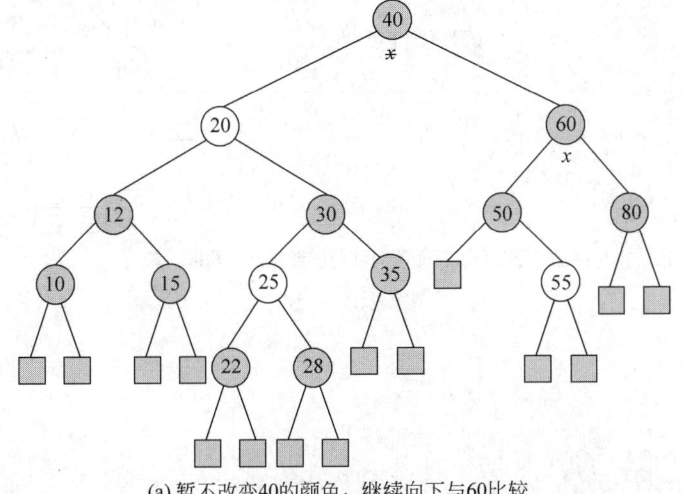

(a) 暂不改变40的颜色，继续向下与60比较

图 7.31 自顶向下删除的示例

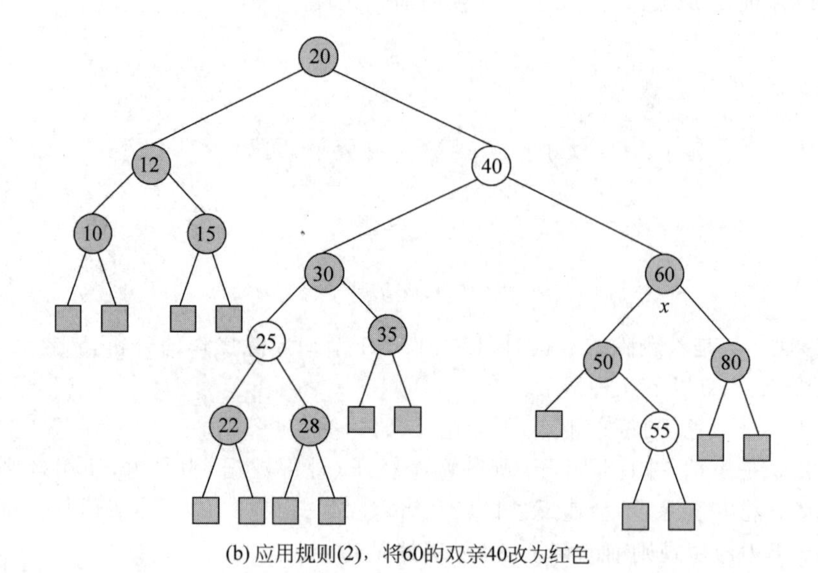

(b) 应用规则(2)，将60的双亲40改为红色

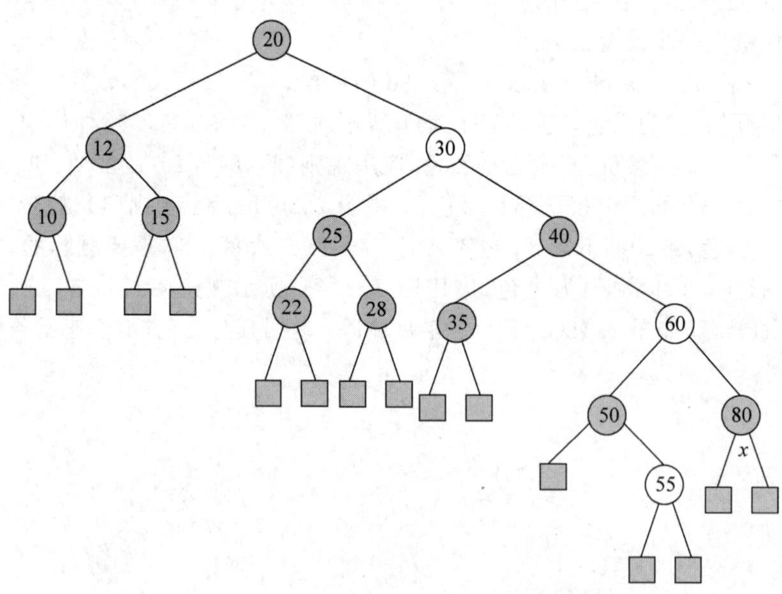

(c) 应用规则(1)，将60改为红色，继续向下与80比较

图 7.31 （续）

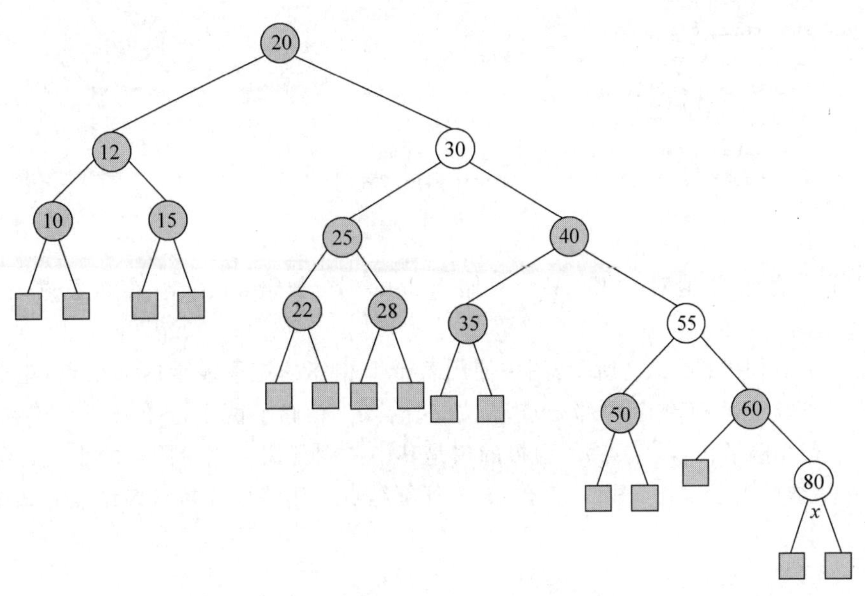

(d) 应用规则(1)，将80改为红色

图 7.31 (续)

理论上可以证明,红黑树的最长路径的长度是最短路径长度的 2 倍。从图 7.31 可知,从根到外部数据的最短路径长度为 3,例如,20-12-10-外部数据,路径上全部为黑色的数据。从根到外部数据的最长路径长度为 6,例如,20-30-40-55-60-80-外部数据,路径上数据的颜色呈红黑相间的形态。最长路径的长度为最短路径长度的 2 倍。

由于红黑树的实现比 AVL 树简单,特别是红黑树的插入和删除操作可以采用自顶向下的平衡方式,因此,目前红黑树已经取代了 AVL 树,成为主流的平衡二叉搜索树。

7.7 B 树

如果数据众多,无论怎样平衡,二叉搜索树最终都会长得很高,put 等操作将花费很长时间,常用的解决方案是使用 B 树。

m 阶的 B 树是 m 叉的平衡搜索树,它满足以下约束条件:

(1) 每个结点最多有 m 棵子树。

(2) 根结点最少有两棵子树,其他的内部结点最少有$\lceil m/2 \rceil$棵子树。

(3) 如果结点有 $i+1$ 棵子树,则结点存储了 i 个键-值对。

(4) 所有外部结点处于同一层。

B 树的内部结点的结构如下:

$$C_0,<K_0,V_0>,C_1,<K_1,V_1>,\cdots,C_{i-1},<K_{i-1},V_{i-1}>,C_i$$

其中,$<K_j,V_j>$是键-值对,并且有 $K_0<K_1<\cdots<K_{i-1}$。C_j 是子树,并且子树 C_j 的所有关键字大于 K_{j-1},小于或等于 K_j,$1\leqslant j\leqslant i-1$,子树 C_0 的所有关键字小于或等于 K_0,子树 C_i 的所有关键字大于 K_{i-1}。

一种可行的 Node 类的声明如下:

```
1   private static class Node<T> {
2       Object[] data;
3       Node<T>[] subtrees;
4       public Node( int m) {
5           data = new Objec[m - 1];
6           subtrees = (Node<T>[]) new Node<?>[m];
7       }
8   }
```

数组 data 存储键-值对，$<K_i, V_i>$存储于 data[i]。数组 subtrees 存储子树，C_i 存储于 subtrees[i]。

一棵 3 阶 B 树如图 7.32 所示，图中使用若干个相邻的矩形表示内部结点，矩形内的数字为关键字，图 7.32 有 9 个内部结点，例如，结点 c_0 存储了两个键-值对，关键字为 17 和 29，结点 c_0 有 3 棵子树，以结点 c_1 为根的树是其中一棵子树。用带阴影的小正方形表示外部结点，外部结点表示空树，图 7.32 有 18 个外部结点。用线段连接双亲结点和孩子结点。

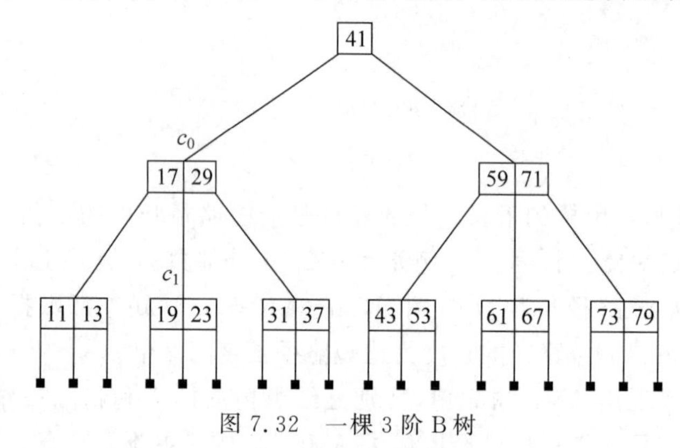

图 7.32　一棵 3 阶 B 树

1. B 树的深度

用 h 表示 B 树的深度(不包括外部结点所在层)。存储了 n 个键-值对的 B 树，如果每个结点都有 m 棵子树，则 B 树处于满状态，B 树的深度最小。如果根只有两棵子树，其他结点都有$\lceil m/2 \rceil$棵子树，则 B 树处于半满状态，B 树的深度最大。

当 B 树处于满状态时，深度为 h 的 B 树有 $m^{h-1}-1$ 个结点，每个结点存储了 $m-1$ 个键-值对，所以这棵 B 树最多存储 $m^h-m^{h-1}-m+1$ 个键-值对，有以下不等式：

$$n \leqslant m^h$$

$$h \geqslant \log_m^n$$

当 B 树处于半满状态时，令 $d=\lceil m/2 \rceil$，深度为 h 的 B 树有 $2d^{h-1}-1$ 个结点，根存储了一个键-值对，其他结点存储了 $d-1$ 个键-值对，所以这棵 B 树最多存储 $2d^h-2d^{h-1}-2d+3$ 个键-值对，有以下不等式：

$$n \geqslant 2d^h$$

$$h \leqslant \log_d^{n/2}$$

综合以上分析，B 树的深度处于 $\log_d^{n/2}$ 和 $\log_m^n$ 之间。

2. 查找

因为 B 树是 m 叉搜索树，给定关键字 k，在 B 树查找与 k 相等的键-值对的过程与二叉搜索树的查找过程相似。

查找从根开始，在内部结点采用顺序查找或折半查找，要么找到与 k 相等的关键字，查找成功；要么找到了某个整数 i，满足条件 $K_{i-1}<k<K_i$，然后继续在子树 C_i 查找；要么到达了某个外部结点，查找失败。

例如，在图 7.32 的 B 树查找关键字 23。因为 23 小于 41，所以继续在子树 c_0 查找，因为 23 大于 17 且小于 29，所以继续在子树 c_1 查找，查找成功。

3. 插入

键-值对总是被插入最底层的内部结点 x，并保证关键字有序。插入后，如果结点 x 的键-值对个数小于 m，则插入操作结束。否则，“分裂”结点 x，即生成新结点 y，将结点 x 一半的键-值对转移到结点 y，将中间的键-值对和以结点 y 为根的子树插入结点 x 的双亲结点 z。如果结点 z 的子树个数小于或等于 m，则插入操作结束，否则，“分裂”结点 z，生成新结点 w，将 $m+1$ 棵子树在结点 z 和结点 w 均匀分布，然后将中间的键-值对和以结点 w 为根的子树插入结点 z 的双亲结点，重复该过程。如果根结点发生了分裂，就生成新的根结点 r，r 有两棵子树，两棵子树的根结点分别为原根结点以及从它分离出来的结点。

例 7.5　向一棵空的 5 阶 B 树插入键-值对，插入的键-值对（为了清晰起见，只给出了关键字）依次为 11、13、17、19、23、29、31、37、41、43、53、59、61、67、71、73、79、25。

5 阶 B 树的内部结点最多有 5 棵子树，4 个键-值对；最少有 3 棵子树，两个键-值对。初始时，B 树只有根结点，根结点没有任何数据。

插入 4 个键-值对后，如图 7.33(a)所示。继续插入 23，此时，根结点的键-值对个数超出了范围，“分裂”根结点，前两个键-值对留在根结点，后两个键-值对转移到新结点，因为发生分裂的结点是根结点，生成新的根结点，中间的键-值对存入新的根结点，新的根结点的两棵子树的根结点分别为旧根结点和新结点，如图 7.33(b)所示。继续插入键-值对，结点不断“分裂”，插入 73 后，如图 7.33(c)所示。继续插入 79，79 应该插入右下角的结点，该结点有 4 个键-值对，处于满状态。插入 79 后，61 和 67 留在原结点，73 和 79 存入新结点，中间的键-值对 71 和以新结点为根的子树插入根结点，根结点处于满状态，发生“分裂”，生成新根。继续插入 25，最终结果如图 7.33(d)所示。

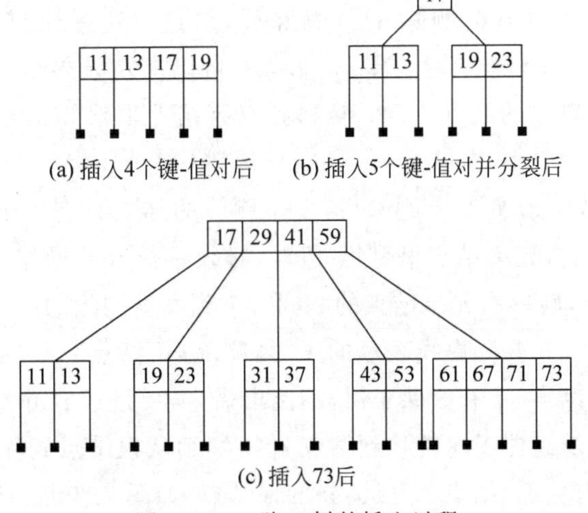

(a) 插入4个键-值对后　(b) 插入5个键-值对并分裂后

(c) 插入73后

图 7.33　5 阶 B 树的插入过程

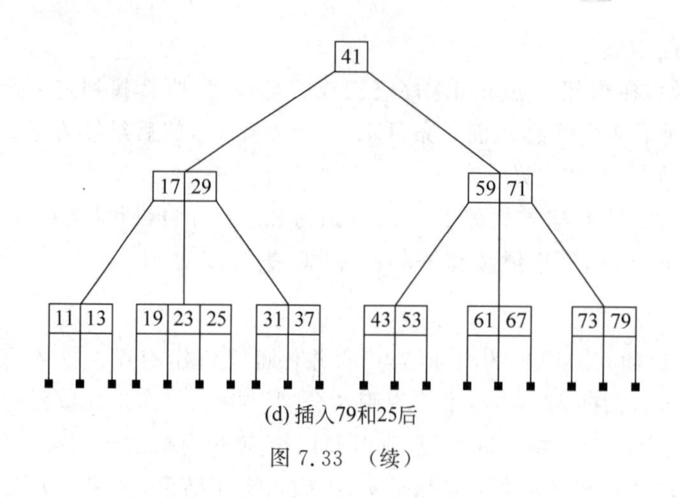

(d) 插入79和25后

图 7.33 （续）

4. 删除

从B树删除键-值对，键-值对可能在最底层的内部结点，也可能在其他层的内部结点。如果删除后，结点的关键字个数满足最低要求，则删除操作结束。否则，要么从左、右兄弟结点借键-值对，要么和左、右兄弟结点合并成一个结点，合并操作要从双亲结点删除键-值对和子树，可能导致双亲结点的键-值对个数也不满足最低要求，使得持续发生合并操作，可能直至根结点。

1）删除操作发生在非最底层的内部结点

通过使用左子树的关键字最大的键-值对，或右子树的关键字最小的键-值对替换被删除的键-值对后，转换为从最底层的内部结点删除键-值对的情形。

例 7.6 从图 7.33 的B树删除 29，使用 29 的左子树的 25，或右子树的 31 替换 29，然后从最底层的内部结点删除 25 或 31；删除 41，使用 41 的左子树的 37，或右子树的 43 替换 41，然后从最底层的内部结点删除 37 或 43。

2）删除操作发生在最底层的内部结点

例 7.7 从图 7.33 的B树删除 23。删除后，有两个数据满足最低要求，删除操作结束。

例 7.8 从图 7.33 的B树删除 31。删除后，结点只有一个键-值对，不满足最低要求，但其左兄弟结点有 3 个键-值对：19、23 和 25，可以从左兄弟结点借键-值对，即将双亲结点的 29 转移到发生删除的结点，将 25 转移到双亲结点顶替 29，删除结束，如图 7.34(a)所示。

从图 7.34(a)的B树删除 23。删除后，发生删除的结点只有一个键-值对，不满足最低要求，而且也不能从左、右兄弟结点借到键-值对，必须进行合并操作，假设和右兄弟结点合并，复制双亲结点的 25，转移右兄弟结点的 29 和 37 到发生删除的结点，如图 7.34(b)所示。然后，删除双亲结点 c_0 的 25 和虚线表示的子树，删除后，结点 c_0 只有两棵子树，不满足最低要求，其唯一的兄弟结点 c_1 有 3 棵子树，不能出借，需要进行合并操作。将根结点的 41、结点 c_1 的 59 和 71 以及 3 棵子树转移到结点 c_0。继续从根结点删除 41 和以 c_1 为根的子树，删除后，根结点没有数据，结点 c_0 成为新的根结点，如图 7.34(c)所示。

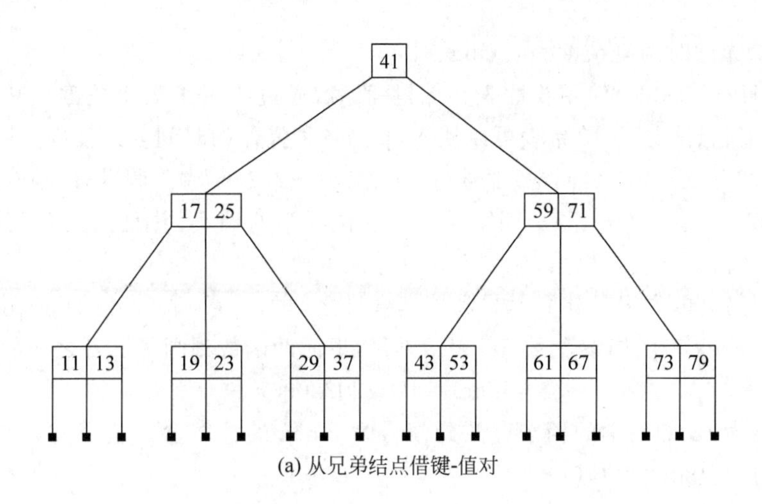

(a) 从兄弟结点借键-值对

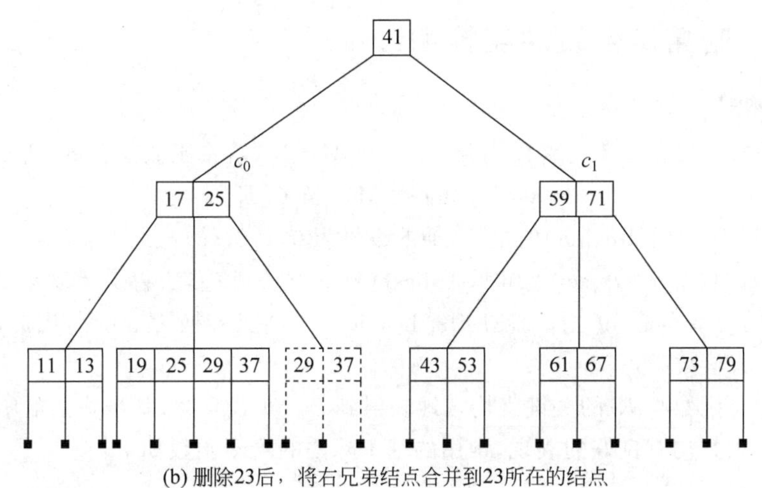

(b) 删除23后，将右兄弟结点合并到23所在的结点

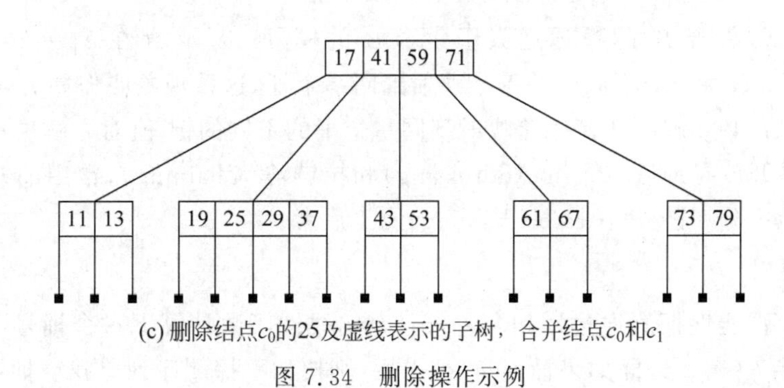

(c) 删除结点c_0的25及虚线表示的子树，合并结点c_0和c_1

图 7.34　删除操作示例

7.8　哈希表

前面讨论的各种实现抽象数据类型 Map 的数据结构(数组、二叉搜索树、B 树)，键-值对的存储位置是相对随机的，与关键字之间不存在确定的关系，因此查找与给定关键字相匹配的键-值对时，需要进行一系列的比较操作才能确定数据集合是否包含所需的键-值对，

Map 的各种操作的时间复杂度为 $O(\log n)$。

哈希表(Hash Table)使用线性表存储键-值对,通过哈希函数将关键字映射到键-值对的存储位置。理想情况下,哈希表可以使 Map 的各种操作的时间复杂度为 $O(1)$。

例如,2022 级有 6000 名同学,学号为 20220001～20226000。假设有 6000 个档案盒,档案盒的编号为 1,2,…,6000,每个档案盒存放一位同学的档案,并且档案盒只有编号,没有其他信息,要求按学号查找档案,应如何设计才能方便查找?

一种显而易见的方案是建立学号和档案盒号之间的关系,取学号的后 4 位作为存放档案的盒号,用 index 表示档案盒号,ID 表示学号,下面的函数刻画了二者之间的关系。

$$\text{index}=\text{ID}-20220000$$

即将学号为 ID 的同学的档案存放到编号为 index 的档案盒。这个方案使得根据学号查找档案的时间复杂度为 $O(1)$。

7.8.1 哈希函数及冲突检测

1. 哈希函数

设 K 为关键字集合,B 为整数集合 $\{0,1,\cdots,M-1\}$,哈希函数 h 为 K 到 B 的映射:

$$0 \leqslant h(k) < M, \quad k \in K$$

习惯上,称 B 为桶(Bucket)的集合,桶的编号为 $0,1,\cdots,M-1$。

Java 语言的类都从 Object 类继承了 hashCode 方法,该方法将对象映射为 int 型的整数。如果 K 的类型不是 int 型,则使用 hashCode 方法将其转换为 int 型,因此,在后续的讨论中,假设 K 为整数集合。

理想的哈希函数将 K 的关键字均匀地映射到 B。实践表明,基于除法的哈希函数和基于乘法的哈希函数均有良好的表现,常用的基于除法的哈希函数如下:

$$h(k)=k \ \% \ M$$

多数情况下,集合 K 的模远远大于集合 B 的模,所以,必存在 $k_1 \neq k_2$,但 $h(k_1)=h(k_2)$,即哈希函数将两个不同的关键字映射到同一个桶,这种现象叫作冲突(Collision)。

出现冲突后,必须解决如何存储映射到同一个桶的不同的键-值对。解决冲突的方法分为两类,分别是开放寻址法(Open Addressing)和拉链法(Chaining),常用的线性探测和二次探测属于前者,分离链(Separate Chaining)属于后者。

2. 线性探测

发生冲突后,线性探测通过形如 $y=ax+b$ 的线性函数计算下一个桶号。一种常用的线性函数为 $y=h(k)+i$,即如果桶 $h(k)$ 被占用,则按如下探测序列寻找空桶:

$$h(k)+1,h(k)+2,\cdots,h(k)+j,\cdots,0,\cdots,h(k)$$

由于是通过形如 $y=ax+b$ 的线性函数计算下一个桶号的,因此这种解决冲突的方法叫作线性探测。

例如,假设有 11 个桶,即 $M=11$,按照 19、1、23、14、55、68、11、82、36、10 的次序将键-值对存入桶,结果如图 7.35 所示。图中下方的数字为桶号,上方的数字为探测次数。

插入 19 时,$h(19)=19 \ \% \ 11=8$,8 号桶为空,19 存入 8 号桶,探测次数为 1。插入 23 时,应该存入 1 号桶,但是 1 号桶被占用,计算下一个桶号,$h(23)+1=2$,2 号桶为空,23 存

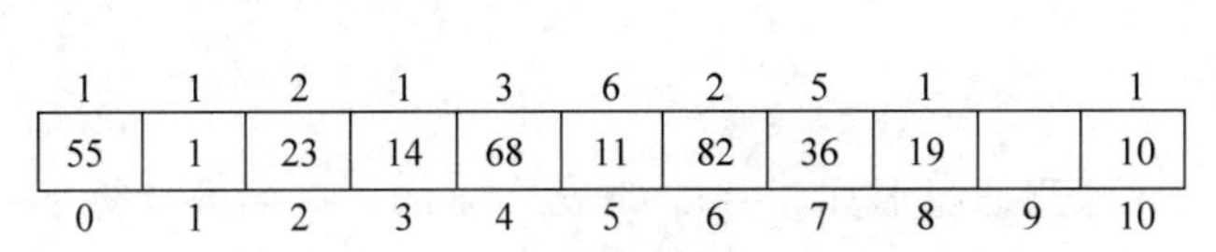

图 7.35　线性探测的插入结果

入 2 号桶，探测次数为 2。

查找过程同插入过程。例如，查找 23，首先通过哈希函数得到桶号 1，但是 1 号桶存储的不是 23，计算下一个桶号，桶号为 2，2 号桶存储的是 23，查找成功。查找 8 时，通过哈希函数得到桶号 8，但是 8 号桶存储的是 19，计算下一个桶号，桶号为 9，9 号桶为空，查找失败。

删除操作不能直接将键-值对从哈希表删除，否则将造成查找过程出现错误。例如，删除 14 后，如果将 3 号桶设置为空桶，则找不到 68。

删除操作采用延迟删除的方式，为被删除的键-值对所在的桶设置一个特殊的标志，称为占位符，查找和插入过程将这样的桶视为被占用的桶。

哈希表的键-值对的数量超过阈值后，就增加桶的数量，建立一个更大的哈希表，将原有的键-值对插入新哈希表。

线性探测简单易行，如果有空桶，则线性探测一定可以找到一个空桶。但线性探测容易引发堆积(Piled Up)现象，当哈希表趋于满时，查找和插入操作需要更多的探测次数。

假设桶的占用情况如图 7.36 所示，图中带阴影的桶被占用，此时向哈希表存入键-值对，存入不同空桶的概率相差很大。例如，只有使 $h(k)=2$ 的键-值对才会被存入 2 号桶，而满足 $4\leqslant h(k)\leqslant 7$ 的键-值对都会被存入 7 号桶，存入 7 号桶的概率是存入 2 号桶的概率的 4 倍。而且，当 7 号桶存入键-值对后，当查找满足 $4\leqslant h(k)\leqslant 6$ 的键-值对时，探测次数由 4、3、2 增加到 7、6、5。这种使得多个被占用的连续区域形成了一个更大的连续区域的现象叫作堆积现象。堆积现象使得存入一个键-值对后，多个键-值对的探测次数陡然增加，造成哈希表的性能下降，因此又叫作主聚集(Primary Clustering)。

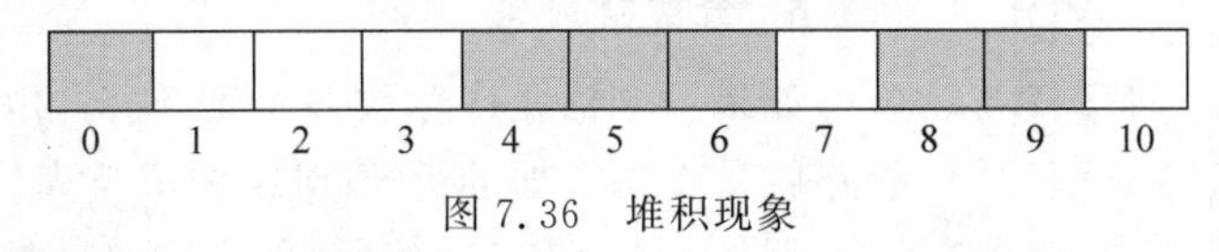

图 7.36　堆积现象

理论上可以证明，使用线性探测时，插入一个键-值对，平均探测次数为$[(1+1/(1-\alpha)^2]/2$。查找失败时，需要的平均探测数等于插入时需要的探测次数，因此：

$$C'=[1+1/(1-\alpha)^2]/2$$

查找成功时，平均探测数为：

$$C=[1+1/(1-\alpha)]/2$$

其中，$\alpha=N/M$，N 是哈希表键-值对的个数，α 叫作装载因子。

如果不考虑堆积现象，查找成功和查找失败时需要的平均探测数为：

$$C=-\ln(1-\alpha)/\alpha$$

$$C'=1/\alpha$$

根据上述公式，对于半满的表，即 $\alpha=0.5$，插入一个键-值对时，如果不考虑堆积现象，平均探测次数为 2 次，堆积现象使得平均探测次数为 2.5 次。如果 $\alpha=0.9$，则平均探测次数为 50 次。

3. 二次探测

发生冲突后，二次探测通过形如 $y=ax^2+bx+c$ 的二次函数计算下一个桶号。一种可行的二次探测采用函数 $y=h(k)+i^2$，即如果桶 $h(k)$ 被占用，则按如下探测序列寻找空桶：

$$h(k)+1^2, h(k)+2^2, \cdots, h(k)+i^2, \cdots, 0, \cdots, h(k)$$

例如，假设有 11 个桶，即 $M=11$，按照 19、1、23、14、55、68、11、82、36、10 的次序将键-值对存入桶，结果如图 7.37 所示。图中下方的数字为桶号，上方的数字为探测次数。

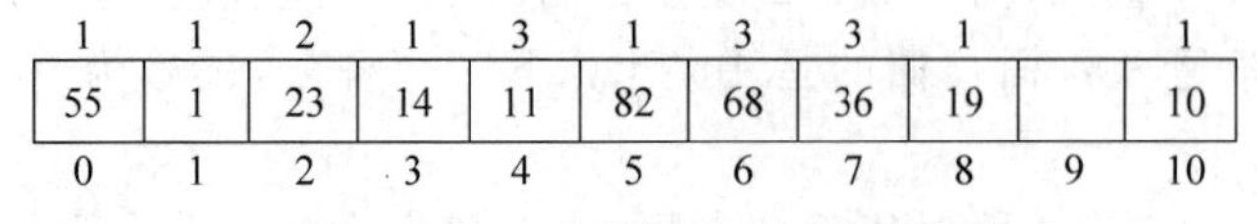

图 7.37 二次探测法的插入结果

插入 11 时，应该存入 0 号桶，但是 0 号桶已经被占用，计算下一个桶号，$h(11)+1^2=1$，1 号桶也被占用，继续计算下一个桶号，$h(11)+2^2=4$，4 号桶为空，11 就存入 4 号桶。

查找过程同插入过程。例如查找 68，首先通过哈希函数得到桶号 2，但是 2 号桶存储的不是 68，计算下一个桶号，桶号为 3，3 号桶存储的仍然不是 68，继续计算下一个桶号，桶号为 6，查找成功。

查找 1 号桶的数据时，例如查找 34，通过哈希函数得到桶号 1，但是 1 号桶存储的是 1，计算后续探测的桶号，依次为 2、5、10、6、4、4、6、10、5、2、1，探测的桶号不断重复，这些桶号只涉及部分桶号，查找陷入无限循环中。

理论上可以证明，采用函数 $y=h(k)+i^2$ 进行二次探测，当 M 为素数，$\alpha<1/2$ 时，二次探测总能为新插入的键-值对找到空桶，并且，在插入过程中没有一个桶被探测过 2 次。

二次探测不会造成严重的主聚集现象，但存在次聚集(Secondary Clustering)现象。次聚集是指由于被映射到同一个桶的键-值对会在相同的位置进行探测，使得查找这些键-值对时，探测次数增加。

4. 分离链

如果一个桶允许存放多个键-值对，解决冲突的另一种思路就是将每个桶的键-值对组织成链表。

例如，假设有 11 个桶，即 $M=11$，按照 19、1、23、14、55、68、11、82、36、10、21 的次序将键-值对存入桶内，结果如图 7.38 所示。

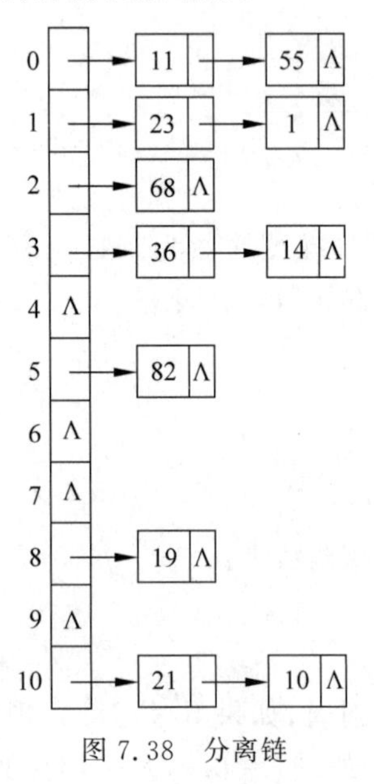

图 7.38 分离链

插入 55 时，$h(55)=0$，应存入 0 号桶，0 号桶尚无数据，将其作为链表的第一个结点。插入 11 时，$h(11)=0$，0 号桶已有数据，将其插入链表作为链表的第一个结点。

查找 55 时，在 0 号桶顺序搜索，探测 2 次就能找到 55。查找 66 时，在 0 号桶顺序搜索，探测 3 次就能确定哈希表不包含 66。

分离链通过哈希函数将 N 个键-值对划分到 M 个桶，属于分而治之策略。理想情况下，每个桶有 N/M 个键-值对，如果 M 很大，则每个桶的数据远远小于 N，从而降低了各类操作的时间复杂度。

理论上可以证明，查找成功的平均探测次数为：

$$C=1+\alpha/2$$

当$\alpha\geqslant 1$时，查找失败的平均探测次数为：

$$C'=\frac{\alpha(\alpha+3)}{2(\alpha+1)}$$

当$\alpha<1$时，查找失败的平均探测次数小于或等于α。

使用分离链处理冲突不会形成主聚集现象，但是存在次聚集现象。随着链表长度的增加，次聚集现象将降低哈希表的性能，此时可以通过为哈希表扩容加以解决。

7.8.2 基于分离链的哈希表的实现

1. Node 类

Node 类定义了链表的结点，字段 key 和 value 分别存储关键字和值，字段 hash 存储 key. hashCode()方法的返回值。

```
private static class Node< K, V > {
    private final int hash;
    private final K key;
    private V value;
    private Node< K, V > next;
    …
}
```

2. CHashtable 类

CHashtable 类是使用分离链实现的哈希表。字段 size 存储了哈希表的键-值对的个数，字段 loadFactor 是装载因子的上限，默认值为 0.75，字段 threshhold 是根据哈希表的容量和装载因子上限计算出的阈值，如果哈希表的键-值对个数超过了阈值，则需要扩大哈希表并重构。数组 table 的数组元素作为哈希表的桶，数组元素引用了链表的第一个结点。

```
public class CHashtable< K, V > implements IMap< K, V > {
    private int size;
    private float loadFactor;
    private int threshold;
    private Node<?, ?>[ ] table;
    …
}
```

3. 哈希函数

CHashtable 类实现的哈希表使用基于除法的哈希函数。首先调用 hashCode 方法将关键字转换为 int 型的整数，由于 Java 的 int 类型采用 32 位补码，经过按位与运算：hash & 0x7FFFFFFF 后，保证运算结果是正整数。最后，通过求余运算得到桶号。代码如下：

```
int hash = key.hashCode();
int index = (hash & 0x7FFFFFFF) % table.length;
```

4. put 方法

示例代码如下：

```
1  public V put(K key, V value) {
2      Objects.requireNonNull(key);
3      Objects.requireNonNull(value);
4      int hash = key.hashCode();
5      int index = (hash & 0x7FFFFFFF) % table.length;
6      Node<K, V> m, n;
7      m = n = (Node<K, V>) table[index];
8      for (; n != null; n = n.next) {
9          if ((n.hash == hash) && n.key.equals(key)) {
10             V old = n.value;
11             n.value = value;
12             return old;
13         }
14     }
15     table[index] = new Node<>(hash, key, value, m);
16     if (++size >= threshold)
17         rehash();
18     return null;
19 }
```

代码第 4、5 行计算哈希函数得到桶号 index，第 7 行获取桶内链表的第一个结点。

第 8～14 行遍历链表，测试结点存储的关键字是否等于给定的关键字 key。因为必须使用 equals 方法比较两个关键字是否相等，equals 方法的代价可能很高。因此，设计 Node 类时使用字段 hash 存储关键字的 hashCode()值，如果 x ≠ y，则绝大多数情况下，x.hashCode() ≠ y.hashCode()。第 9 行首先测试 n.hash == hash，如果没有通过测试，则两个关键字肯定不相等，运算符 && 的熔断机制避免了调用 equals 方法。如果 hashCode 值相等，再调用 equals 方法做进一步的测试。如果结点的关键字等于 key，则表明桶内已经存储了待加入的键-值对，第 11 行更新 value，第 12 行返回修改前的 value，表明 put 方法做了更新操作。

如果没有任何结点的关键字等于 key，则执行第 15 行的语句，将待加入的键-值对存入新结点，并将新结点作为链表的第一个结点插入链表。第 16 行判断哈希表的键-值对个数是否超过了阈值，如果超过，则第 17 行调用 rehash 方法重构哈希表。第 19 行返回 null 表明已经将键-值对存入了哈希表。

5. rehash 方法

示例代码如下：

```
1  private void rehash() {
2      int oldCapacity = table.length;
3      Node<?, ?>[] oldTable = table;
4      int newCapacity = (oldCapacity << 1);
5      if (newCapacity - MAX_ARRAY_SIZE > 0) {
6          if (oldCapacity == MAX_ARRAY_SIZE)
7              return;
8          newCapacity = MAX_ARRAY_SIZE;
9      }
```

```
10        Node<?, ?>[] newTable = new Node<?, ?>[newCapacity];
11        threshold = (int) Math.min(newCapacity * loadFactor, MAX_ARRAY_SIZE);
12        table = newTable;
13        for (int i = oldCapacity; i-- > 0;) {
14            for (Node<K, V> old = (Node<K, V>) oldTable[i]; old != null;) {
15                Node<K, V> n = old;
16                old = old.next;
17                int index = (n.hash & 0x7FFFFFFF) % newCapacity;
18                n.next = (Node<K, V>) newTable[indcx];
19                newTable[index] = n;
20            }
21        }
22    }
```

代码第 4 行设置新哈希表的容量为原哈希表容量的 2 倍,这个容量不能超过阈值 MAX_ARRAY_SIZE(第 5～9 行)。第 13 行的 for 语句遍历桶,第 14 行的 for 语句遍历桶内的链表,第 17 行计算键-值对在新哈希表的桶号,第 18、19 行将结点插入链表,作为链表的第一个结点。

其他方法的代码请见本书配套资源中的 project。

小结

查找是计算机领域的一个经典问题。人们提出了很多用于查找的算法,多数算法使用比较操作找到与给定关键字相等的键-值对。对于静态数据集,使用数组描述,对于动态数据集,使用链式描述。

二叉搜索树的深度是影响时间复杂度的主要因素。AVL 树和红黑树通过在插入和删除操作中增加平衡操作的方式,使得二叉搜索树的形态近似为完全二叉树。

B 树将二叉搜索树扩展为 m 叉搜索树,以便适应更大的数据集。B 树的变体 B^+ 树在数据库领域有很重要的地位。

哈希表通过哈希函数建立关键字和键-值对存储位置的对应关系。哈希表必须解决冲突问题,如果采用线性探测,在哈希表一半以上的桶为空时,平均需要 2.5 次探测,就能向哈希表存入一个键-值对。但随着键-值对的增加,需要的探测次数也随之增加,这时就需要扩大哈希表的容量。对于多数应用,取装载因子为 0.75 能较好地平衡时间复杂度和空间复杂度。

Java 类库的 Arrays 类的 binarySearch 方法实现了折半查找,如果查找失败,则方法的返回值是-insertPoint-1,insertPoint 是第一个大于待查找关键字的数组元素的下标。

Hashtable 类是早期 Java 平台的哈希表实现,它使用分离链解决冲突问题。Java 推荐使用的哈希表由 HashMap 类实现,它同样采用分离链解决冲突问题,但桶的构成是链表或红黑树,取决于桶内键-值对的数量。如果需要线程安全,则建议使用 ConcurrentHashMap 类。

LinkedHashMap 类在 HashMap 类的基础上增加了一个双向链表,所有键-值对除了加入各自的分离链外,还按照插入次序或读取次序加入这个双向链表,迭代器按照从双向链表的表头到表尾的次序返回遍历结果。

TreeMap 类是使用红黑树实现的二叉搜索树,迭代器按照关键字的大小次序返回遍历结果。

习题

1. 选择题

(1) 折半查找过程所对应的判定树是(　　)。

A. 任意二叉树　　B. 平衡二叉树　　C. 完全二叉树　　D. 满二叉树

(2) 折半查找和二叉搜索树的时间性能(　　)。

A. 相同　　B. 有时不相同　　C. 完全不同　　D. 无法比较

(3) 由 n 个数据组成两个表：一个递增有序，另一个无序。采用顺序查找算法对有序表从头开始查找，如果发现当前元素已不小于待查元素，则停止查找，确定查找不成功。假设查找任一元素的概率是相同的，则在两种表成功查找(　　)。

A. 平均时间后者小　　B. 平均时间两者相同

C. 平均时间前者小　　D. 无法确定

(4) 对长度为 n 的有序单向链表，若查找每个元素的概率相等，则顺序查找任一元素，查找成功的平均查找长度为(　　)。

A. $n/2$　　B. $(n+1)/2$　　C. $(n-1)/2$　　D. $n/4$

(5) 下列关于哈希表的说法正确的是(　　)。

Ⅰ. 若哈希表的填装因子 $\alpha<1$，则可避免冲突的产生

Ⅱ. 在哈希表查找中不需要任何关键字比较

Ⅲ. 哈希表在查找成功时平均查找长度与表长有关

Ⅳ. 若在哈希表中删除一个数据，不能简单地将该数据删除

A. Ⅰ和Ⅳ　　B. Ⅱ和Ⅲ　　C. Ⅲ　　D. Ⅳ

(6) 为提高哈希表的查找效率，可以采用的正确措施是(　　)。

Ⅰ. 增大装填(载)因子

Ⅱ. 设计冲突(碰撞)少的哈希函数

Ⅲ. 处理冲突(碰撞)时避免产生聚集(堆积)现象

A. 仅Ⅰ　　B. 仅Ⅱ　　C. 仅Ⅰ、Ⅱ　　D. 仅Ⅱ、Ⅲ

(7) 现有长度为 7 且初始时为空的哈希表 HT，哈希函数为 $h(\text{key})=\text{key}\ \%\ 7$，采用线性探测解决冲突。将关键字 22,43,15 依次插入 HT 后，HT 查找成功的平均查找长度是(　　)。

A. 1.5　　B. 1.6　　C. 2　　D. 3

(8) 现有长度为 11 且初始时为空的哈希表 HT，哈希函数为 $h(\text{key})=\text{key}\ \%\ 7$，采用线性探测解决冲突。将关键字 87,40,30,6,11,22,98,20 依次插入 HT 后，HT 查找失败的平均查找长度是(　　)。

A. 4　　B. 5.25　　C. 6　　D. 6.29

(9) 按(　　)遍历二叉搜索树得到的序列是一个有序序列。

A. 先序　　B. 中序　　C. 后序　　D. 层次

(10) 对于下列关键字序列，不可能构成某二叉搜索树的一条查找路径的是(　　)。

A. 95,22,91,24,94,71　　B. 92,20,91,34,88,35

C. 21,89,77,29,36,38　　D. 12,25,71,68,33,34

(11) 对于二叉搜索树,下面的说法(　　)是正确的。

A. 二叉搜索树是动态树表,查找不成功后,插入新数据时会引起树的重新分裂和组合

B. 对二叉搜索树进行层次遍历可得到有序序列

C. 用逐点插入法构造二叉搜索树时,若先后插入的关键字有序,则树的深度最大

D. 在二叉搜索树中进行查找,关键字比较的次数不超过结点数的1/2

(12) 深度为5的AVL树至少有(　　)个数据。

A. 10　　B. 12　　C. 15　　D. 17

(13) 若AVL树的深度为6,且所有非叶子的平衡因子均为1,则该AVL树的数据个数为(　　)。

A. 12　　B. 20　　C. 32　　D. 33

(14) 若将关键字1,2,3,4,5,6,7依次插入初始为空的AVL树T,则T的平衡因子为0的数据个数是(　　)。

A. 0　　B. 1　　C. 2　　D. 3

(15) 在含有12个数据的AVL树上,查找关键字为35的数据(AVL树存在该数据),则依次比较的关键字序列可能是(　　)。

A. 46,36,18,20,28,35　　B. 47,37,18,27,36

C. 27,48,39,43,37　　D. 15,25,55,35

2. 填空题

(1) 折半查找要求数据________,存储方式采用________。

(2) 已知有序表为(12,18,24,35,47,50,62,83,90,115,134),用折半查找查找90时需要________次查找,查找47时需要________次查找,查找100时需要________次才能确定不成功。

(3) 在含有n个数据的有序顺序表进行折半查找,最大比较次数是________。

(4) 对于n个数据的用于折半查找的判定树,表示查找失败的外部数据有________个。

(5) 向含有n个数据的有序表插入新数据(保证插入后依然有序)的算法的时间复杂度为________。

(6) 在二叉搜索树上成功地找到一个数据,平均情况下的时间复杂度为________,最坏情况下的时间复杂度为________。

(7) 按________遍历二叉搜索树才能得到从大到小的有序序列。

(8) 在二叉搜索树中插入一个新数据,这个新数据总是________。

(9) 从二叉搜索树中删除一个数据,有________种情形需要处理。

(10) AVL树________是完全二叉树;完全二叉树________是AVL树。

(11) AVL树的某个数据的左、右孩子的平衡因子均为0,则这个数据的平衡因子为________。

(12) 在哈希表中,不同的关键字产生同一个哈希值的现象称为________。

(13) 已知n个关键字具有相同的哈希值,并且采用线性探测处理冲突,将这n个关键字插入初始为空的哈希表,共发生________次冲突。

(14) 将 10 个数据插入容量为 100 000 的哈希表,则________产生冲突。

(15) 各种查找方法中,平均查找长度与数据个数 n 无关的查找方法是________。

3. 应用题

(1) 给出依次插入 40,50,70,30,20,60,35,36,33 后的 AVL 树。

(2) 给出从第(1)题的 AVL 树依次删除 60,20,33 后的 AVL 树。

(3) 采用自底向上的平衡操作,给出依次插入 40,50,70,30,20,60,35,36,33 后的红黑树。

(4) 采用自底向上的平衡操作,给出从第(3)题的红黑树中依次删除 33,40,20 后的红黑树。

(5) 假设哈希表有 11 个桶,使用基于除法的哈希函数和线性探测处理冲突,给出依次插入 30,20,5,6,23,16 后的哈希表,要求标明每个键-值对的探测次数。

(6) 假设哈希表有 11 个桶,使用基于除法的哈希函数和二次探测处理冲突,给出依次插入 30,20,5,6,23,16 后的哈希表,要求标明每个键-值对的探测次数。

(7) 如果待查找数据允许出现重复的元素,则折半查找有以下变体:

A. 查找第一个值等于给定值的数据

B. 查找最后一个值等于给定值的数据

C. 查找第一个值大于或等于给定值的数据

D. 查找最后一个值小于或等于给定值的数据

实现以上折半查找。

(8) 设计并实现判断给定的二叉树是不是二叉搜索树的算法。

(9) 设计并实现判断给定的二叉树是不是 AVL 树的算法。

(10) 设计并实现从大到小输出给定二叉搜索树中所有关键字不小于 x 的数据的递归算法。

(11) 在二叉搜索树中,有些数据值可能是相同的,设计一个算法,实现按递增有序打印数据,要求相同的数据仅输出一个。

(12) 为二叉搜索树的结点增加字段 lsize,其值为左子树的结点数加 1。设计时间复杂度为 $O(\log n)$ 的算法,确定树中第 k 个结点的位置。

(13) 编写代码实现 AVL 树。

(14) 编写代码实现红黑树。

(15) 编写代码实现以线性探测解决冲突的哈希表。

第8章 优先级队列

本章学习目标

- 掌握优先级队列的概念和基于堆的实现
- 理解哈夫曼算法以及哈夫曼编码

优先级队列是指数据具有优先级或者说数据可以比较大小的队列，分为最小优先级队列和最大优先级队列。优先级队列和队列具有相同的操作，唯一的区别是最小(大)优先级队列的出队将优先级最小(大)的数据出队。许多算法需要使用优先级队列，例如，本章介绍的哈夫曼算法，以及第 10 章介绍的 Prim 算法和 Dijkstra 算法。

8.1 基本概念

第 5 章介绍的队列叫作 FIFO 队列，先入队的数据先出队，即不能“加塞”的队列。优先级队列(Priority Queue)出队的顺序由数据的优先级决定，与入队次序无关，即可以“加塞”的队列。例如，银行的排队系统，客户被划分为普通客户、企业客户和 VIP 客户，即使有很多普通用户在等候服务，如果有 VIP 用户到来，那么下一个获得服务的将是 VIP 用户。计算机硬件的中断系统为中断源赋予了不同的优先级，当有多个中断同时发生时，先响应优先级高的中断源产生的中断。

优先级队列是数据集合，数据有优先级，主要操作有入队(Offer)、出队(Poll)和探测(Peek)操作。最小优先级队列(Minimum Priority Queue)的探测和出队返回最小的数据。最大优先级队列(Maximum Priority Queue)的探测和出队返回最大的数据。若有相等的数据，则探测和出队可返回其中任意一个。

线性表可用于实现优先级队列，优点是实现简单，缺点是某些操作的时间复杂度为 $O(n)$。如果使用无序线性表，则根据实现方式，入队的数据可存放到表头或表尾，offer 操作所需的时间均为 $O(1)$。由于数据无序，因此，无论是数组描述还是链式描述，poll 和 peek 操作均需要使用顺序查找找到最大(小)的数据，所需的时间为 $O(n)$。如果使用有序线性表，poll 和 peek 操作所需的时间为 $O(1)$。但为了维护有序性，数组描述的 offer 操作需使用折半查找找到入队数据的存放位置，所需的时间为 $O(\log n)$。链式描述的 offer 操作需使用顺序查找找到入队数据的存放位置，所需的时间为 $O(n)$。

二叉平衡查找树也可用于实现优先级队列，出队和入队的时间复杂度都是 $O(\log n)$，但实现复杂，导致实际的速度较慢。

下一节介绍堆，堆是实现优先级队列的典型方法。其优点是实现简单，运行速度快；缺点是不能对优先级队列的合并和降低数据优先级等操作提供高效的解决方案。

8.2 堆

堆(Heap)是一个数据序列 $a_0, a_1, \cdots, a_{n-1}$，数据之间满足条件 8.1 或条件 8.2。满足条件 8.1 的堆叫作小顶堆，满足条件 8.2 的堆叫作大顶堆。

$$\begin{cases} a_i \leqslant a_{2i+1} \\ a_i \leqslant a_{2i+2} \end{cases} \quad 0 \leqslant i < \left\lfloor \frac{n}{2} \right\rfloor \tag{8.1}$$

$$\begin{cases} a_i \geqslant a_{2i+1} \\ a_i \geqslant a_{2i+2} \end{cases} \quad 0 \leqslant i < \left\lfloor \frac{n}{2} \right\rfloor \tag{8.2}$$

小顶堆和大顶堆具有对称性，下面针对大顶堆展开讨论。

根据大顶堆的定义，有 $a_0 \geqslant a_1$、$a_0 \geqslant a_2$、$a_1 \geqslant a_3$、$a_1 \geqslant a_4$、$a_2 \geqslant a_5$、$a_2 \geqslant a_6$ 等，a_0 是最大的数据。

大顶堆可视为满足以下条件的完全二叉树：

若数据有孩子，则数据既大于左孩子，又大于右孩子。　(8.3)

条件 8.3 是条件 8.2 的另一种表达形式，它使用了二叉树的术语。大顶堆 97,76,65,50,38,27,49,13 及对应的满足条件 8.3 的完全二叉树如图 8.1 所示，圆下方的数字是数据的编号，大顶堆的第 i 个数据是完全二叉树的第 i 个数据。

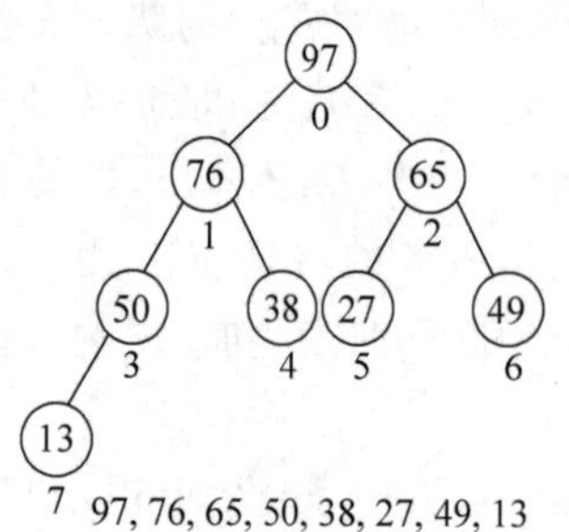

图 8.1　大顶堆与满足条件 8.3 的完全二叉树

插入和删除操作是大顶堆的主要操作，执行插入和删除操作后，数据序列仍然要满足条件 8.2。

1. 插入操作

假设插入操作前，完全二叉树有 k 个数据，插入操作的过程如下：

(1) 新数据的编号为 k，称编号为 k 的数据为当前数据。

(2) 如果当前数据没有双亲或小于双亲，则结束。否则，交换当前数据与双亲，令 k 等于双亲的编号。

(3) 重复第(2)步。

例如，向图 8.1 的大顶堆插入 98，操作过程如图 8.2 所示。图 8.2 下方的数据序列是堆，上方是堆对应的完全二叉树。在完全二叉树中用虚线连接需要交换的数据对，在堆中用粗体字表示这对数据。

新增数据 98 的编号为 8，如图 8.2(a)所示。50 是 98 的双亲，98 大于 50，交换 98 和 50 后，编号为 3 的数据是当前数据，如图 8.2(b)所示。76 是 98 的双亲，98 大于 76，交换 98 和 76 后，编号为 1 号的数据是当前数据，如图 8.2(c)所示。97 是 98 的双亲，98 大于 97，交换 98 和 97 后，编号为 0 的数据是当前数据，它是根，没有双亲，插入过程结束，如图 8.2(d)所示。

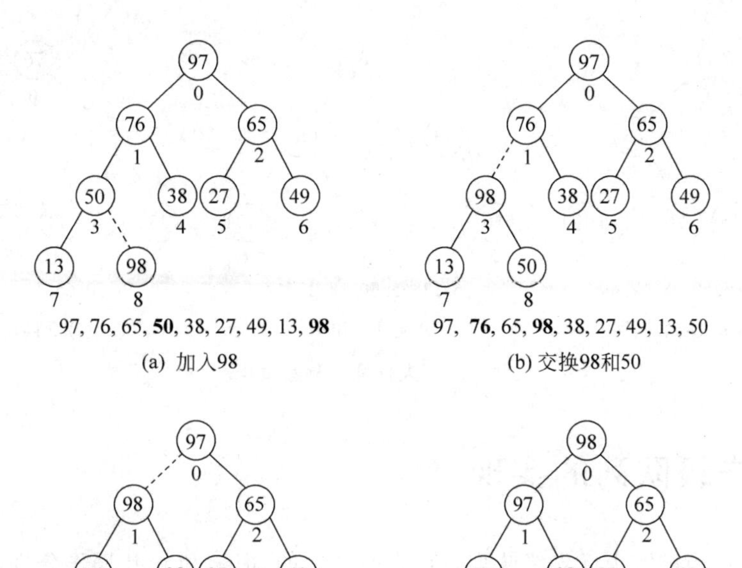

(a) 加入98　(b) 交换98和50

(c) 交换98和76　(d) 交换98和97

图 8.2　大顶堆的插入过程

插入操作自底向上进行比较、交换，因此，插入操作又叫作向上筛选操作(siftUp)。有 n 个数据的完全二叉树的高度为 $O(\log n)$，向上筛选操作的时间复杂度为 $O(\log n)$。

2. 删除操作

删除操作从大顶堆删除最大的数据，即 a_0。删除操作的步骤如下：

(1) 将编号最大的数据复制到根。

(2) 删除编号最大的数据。

(3) 令根为当前数据。

(4) 如果当前数据是叶子或当前数据既大于其左孩子又大于其右孩子，则结束。否则，假设左孩子和右孩子中较大的为 c，c 的编号为 k，则交换当前数据和 c，令编号为 k 的数据为当前数据。

(5) 重复第(4)步。

第(1)步使根的数据发生了变化，为了满足条件 8.3，需要重复第(4)步。

例如，删除如图 8.1 所示的大顶堆的 97 的过程如图 8.3 所示。

7 是最大的编号，将 13 复制到根，删除 13，如图 8.3(a)所示。13 为当前数据，它的左、右孩子分别是 76 和 65，其中较大的数据是 76，由于 13 小于 76，因此需交换 13 和 76，如图 8.3(a)所示。交换后，13 为当前数据，如图 8.3(b)所示。当前数据 13 的左、右孩子分别是 50 和 38，其中较大的数据是 50，由于 13 小于 50，因此需交换 13 和 50。交换后，13 是当前数据，它是叶子，删除过程结束，如图 8.3(c)所示。

删除操作自顶向下进行比较、交换，所以，删除操作又叫作向下筛选操作(siftDown)，所需的时间复杂度为 $O(\log n)$。

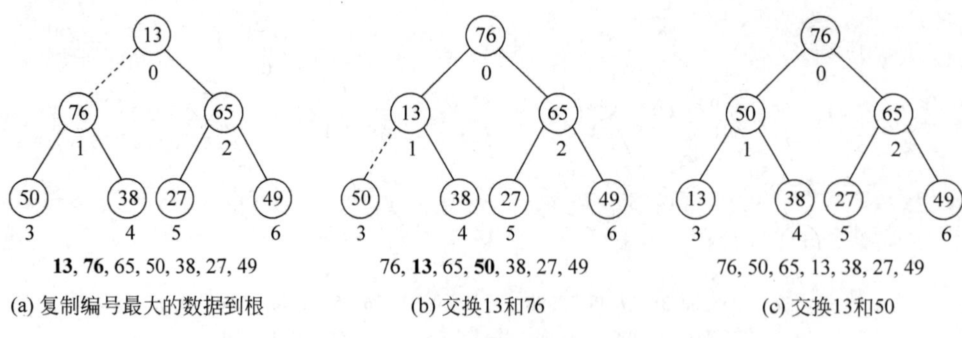

(a) 复制编号最大的数据到根　(b) 交换13和76　(c) 交换13和50

图 8.3　大顶堆的删除过程

8.3 优先级队列的实现

本节介绍使用堆实现优先级队列。优先级队列的 offer 和 poll 操作分别对应堆的插入和删除操作。

1. PriorityQueueMax 类

PriorityQueueMax 类是基于大顶堆实现的最大优先级队列。数组 elements 存储了优先级队列的数据，数组的下标是数据的编号，其中，elements[0]是最大数据。字段 size 记录了优先级队列的数据个数。

```
public class PriorityQueueMax<T> {
    private Object[] elements;
    private int size ;
    …
}
```

PriorityQueueMax 类的各方法维护了不变式：优先级队列为空队时各数组元素为 null。

2. 构造器

构造器构造了空队。

```
1   public PriorityQueueMax(int maxSize) {
2       elements = new Object[maxSize];
3   }
```

代码第 2 行创建数组，各数组元素为 null，size=0。

3. peek 方法

peek 方法返回最大的数据，即 elements[0]，如果优先级队列为空队，则返回 null。

```
1   public T peek() {
2       return (T) elements[0];
3   }
```

由于不变式的存在，因此代码第 2 行直接返回 elements[0]。

4. siftDown 方法

大顶堆的删除操作首先将二叉树编号最大的数据复制到根，然后删除编号最大的数据，此时根的左子树和右子树都满足条件 8.3，但整棵二叉树可能不满足条件 8.3，因此从根开始进行调整，使二叉树满足条件 8.3。

siftDown 方法在编号为 k 的数据的左子树和右子树均满足条件 8.3 的前提下，调整以 k 号数据为根的二叉树，使之满足条件 8.3，思路同大顶堆的删除操作。大顶堆的删除操作是 siftDown 方法的特例，即调整以编号为 0 的数据（根）为根的二叉树，使之满足条件 8.3。

```
1   private void siftDown(int k, T x) {
2       Comparable<? super T> key = (Comparable<? super T>) x;
3       int leaf = size >>> 1;
4       while (k < leaf) {
5           int child = (k << 1) + 1;
6           Object c = elements[child];
7           int right = child + 1;
8           if (right < size && ((Comparable<? super T>)c)
                .compareTo((T)elements[right])< 0)
9               c = elements[child = right];
10          if (key.compareTo((T) c) > 0)
11              break;
12          elements[k] = c;
13          k = child;
14      }
15      elements[k] = key;
16  }
```

代码第 3 行计算第一个叶子的编号，保存于变量 leaf，编号大于或等于 leaf 的数据都是叶子，叶子没有孩子，肯定满足条件 8.3，不需要调整。

代码第 4～14 行自顶向下依次调整编号为 k 号的数据、它的孩子、……，直到遇到叶子，令编号为 k 的数据为当前数据。其中第 5 行和第 7 行分别计算当前数据的左、右孩子的编号，第 6、8、9 行将左、右孩子中最大的数据保存于变量 c。第 10 行判断当前数据是否大于左、右孩子中最大的数据，如果条件成立，则以当前数据为根的二叉树满足条件 8.3，第 11 行结束调整。否则，交换当前数据和孩子，令交换后的孩子为当前数据：第 12 行复制孩子到当前数据，第 13 行使孩子成为当前数据。需要注意的是，因为当前数据可能继续变化，暂不执行 elements[child] ＝key，当其不再变化时，即退出 while 循环时，再将 key 保存到最终的位置(elements[k]＝key)，这样可以减少不必要的复制操作。

5. siftUp 方法

大顶堆的插入操作首先插入新数据，新数据肯定是叶子，然后自底向上持续调整从双亲到根的各数据，使以它们为根的二叉树满足条件 8.3。

siftUp 方法在二叉树满足条件 8.3 的前提下，更新编号为 k 的数据，而且更改后，以它为根的子树满足条件 8.3。siftUp 方法调整从编号为 k 的数据的双亲到根的各数据为根的子树，使之满足条件 8.3，从而使整棵二叉树满足条件 8.3，思路同大顶堆的插入操作。大顶堆的插入操作是 siftUp 方法的特例。

```
1   private void siftUp(int k, T x) {
2       Comparable<? super T> key = (Comparable<? super T>) x;
3       while (k > 0) {
4           int parent = (k - 1) >>> 1;
5           Object e = elements[parent];
```

```
6            if (key.compareTo((T) e) < 0)
7                break;
8            elements[k] = e;
9            k = parent;
10       }
11       elements[k] = key;
12   }
```

令编号为 k 的数据为当前数据。代码第 4 行计算双亲的编号，如果当前数据小于双亲，则以双亲为根的二叉树满足条件 8.3，第 7 行结束调整过程。否则，交换双亲和当前数据，第 8 行复制双亲到当前数据，第 9 行将双亲设置为当前数据。这里也像 siftDown 那样进行了优化，暂不复制当前数据到双亲。

6. poll 方法

poll 方法从优先级队列删除最大的数据，即 elements[0]，并返回 elements[0]，如果优先级队列为空队，则返回 null。

```
1   public T poll() {
2       T result;
3       if ((result = (T) elements[0]) != null) {
4           int s;
5           T x = (T) elements[s = --size];
6           elements[s] = null;
7           if (s != 0)
8               siftDown(0, x);
9       }
10      return result;
11  }
```

代码第 3 行取出最大的数据，如果为 null，则是空队。否则，第 5 行执行 size--，达到删除数据的目的，并得到数据的最大编号 s，将编号为 s 的数据保存到变量 x。第 6 行防止内存泄漏并维护不变式。第 7 行进行判断，如果删除后优先级队列的数据多于一个，则第 8 行将 x 复制到根，调用 siftDown 进行调整，以使二叉树满足条件 8.3。

7. offer 方法

offer 方法向优先级队列加入数据，如果数据加入了优先级队列，则返回 true，否则抛出异常。

```
1   public boolean offer(T e) {
2       if (e == null)
3           throw new NullPointerException();
4       int i = size;
5       if (i >= elements.length)
6           throw new IllegalStateException();
7       size = i + 1;
8       if (i == 0)
9           elements[0] = e;
10      else
11          siftUp(i, e);
12      return true;
13  }
```

代码第 5 行判断优先级队列的存储空间是否已经耗尽。第 4 行获取数据的最大编号 i，如果加入数据前队列是空队，则新加入的数据是唯一的数据，一定满足条件 8.3，第 9 行将数据存入优先级队列。否则，将 e 作为最大编号的数据，第 11 行调用 siftUp 进行调整以满足条件 8.3。

8.4 最优二叉树

最优二叉树又称为哈夫曼树，它是带权路径长度最短的二叉树，有着广泛的应用。

树的带权路径长度是树的所有叶子的权与根到叶子的路径长度乘积的和，记作：

$$\mathrm{WPL}=\sum_{k=1}^{n} w_k l_k$$

假设有 n 个权 $\{w_1, w_2, \cdots, w_n\}$，构造有 n 个叶子的二叉树，第 i 个叶子的权为 w_i，其中 WPL 最小的二叉树叫作最优二叉树。

例如，图 8.4 有两棵二叉树，均有 5 个叶子，权分别为 9、7、5、4、2，它们的带权路径长度分别为：

$$\mathrm{WPL_a}=7\times 2+5\times 2+2\times 3+4\times 3+9\times 2=60$$

$$\mathrm{WPL_b}=7\times 4+9\times 4+5\times 3+4\times 2+2\times 1=89$$

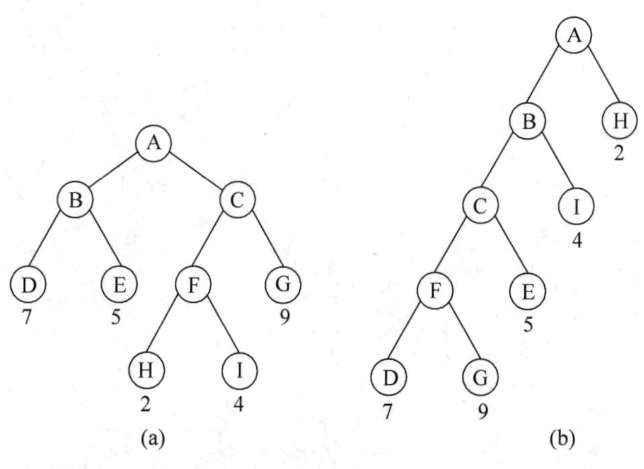

图 8.4 具有不同 WPL 的二叉树

理论上可以证明，在全部有 5 个叶子，权分别为 9、7、5、4、2 的二叉树中，图 8.4(a)的二叉树具有最小的 WPL，它是最优二叉树。

8.4.1 哈夫曼算法

哈夫曼给出了求解最优二叉树的算法：

输入：n 个权 $\{w_1, w_2, \cdots, w_n\}$。

输出：有 n 个叶子的最优二叉树。

(1) 构造 n 棵二叉树的集合，$F=\{T_1, T_2, \cdots, T_n\}$，$T_i$ 只有根，二叉树的权为 w_i，$1\leqslant i\leqslant n$。

(2) 从 F 选择两棵权最小的二叉树 T_i 和 T_j，构造二叉树 T_k，T_k 的根的左、右子树分别为 T_i 和 T_j，T_k 的权为 T_i 和 T_j 的权之和。

(3) 从 F 删除 T_i 和 T_j，并将 T_k 加入 F。

(4) 若 F 只剩下一棵树，则结束，返回这棵树。否则，重复(2)～(3)。

例如，构造权为{9,7,5,4,2}的最优二叉树的过程如图 8.5 所示，图中的数字是二叉树的权。

哈夫曼算法的第(1)步构造了 5 棵只有根的二叉树，如图 8.5(a)所示。算法第(2)步合并两棵权最小的二叉树，即以 D 和 E 为根的二叉树，合并后二叉树的权为 6，将它加入 F，从 F 删除以 D 和 E 为根的二叉树，结果如图 8.5(b)所示。继续执行算法第(2)步，合并两棵权最小的二叉树，即以 C 为根的二叉树和权为 6 的二叉树，合并后二叉树的权为 11，将它加入 F，从 F 删除以 C 为根的二叉树和权为 6 的二叉树，结果如图 8.5(c)所示。算法的最终结果如图 8.5(e)所示，这棵最优二叉树的带权路径长度为：

$$\mathrm{WPL}=9\times2+7\times2+4\times3+2\times3+5\times2=60$$

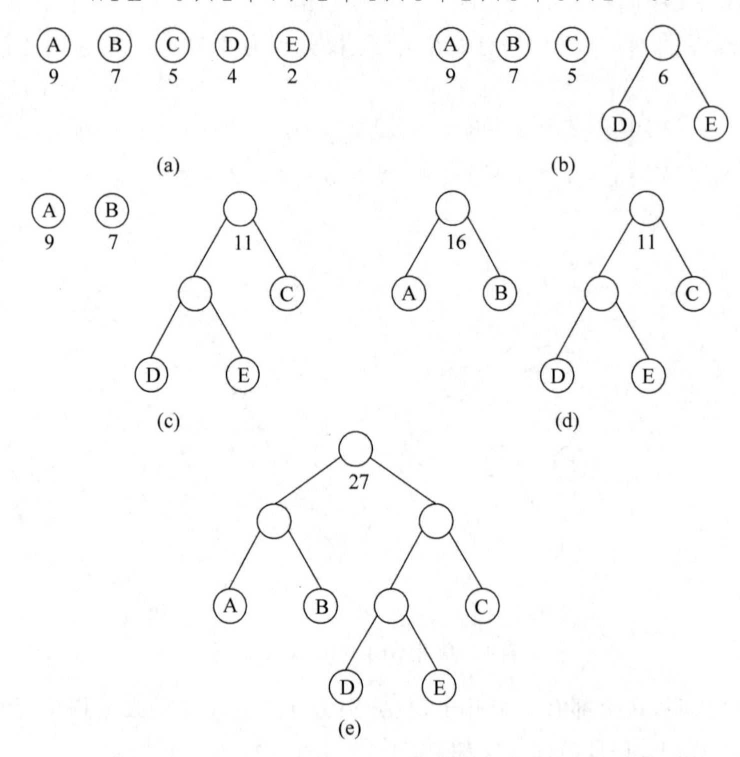

图 8.5　最优二叉树的构造过程

哈夫曼树有以下特点：

(1) 有 n 个叶子。算法的第(1)步构造的二叉树的根是叶子。

(2) 没有度为 1 的数据。算法第(2)步引入了新数据，即 T_k 的根，它有两个孩子，度为 2。

(3) 数据总数为 $2n-1$。算法第(2)、(3)步从集合 F 删除了两棵树，增加了 1 棵树，净减少 1 棵树，重复 $n-1$ 次后，F 只有 1 棵树，算法终止。重复一次，增加一个数据。

(4) 树的高度小于或等于 $n-1$。算法的第(2)步，即使每次都使原有的树增加 1 层，哈

夫曼树最高为 $n-1$ 层。

（5）哈夫曼算法得到的最优二叉树不唯一，因为选择具有最小权的二叉树时可能有多个选择，构造新二叉树时，左、右子树有不同的选择。

8.4.2 哈夫曼算法的实现

哈夫曼算法的实现需要使用二叉树的链式描述和最小优先级队列。结合 8.4.3 节的哈夫曼编码，这样设计哈夫曼树：叶子结点存放符号，其他结点不存放符号，只用于哈夫曼树的构造。

1. HuffmanTree 类

HuffmanTree 是使用链式描述实现的哈夫曼树。字段 root 保存哈夫曼树的根结点，字段 weight 保存哈夫曼树的权。为了使用最小优先级队列，需要比较两棵哈夫曼树的大小，HuffmanTree 类实现了 Comparable 接口。

```
public class HuffmanTree implements Comparable<HuffmanTree> {
    Node root;
    float weight;
    static class Node {
        char data;
        Node left;
        Node right;
        Node(char data, Node left, Node right) {
            this.data = data;
            this.left = left;
            this.right = right;
        }
    }
    …
}
```

2. 构造器

第 1 个构造器构造一棵空树。

```
1    private HuffmanTree() {
2    }
```

第 2 个构造器构造只有叶子的哈夫曼树。

```
1    private HuffmanTree(char symbol, float weight) {
2        this.weight = weight;
3        root = new Node(symbol, null, null);
4    }
```

3. Comparable 接口的实现

HuffmanTree 的大小由权决定，代码如下：

```
1    public int compareTo(HuffmanTree rhd) {
2        return Float.compare(this.weight, rhd.weight);
3    }
```

4. merge 方法

merge 方法用于合并哈夫曼树 lhd 和 rhd，返回一棵哈夫曼树。

```
1   static private HuffmanTree merge(HuffmanTree lhd, HuffmanTree rhd) {
2       HuffmanTree result = new HuffmanTree();
3       result.root = new ('\0', lhd.root, rhd.root);
4       result.weight = lhd.weight + rhd.weight;
5       lhd.root = rhd.root = null;
6       lhd.weight = rhd.weight = 0;
7       return result;
8   }
```

代码第 2 行创建哈夫曼树 result，代码第 3 行为 result 创建根结点，其左、右子树的根结点是 lhd 和 rhd 的根结点，第 4 行令 result 的权为 lhd 和 rhd 的权之和。第 5、6 行使 lhdh 和 rhd 为空树。第 6 行返回 result。

5. makeTree 方法

makeTree 方法根据哈夫曼算法生成哈夫曼树。

```
1   static public HuffmanTree makeTree(char[] symbol, float[] weights) {
2       if (weights.length != symbol.length || weights.length < 2)
3           throw new IllegalStateException();
4       PriorityElements<HuffmanTree> pq = new PriorityElements<>(weights.length);
5       for (int i = 0; i < weights.length; i++)        // 创建叶子对应的哈夫曼树,并入队
6           pq.offer(new HuffmanTree(symbol[i], weights[i]));
7       while (pq.size() != 1) {     // 取两棵最小的树,合并后得到一棵新树,再放入队列
8           pq.offer(merge(pq.poll(), pq.poll()));
9       }
10      return pq.poll();
11  }
```

代码第 4 行创建优先级队列。第 5、6 行对应哈夫曼算法的第(1)步，生成只有叶子的哈夫曼树并入队。代码第 7、8 行对应算法第(2)、(3)步，不断地从优先级队列取出两棵权最小的哈夫曼树，合并成一棵新哈夫曼树并入队。当优先级队列只有一棵哈夫曼树时，第 10 行返回这棵哈夫曼树。

makeTree 方法使用了优先级队列，每次循环执行两次出队和 1 次入队，时间复杂度为 $O(\log n)$，循环 $n-1$ 次，算法所需的时间为 $O(n\log n)$。

如果使用数组存储权，需先对权排序，所需的时间为 $O(n\log n)$。每次选择两棵权最小的树所需的时间为 $O(1)$，删除 2 棵原有的树以及插入新树，需要移动数据，所需的时间为 $O(n)$，循环 $n-1$ 次，所需的时间为 $O(n^2)$。这样实现的算法的总时间为 $O(n^2)$。

通过上述分析可知，同样的算法，选用不同的数据结构，会影响算法的时间复杂度，体现了数据结构的重要性。

8.4.3 哈夫曼编码的实现

计算机必须以数字的形式存储英文字母、汉字等符号，以数字表示符号称为符号编码，有定长编码和变长编码两种编码方式。

定长编码使用相同数量的 bit 对各符号编码，编码有 n 个符号的字符集，每个符号需要

$\log n$ 个 bit。

假设字符集有 4 个符号 A、B、C、D，一种定长编码方案为：

A	B	C	D
00	01	10	11

编码方案也叫作**符号编码表**。

编码是根据符号编码表将符号序列编码为 bit 序列，存储在计算机的存储器或在网络上传输。例如以下有 16 个符号的符号序列：

ABCDDCBAAAAAABBC　　　　序列 1

编码后得到有 32 个 bit 的序列：

00011011111001000000000000010110　　　　序列 2

译码是根据符号编码表将 bit 序列转换为符号序列。定长编码的优点是译码简单，即从左至右取固定个 bit，然后查符号编码表，获得对应的符号。对于序列 2，取最左边的两个 bit，即 00，查表后就得到了符号 A，继续取两个 bit，即 01，就得到了符号 B。

有的符号在符号序列出现的次数多，有的出现的次数少，符号出现的次数叫作频率。例如序列 1，符号 A、B、C、D 的频率分别为 7、4、3、2。直觉上，如果频率高的符号使用较少的 bit，频率低的符号使用较多的 bit，则符号序列编码后的 bit 序列会变短，需要的存储空间就少。

变长编码使用不同数量的 bit 对各符号编码。对 A、B、C、D 的一种变长编码方案为：

A	B	C	D
0	1	00	01

对序列 1 进行编码，得到如下的有 21 个 bit 的序列：

010001010010000001100　　　　序列 3

变长编码方案在译码时会遇到问题。例如，对于序列 3，是取最左边的 0，将其译码为 A，还是取 01，将其译码为 D？变长编码方案之所以遇到这样的问题，是因为有的符号的编码是其他符号编码的前缀，例如 0 是 00 和 01 的前缀。如果任何一个符号的编码不是其他符号的编码的前缀，就不会出现上述问题。借助哈夫曼树就能得到这样的编码方案，称为哈夫曼编码。

使用哈夫曼编码首先根据符号的频率建立哈夫曼树，根据哈夫曼树生成符号编码表，然后进行编码和译码。

以图 8.6 为例，介绍如何使用哈夫曼树形成符号编码表。用 0 作为关联左孩子的边的标识，用 1 作为关联右孩子的边的标识，用根到叶子的路径上的标识连接而成的由 0 和 1 构成的字符串作为叶子所存储的符号的编码。

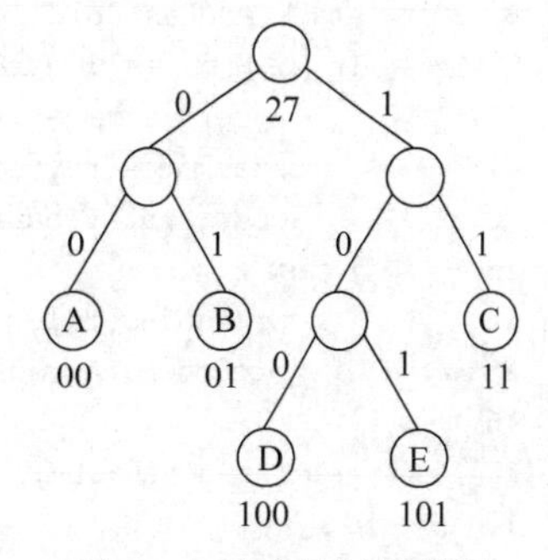

图 8.6 哈夫曼树的编码

从图 8.6 可知，符号编码表为：

A	B	C	D	E
00	01	11	100	101

字符串 ABECD 的编码为：

000110111100　　　　序列 4

对序列 4 这样译码，首先设哈夫曼树的根结点为当前结点，从左至右读取序列 4 的符号，读到 0，将当前结点的左孩子设为当前结点，继续读序列 4，读到 0，将当前结点的左孩子设为当前结点，此时，当前结点为叶子，读取结点存储的符号 A，然后设根为当前结点。继续读序列 4，读到 0，将当前结点的左孩子设为当前结点，继续读序列 4，读到 1，将当前结点的右孩子设为当前结点，此时，当前结点为叶子，读取结点存储的符号 B，以此类推。

1. HuffmanCoding 类

HuffmanCoding 类根据上述思路实现哈夫曼编码。字段 ht 引用了哈夫曼树，用于建立符号编码表。字段 coder 存储符号编码表，它以< key，value >的形式保存了各符号的编码，符号作为关键字，符号的编码作为值，使用 Byte 数组保存符号的编码。字段 LEFT 和 RIGHT 分别是左、右子树的标识。

```
public class HuffmanCoding {
    private HuffmanTree ht;
    private Map< Character, Byte[ ]> coder;
    private static byte LEFT = 0;
    private static byte RIGHT = 1;
    …
}
```

2. 构造器

构造器接收哈夫曼树，保存于字段 ht 中。

```
1   public HuffmanCoding(HuffmanTree ht) {
2       this.ht = ht;
3   }
```

3. makeCodeList 方法

makeCodeList 方法调用 preCoding 方法先序遍历哈夫曼树，在遍历过程中，将标识压栈，遇到叶子，将栈存储的 0-1 序列作为叶子的编码存储于符号编码表。

```
1   private void makeCodeList() {
2       coder = new HashMap<>();
3       Deque< Byte > stack = new ArrayDeque<>();
4       preCoding(ht.root.left, LEFT, stack);
5       preCoding(ht.root.right, RIGHT, stack);
6   }
7   private void preCoding(Node t, byte b, Deque< Byte > stack) {
8       stack.addLast(b);
9       if (t.left == null && t.right == null) {
10          Byte[ ] code = new Byte[stack.size()];
11          stack.toArray(code);
12          coder.put(t.data, code);
13      } else {
14          preCoding(t.left, LEFT, stack);
15          preCoding(t.right, RIGHT, stack);
16      }
17      stack.removeLast();
18  }
```

代码第 2 行使用 HashMap 作为符号编码表，第 4、5 行调用 preCoding 对哈夫曼树根结点的左、右子树的符号进行编码。

代码第 8 行将标识压栈，如果遇到了叶子，第 10 行将栈的数据（0 或 1）转换为数组，第 12 行将符号和编码存入符号编码表。

4. encoder 方法

encoder 方法对字符串进行编码。其主要思想是查找符号编码表,得到符号的编码,线性表 list 存放了各符号的编码。最后,将各符号的编码拼接在一起,存储于数组 result 中。

```
1   public Byte[] encoder(String str) {
2     if (coder == null)                                  // 第 1 次使用这棵哈夫曼树编码
3           makeCodeList();
4       int len = str.length();
5       List<Byte[]> list = new ArrayList<>(len);         // 存放各字符的编码
6       int count = 0;                                    // 编码的总长度
7       for (int i = 0; i < len; i++) {
8           Byte[] b = coder.get(str.charAt(i));          // 查表,获取字符的编码
9           count += b.length;
10          list.add(b);
11      }
12      Byte[] result = new Byte[count];                  // str 的编码
13      int pos = 0;
14      for (int i = 0; i < list.size(); i++) {
15          Byte[] b = list.get(i);
16          System.arraycopy(b, 0, result, pos, b.length);
17          pos += b.length;
18      }
19      return result;
20  }
```

5. decoder 方法

decoder 方法的功能是译码。其主要思想是利用哈夫曼树解码。

```
1   public String decoder(Byte[] code) {              // 没有处理一些特殊情况
2       StringBuilder result = new StringBuilder();
3       Node node = ht.root;
4       for (int i = 0; i < code.length; i++) {
5           if (code[i].byteValue() == LEFT)
6               node = node.left;
7           else
8               node = node.right;
9           if (node.left == null && node.right == null) {     // 叶子
10              result.append(node.data);          // 叶子中存的符号
11              node = ht.root;                    // 译出一个字符后,再从根开始
12          }
13      }
14      return result.toString();
15  }
```

代码含义请参照对序列 4 的译码过程。decoder 方法没有处理参数 code 给出的编码有错误等情况。

例 8.1 哈夫曼编码和译码示例程序。

首先根据符号的权创建哈夫曼树,并以此作为编码和译码的基础。对字符串"ABECD"编码后,由 0 和 1 构成的字符串存放在数组 codes 中。译码后的字符串直接在屏幕上输出。

```
1   public static void main(String[ ] args) {
2       float[ ] weights = { 9f, 7f, 5f, 4f, 2f };
3       char[ ] symbo = {'A','B','C','D','E'};
4       HuffmanCoding hc = new HuffmanCoding(HuffmanTree.makeTree(symbol, weights));
5       String str = "ABECD";
6       Byte[ ] codes = hc.encoding(str);
7       for (int i = 0; i < codes.length; i++)
8           System.out.print(codes[i]);
9       System.out.println();
10      System.out.println(hc.decoding(codes));
11  }
```

运行结果如下：

```
111001000011
ABECD
```

8.5 偶堆

偶堆(Pairing Heap)是堆的扩展，它是 m 叉树，并且满足条件：双亲小于或等于其所有孩子，如图 8.7 所示。

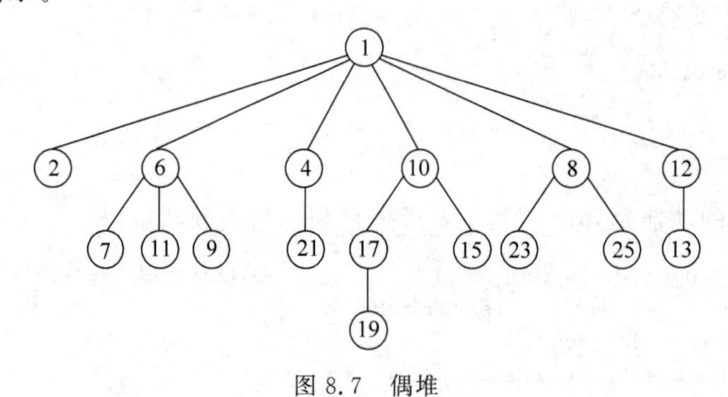

图 8.7 偶堆

偶堆的主要操作是合并操作，其他的操作，如插入操作、减少操作和删除操作由合并操作实现。

有些应用场合经常需要合并两个优先级队列，偶堆用于实现支持合并操作的优先级队列。

1. 合并操作

合并操作将两个偶堆中根大的偶堆作为根小的偶堆的子树，形成新的偶堆。

例如，合并如图 8.8(a)和图 8.8(b)所示的两个偶堆，结果如图 8.8(c)所示。

2. 插入操作

插入操作向偶堆插入数据。插入操作首先生成只有根的偶堆，插入数据作为根的数据，然后合并新生成的偶堆和原有的偶堆。

例如，向如图 8.7 所示的偶堆插入 5。首先生成偶堆，根为 5，如图 8.9(a)所示。然后与如图 8.7 所示的偶堆合并，结果如图 8.9(b)所示。

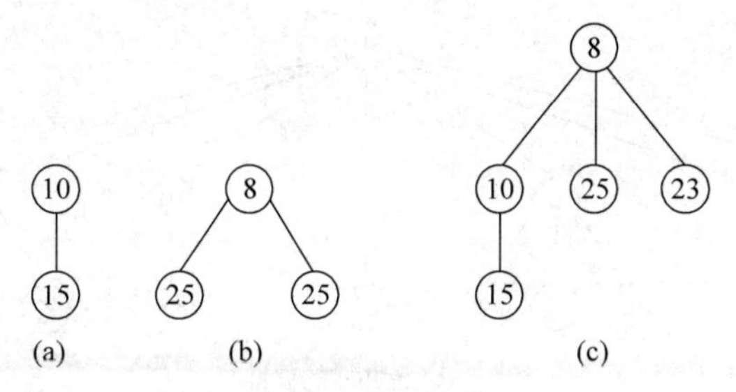

图 8.8　合并操作

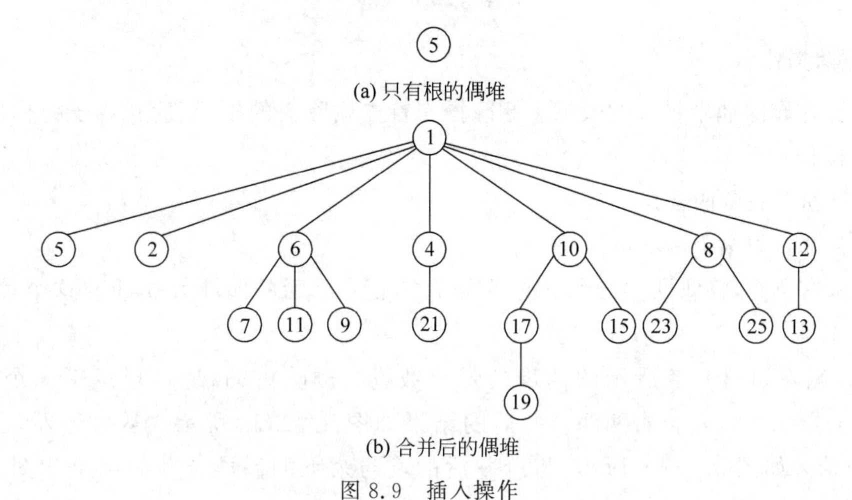

(a) 只有根的偶堆

(b) 合并后的偶堆

图 8.9　插入操作

3. 减少操作

减少(Decrease)操作使数据变小。减少操作更改数据后,为了满足偶堆的条件,首先从偶堆删除以变小的数据为根的子树,然后合并由这棵树构成的偶堆和删除子树后的偶堆。

例如,更改图 8.7 的 17 为 3。将 17 更改为 3 后,删除以 3 为根的子树,由它构成的堆如图 8.10(a)所示,删除子树后的偶堆如图 8.10(b)所示,合并二者后的偶堆如图 8.10(c)所示。

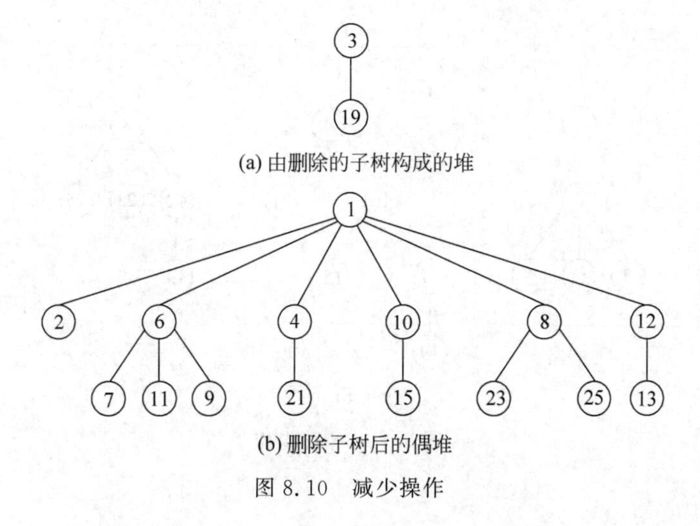

(a) 由删除的子树构成的堆

(b) 删除子树后的偶堆

图 8.10　减少操作

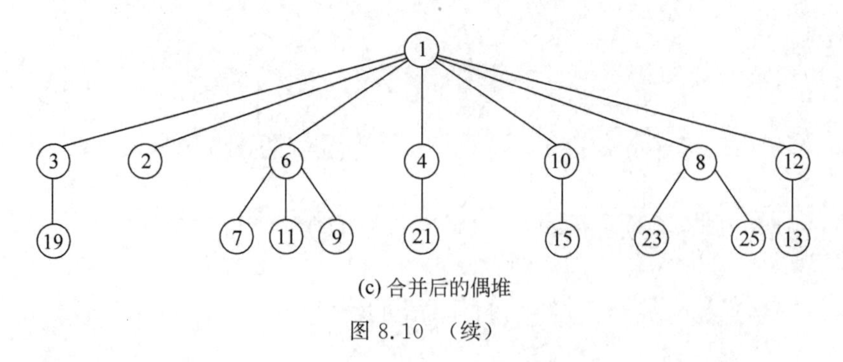

(c) 合并后的偶堆

图 8.10 （续）

4. 删除操作

删除操作删除偶堆最小的数据。删除操作首先删除树的根，然后对各子树构成的偶堆重复以下操作：

(1) 从左至右两两合并。

(2) 合并右边两个偶堆得到偶堆 p。

(3) 从右至左，将偶堆 p 与余下的偶堆合并，记合并后的偶堆为 p，重复这个过程，直到只有一个偶堆。

例如，删除如图 8.7 所示的偶堆的最小数据。删除树的根后，形成了 6 个偶堆，如图 8.11(a)所示。从左至右两两合并后的结果如图 8.11(b)所示。从右至左，合并右边两个堆的结果如图 8.11(c)所示，将合并后的堆与余下的偶堆合并的结果如图 8.11(d)所示。

偶堆的合并操作、插入操作和减少操作的时间复杂度为 $O(1)$，删除操作最坏情形的时间复杂度为 $O(n)$。应用结果表明，偶堆操作序列有 $O(\log n)$ 的均摊性能，但理论上尚未得到证明。

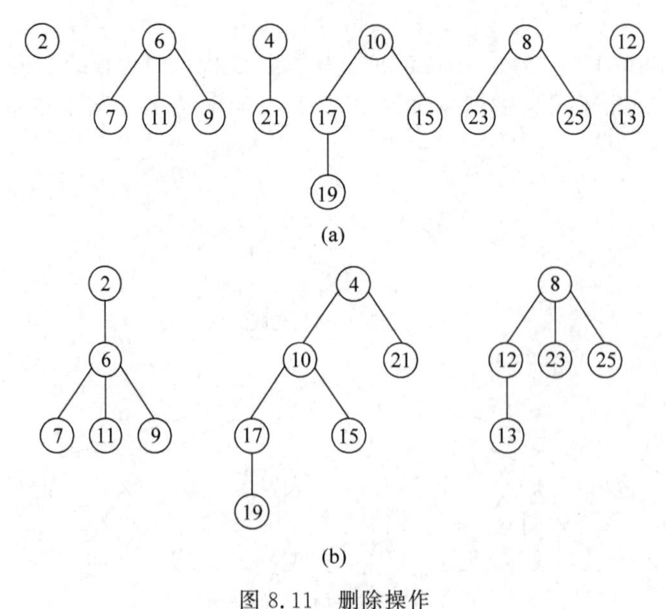

图 8.11 删除操作

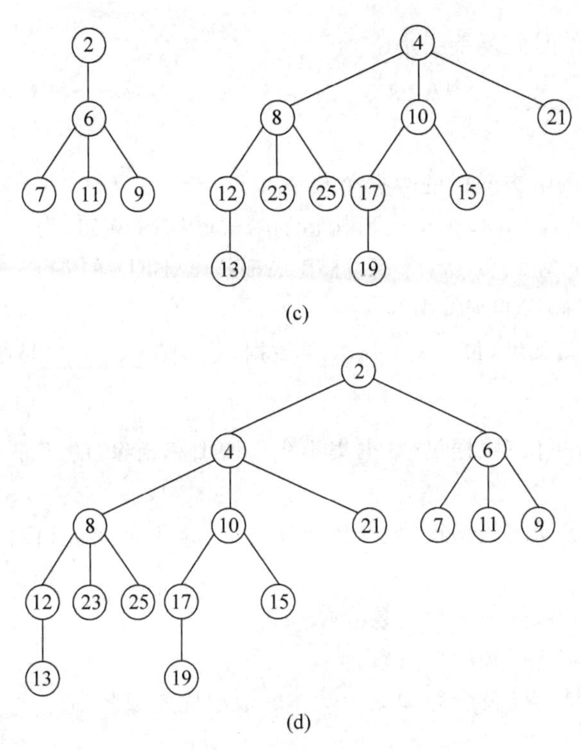

图 8.11 （续）

小结

最小(大)优先级队列出队的是最小(大)的数据，哈夫曼算法以及第 10 章的 Dijkstra、Kruskal 算法等都需要使用优先级队列。

堆是满足一定条件的数据序列。为了更清晰地描述堆的操作，将堆视为完全二叉树，完全二叉树的根是堆的最大(小)数据，完全二叉树的任一数据大(小)于或等于其左、右孩子。使用堆实现优先级队列简单易行，优先级队列的各种操作的时间复杂度都能达到 $O(\log n)$。

偶堆是满足一定条件的 m 叉树，它主要支持合并操作。

哈夫曼算法用于求解最优二叉树，它属于贪心类算法，即算法的每一步会有多种选择方案，每次都选择当前最佳的方案。一般来说，这种策略不能保证得到全局最优解，但由于最优二叉树的特性，因此哈夫曼算法能得到最优解。

通过本章的学习，要体会和掌握如何利用已学过的数据结构实现新的数据结构，如何为算法选用合适的数据结构以提高算法的性能。

Java 类库的 PriorityQueue 类是基于最小堆实现的最小优先级队列。

习题

1. 选择题

(1) 最大优先级队列出队的数据是(　　)。

A. 队头　　B. 队尾　　C. 最大值　　D. 最小值

（2）siftUp 方法的时间复杂度是（　　）。

A. $O(1)$　　B. $O(n\log n)$　　C. $O(n)$　　D. $O(\log n)$

2. 填空题

（1）有 n 个叶子的哈夫曼树的数据个数是________。

（2）以权{9，10，5，9，8，11，6}所构造的哈夫曼树的 WPL 为________。

（3）哈夫曼树如图 8.6 所示，字符串 AEDCCABED 的编码为________，将编码 0001101111110000 译码后的字符串为________。

（4）高度为 h 的二叉堆，最多有________数据，最少有________数据。

3. 应用题

（1）使用堆实现求静态数据集（数据集不允许增加和删除）的 Top K，即求数据集前 K 个最大的数据。

（2）使用堆实现求动态数据集（数据集允许增加）的 Top K，求任何时刻的数据集前 K 个最大的数据。

（3）使用堆求动态数据集的中位数。

（4）使用堆求动态数据集的百位数。

（5）实现基于偶堆的支持合并和减少操作的最小优先级队列。

第9章 排　序

本章学习目标

- 掌握排序的概念及排序方法的实现
- 理解排序算法的设计思想
- 理解稳定和不稳定的含义
- 了解排序算法的时间复杂度和空间复杂度的分析方法

排序将无序序列转换成有序序列，它是数据处理的一种非常重要的操作。排序一般使用数组存储数据，通过比较数据大小决定数据在有序序列的位置。排序常使用基于比较的排序算法和基于数据分布的排序算法。

9.1 基本概念

排序是指按照数据的有序关系(大小关系)排列数据序列，形成新序列，使得新序列的数据遵从从小到大(或从大到小)的次序。即给定数据序列 $d_1,d_2,\cdots,d_n$，形成新序列 d_{i_1}，$d_{i_2},\cdots,d_{i_n}$，并且满足条件 $d_{i_1}\leqslant d_{i_2}\leqslant\cdots\leqslant d_{i_n}$。

对任意两个相等的数据，若在原序列的位置分别为 i、j，$i<j$，在新序列位置分别为 i'、j'，$i'<j'$，即两个数据的相对位置不变，则这样的排序叫作稳定的排序，否则是不稳定的排序。

排序按照所使用的存储器可分为内排序和外排序。内排序是指数据序列完全存放在内存进行的排序过程，外排序是指数据序列不能完全存放在内存，必须存放在外存。本书只介绍内排序。

内排序有基于数据大小比较和基于数据分布特征的算法。基于数据大小比较的算法的基本原理是从一个有序序列开始，逐步扩大这个有序序列的长度。根据扩大有序序列的长度所采用的策略，可分为基于插入的算法、基于交换的算法、基于选择的算法和基于归并的算法。基于数据分布特征的算法有基数排序算法和计数排序算法。

内排序算法的主要操作是比较操作和复制操作，在分析算法的时间复杂度时，主要计量比较操作的次数，理论上可以证明，这类算法所能达到的最好时间复杂度为 $O(n\log n)$，n 为数据个数。

内排序算法一般使用数组存储数据。

9.2 直接插入排序

直接插入排序(Straight Insert Sort)是一种简单的排序算法,其基本思想如图 9.1 所示,阴影部分的数据已经有序,非阴影部分的数据处于无序状态。直接插入排序不断地从无序部分取出第一个数据,插入有序部分的适当位置,保持有序性,直至全部数据处于有序状态。

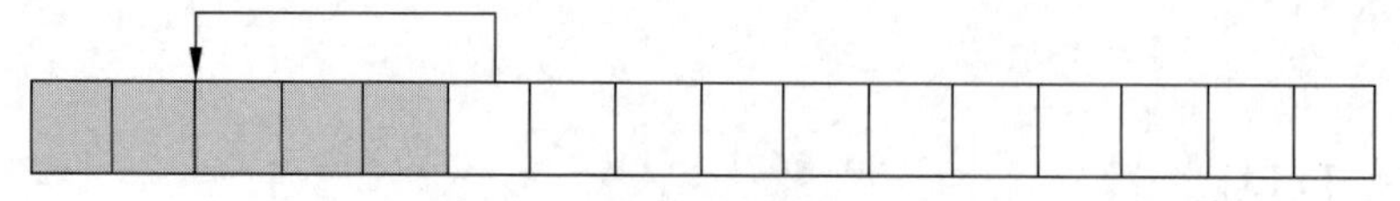

图 9.1 直接插入排序的原理

例如,对于数据序列 503,87,512,61,908,170,897,275,653,426,154,509,612,677,765,703(这组数据取自参考文献[1]),直接插入排序的部分过程如图 9.2 所示。

503	87	512	61	908	170	897	275	653	426	154	509	612	677	765	703
87	503	512	61	908	170	897	275	653	426	154	509	612	677	765	703
87	503	512	61	908	170	897	275	653	426	154	509	612	677	765	703
61	87	503	512	908	170	897	275	653	426	154	509	612	677	765	703
61	87	503	512	908	170	897	275	653	426	154	509	612	677	765	703
61	87	170	503	512	908	897	275	653	426	154	509	612	677	765	703

图 9.2 直接插入排序的部分过程

以下是使用泛型方法实现的直接插入排序算法。

```
1   public static <T> T[] insertSort(T[] a) {
2       for (int i = 1; i < a.length; ++i) {
3           T e = a[i];
4           int j = i - 1;
5           for (; j >= 0 && ((Comparable<T>) e).compareTo(a[j]) < 0; j--)
6               a[j + 1] = a[j];
7           a[j + 1] = e;
8       }
9       return a;
10  }
```

代码第 2～8 行的 for 语句依次处理无序部分的数据,第 3 行取出数据 e。第 5、6 行的 for 语句从右向左将 e 与有序部分的数据比较,如果 e 小于位置 j 的数据,则第 6 行将位置 j 的数据向后复制到位置 j+1,以腾出将来插入的存储空间。当第 5、6 行的 for 语句结束循环时，第7行将e复制到位置j+1以保证有序部分的有序性。

如果将a[0]作为哨兵，则第5行可以不测试条件j>=0，这样可以减少比较操作的代价。

直接插入排序一次循环只插入一个数据。如果采用类似于篮球运动的高中锋为队友提供掩护的战术，一次插入两个数据，则可以进一步减少比较操作的次数。

```
1   public static <T> T[] pairInsertSort(T[] a) {
2       for (int i = 1; i < a.length - 1; i += 2) {
3           T e = a[i];
4           T f = a[i + 1];
5           if (((Comparable<T>) e).compareTo(f) < 0) {
6               e = a[i + 1];
7               f = a[i];
8           }
9           int j = i - 1;
10          for (; j >= 0 && ((Comparable<T>) e).compareTo(a[j]) < 0; j--)
11              a[j + 2] = a[j];
12          a[j + 2] = e;
13          for (; j >= 0 && ((Comparable<T>) f).compareTo(a[j]) < 0; j--)
14              a[j + 1] = a[j];
15          a[j + 1] = f;
16      }
17      return a;
18  }
```

代码第3、4行取出两个数据，第5～8行保证e大于f，第10～12行为e找到恰当的位置并插入，因为e提供了掩护，所以f不需要与这些位置上的数据进行比较。第13～15行继续为f寻找恰当的位置并插入。

上面的代码使用数组存储数据，插入过程除了比较操作外，还需要大量的复制操作，如果待排序的数据量极大，可采用静态链表存储数据，以减少复制操作。

直接插入排序还有其他的实现方式。例如，为了减少比较次数，使用折半查找寻找插入位置，这样实现的直接插入排序叫作二分插入排序。

直接插入排序不会改变两个相等数据的相对位置，是一种稳定的排序算法。

直接插入排序的时间复杂度与数据的分布有关。如果对一个有序的数据序列排序，则只需要$n-1$次比较操作，0次复制操作，时间复杂度为$O(n)$，这是最好的情况。如果数据序列已经有序，但为逆序，则需要$\sum_{i=1}^{n-1} i$次比较操作，$\sum_{i=1}^{n-1}(i+1)$次复制操作，时间复杂度为$O(n^2)$，这是最坏的情况。如果待排序数据序列随机分布，理论上可以证明，其平均时间复杂度为$O(n^2)$。

直接插入排序只使用数量固定的额外空间，所以空间复杂度为$O(1)$。

直接插入排序的代码简练，如果待排序数据量较少，直接插入排序是一个很好的选择。后续介绍的快速排序和归并排序的工程实现常使用直接插入排序作为递归的基础。

9.3 快速排序

快速排序(Quick Sort)是基于交换的算法，虽然其最坏情况运行时间为$O(n^2)$，但它通常是用于排序的最佳实用选择，因为其平均运行时间为 $O(n\log n)$，而且需要的辅助空间少。

9.3.1 单枢轴快速排序

单枢轴快速排序(简称为快速排序)是 Hoare 于 1962 年提出的排序算法。假设待排序数据存储于子数组 $a[l..r]$。快速排序将 a 划分为两个子数组 $a[l..m-1]$ 和 $a[m+1..r]$，使得 $a[l..m-1]$ 的数组元素都小于 $a[m]$，$a[m+1..r]$ 的数组元素都大于 $a[m]$。然后，递归地对 $a[l..m-1]$ 和 $a[m+1..r]$ 进行快速排序，即完成了对 $a[l..r]$ 的排序。

$a[m]$ 叫作枢轴(Pivot)。m 的选择直接影响快速排序的性能，最理想的选择是让 m 处于中间位置，即 $a[m]$ 是所有数据的中位数。一般采用抽样的方法，例如从 $a[l]$、$a[(l+r)/2]$、$a[r]$ 三者中选择中间的数据作为枢轴。

划分数组的方法有很多，一种结合三者选一选择枢轴的划分方法如图 9.3 所示。图中 a_0 和 a_1 是 $a[l]$、$a[(l+r)/2]$、$a[r]$ 三者中的最小值和最大值，作为哨兵，p 是枢轴，即三者中的中间值 $a_0 \leqslant p \leqslant a_1$。数组 a 划分为三个区域，$a[l+1..i-1]$ 是第一区域，$a[i..j]$ 是第二区域，$a[j+1..r-2]$ 是第三区域，初始时，$i=l+1$，$j=r-2$，即第一区域和第三区域为空。划分过程逐步缩小第二区域，直至其为空。

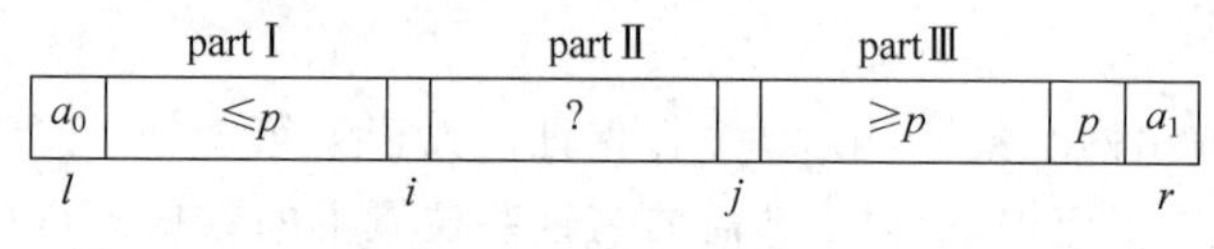

图 9.3 划分示意图

划分过程如下：

(1) 若 $a[i]<p$，$i=i+1$，转(1)。

(2) 若 $a[j]>p$，$j=j-1$，转(2)。

(3) 交换 $a[i]$ 和 $a[j]$，$i=i+1$，$j=j-1$。若 $i<j$，转(1)。

(4) 交换 $a[i]$ 和 $a[r-1]$，返回 i。

划分过程可总结为：不断地重复移动-交换操作，直到第二区域为空。

对一组数据的选择枢轴和划分过程如图 9.4 所示。从 503、275、703 中选择枢轴 503，如图 9.4(a)所示。为了防止数组越界，设置 $a[l]$ 和 $a[r]$ 为哨兵，分别是枢轴选择过程遇到的最小数据和最大数据，即 275 和 703。然后进行初始化工作，包括交换 $a[r-1]$ 和枢轴，即 765 和 503，使枢轴位于下标 $r-1$，设置变量 i 和 j 为 $l+1$ 和 $r-2$，如图 9.4(b)所示。移动 i，移动 j，直至二者均不能继续移动，如图 9.4(c)所示。交换 512 和 154，并 i++，j --，如图 9.4(d)所示。继续移动-交换，如图 9.4(e)～(f)所示。继续移动，如图 9.4(g)所示，此时，$i>j$，第二区域为空，交换下标 i 和下标 $r-1$ 的数据元素，使枢轴就位，返回枢轴的下标 6。

快速排序的代码包括选择枢轴、划分和递归，下面分别介绍。

selectMiddle 方法从 $a[l]$、$a[r]$ 和 $a[m]$ 中选择中间的数据作为枢轴，同时设置了哨兵，即 $a[l]$ 和 $a[r]$ 为三者中的最小值和最大值，代码如下：

```
1    private static <T> int selectMiddle(T[] a, int l, int r) {
2        int m = l + ((r - l) >>> 1);
3        if (((Comparable<T>) a[m]).compareTo(a[l]) < 0)
```

```
4            swapElement(a, l, m);
5        if (((Comparable<T>) a[r]).compareTo(a[l]) < 0)
6            swapElement(a, l, r);
7        if (((Comparable<T>) a[r]).compareTo(a[m]) < 0)
8            swapElement(a, m, r);
9        return m;
10   }
11   private static <T> void swapElement(T[] a, int i, int j) {
12       T e = a[i];
13       a[i] = a[j];
14       a[j] = e;
15   }
```

503	87	512	61	908	170	897	275	653	426	154	509	612	677	765	703

(a) 选择枢轴

	i												*j*		
275	87	512	61	908	170	897	765	653	426	154	509	612	677	503	703

(b) 设置哨兵、初始化

		i								*j*					
275	87	512	61	908	170	897	765	653	426	154	509	612	677	503	703

(c) 移动

			i						*j*						
275	87	154	61	908	170	897	765	653	426	512	509	612	677	503	703

(d) 交换

				i					*j*						
275	87	154	61	908	170	897	765	653	426	512	509	612	677	503	703

(e) 移动

					i			*j*							
275	87	154	61	426	170	897	765	653	908	512	509	612	677	503	703

(f) 交换

					j	*i*									
275	87	154	61	426	170	897	765	653	908	512	509	612	677	503	703

(g) 移动

275	87	154	61	426	170	503	765	653	908	512	509	612	677	897	703

(h) 就位

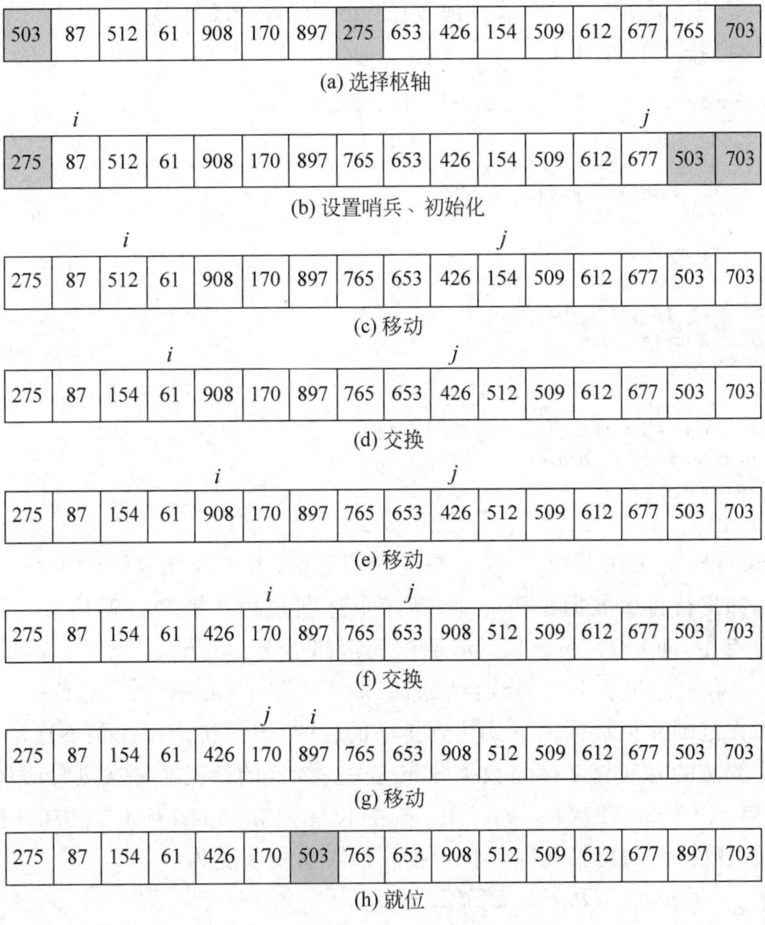

图 9.4 选择枢轴和划分过程

partition 方法的第 3～6 行进行初始化，第 8、9 行移动变量 i，第 10、11 行移动变量 j，第 14 行交换 $a[i]$、$a[j]$，第 16 行使枢轴就位。

```
1    private static <T> int partition(T[] a, int l, int r) {
2        int m = selectMiddle(a, l, r);
3        swapElement(a, m, r - 1);
4        T pivot = a[r - 1];
5        int i = l + 1;
6        int j = r - 2;
```

```
7       for (;;) {
8           while (((Comparable<T>) a[i]).compareTo(pivot) < 0)
9               i++;
10          while (((Comparable<T>) a[j]).compareTo(pivot) > 0)
11              j--;
12          if (i >= j)
13              break;
14          swapElement(a, i++, j--);
15      }
16      swapElement(a, i, r - 1);
17      return i;
18  }
```

quickSort 方法(第 12～15 行)调用递归的 quickSort 方法(第 1～11 行),完成对数组 a 的排序,并返回已排序的数组 a。

```
1   private static <T> void quickSort(T[] a, int l, int r) {
2   if (r - l + 1 < 3) {
3           if (((Comparable<T>) a[l]).compareTo(a[r]) > 0) {
4               swapElement(a, l, r);
5           }
6           return;
7       }
8       int m = partition(a, l, r);
9       quickSort(a, l, m - 1);
10      quickSort(a, m + 1, r);
11  }
12  public static <T> T[] quickSort(T[] a) {
13      quickSort(a, 0, a.length - 1);
14      return a;
15  }
```

递归的 quickSort 方法的第 2～7 行是递归的基础,由于选择枢轴时采用三者选一的抽样方法,所以,如果待排序数据少于 3 个,就结束递归过程。第 8 行调用 partition 方法,使得数组 a 部分有序,即 $a[l..m-1]$的各数组元素都小于 $a[m]$,$a[m+1..r]$的各数组元素都大于 $a[m]$。第 9 行和第 10 行分别对 $a[l..m-1]$和 $a[m+1..r]$进行排序。

由于使用大范围交换数据的方式达到排序的目的,因此快速排序是不稳定的排序算法。

快速排序算法的时间复杂度与数据分布有关。最好的情况是每次划分时选用的枢轴都位于中间,使得 $a[l..m-1]$和 $a[m+1..r]$的长度相等。partition 方法的时间复杂度为 $O(n)$,因为每个数据都与枢轴比较。快速排序的时间复杂度为:

$$
\begin{aligned}
T(n) &\leqslant O(n) + 2T(n/2) \\
&\leqslant cn + 2T(n/2) \\
&\leqslant cn + 2(cn/2 + 2T(n/4)) = 2cn + 4T(n/4)) \\
&\leqslant 2cn + 4(cn/4 + 2T(n/8)) = 3cn + 8T(n/8)) \\
&\cdots \\
&\leqslant cn\log n + nT(1) = O(n\log n)
\end{aligned}
$$

最坏的情况是当数据已经有序或基本有序,此时每次划分使得 $a[l..m-1]$或 $a[m+1,r]$为空,即只有 $a[m]$一个数据有序。快速排序算法的时间复杂度为 $O(n^2)$。

快速排序算法的递归属性决定了它需要使用栈,其递归过程可表示为二叉树,树的深度

介于 $O(n)$ 和 $O(\log n)$ 之间，因此快速排序算法在最坏情况下空间复杂度为 $O(n)$。

9.3.2 双枢轴快速排序

9.3.1 节快速排序算法的划分过程只选择一个枢轴，将数组一分为二。现代计算机 CPU 的运算速度比内存的读写速度快了几个数量级，因此排序算法必须考虑数据复制对算法运行时间的影响。Vladimir Yaroslavskiy 于 2009 年提出了双枢轴快速排序算法(Dual-Pivot Quicksort)，对快速排序算法进行了优化，减少了数据复制的次数，提高了排序的运行速度。本节介绍双枢轴快速排序的基本思想。

双枢轴快速排序选择两个枢轴 p_1、p_2，假设 $p_1 \leqslant p_2$。双枢轴快速排序的划分过程将数组 a 分为 4 个区域，$a[l+1..i-1]$ 是第一区域，$a[i..k-1]$ 是第二区域，$a[j+1..r-1]$ 是第三区域，$a[k..j]$ 是第四区域，如图 9.5 所示。初始时 $k=i=l+1, j=r-1$，即第一、二和三区域为空。划分过程逐步缩小第四区域 $a[k..j]$，直至其为空。

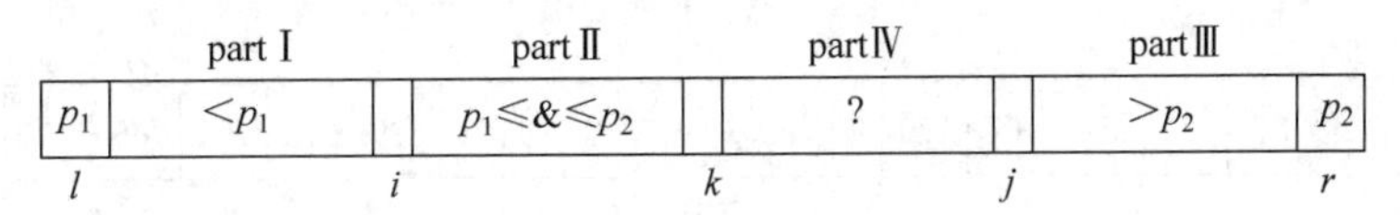

图 9.5 双枢轴快速排序划分原理

划分的处理过程如下：

(1) 若 $a[k]<p_1$，则交换 $a[k]$ 和 $a[i]$，$i=i+1$，转(3)。

(2) 若 $a[k]>p_2$，则：

① $j=j-1$，直至不满足条件 $k<j$ && $a[j]>p_2$。

② 交换 $a[k]$ 和 $a[j]$，$j=j-1$。

③ 若 $a[k]<p_1$，则交换 $a[k]$ 和 $a[i]$，$i=i+1$。

(3) $k=k+1$，若 $k \leqslant j$，则转(1)。

(4) 交换 $a[l]$ 和 $a[i-1]$，交换 $a[r]$ 和 $a[j+1]$，结束。

例如，对图 9.6(a)的数据进行划分，假设使用 275 和 677 作为枢轴，即 $p_1=275, p_2=677$，分别与 $a[l]$ 和 $a[r]$ 交换，作为哨兵，同时设置变量 i、j、k 的初值，如图 9.6(b)所示。

$a[k]=87, a[k]<275$，交换 $a[i]$ 和 $a[k]$，$i=i+1$。移动 k，继续处理下一个数据，如图 9.6(c)所示。

$a[k]=512, 275<a[k]<677$，移动 k，继续处理下一个数据，如图 9.6(d)所示。

$a[k]=61, a[k]<275$，交换 $a[i]$ 和 $a[k]$，$i=i+1$。移动 k，继续处理下一个数据，如图 9.6(e)所示。

$a[k]=908, a[k]>677$，移动 j 到 612，如图 9.6(f)所示。交换 $a[k]$ 和 $a[j]$，$j=j-1$。移动 k，继续处理下一个数据，如图 9.6(g)所示。

$a[k]=170, a[k]<275$，交换 $a[i]$ 和 $a[k]$，$i=i+1$。移动 k，继续处理下一个数据，如图 9.6(h)所示。

$a[k]=897, a[k]>677, a[j]=509, a[j]<677$，不移动 j。交换 $a[k]$ 和 $a[j]$，$j=j-1$。移动 k，继续处理下一个数据，如图 9.6(i)所示。

后续的几个数据介于两个枢轴之间，连续移动 k 至 154，如图 9.6(j)所示。

$a[k]=154$,$a[k]<275$,交换 $a[i]$和 $a[k]$,$i=i+1$。移动 k,继续处理下一个数据,如图 9.6(k)所示。此时,$k>j$,第四区域为空,交换 $a[l]$和 $a[i-1]$,交换 $a[r]$和 $a[j+1]$,如图 9.6(l)所示。

双枢轴快速排序继续对 $a[l..i-2]$、$a[i..j]$和 $a[j+2..r]$进行排序。

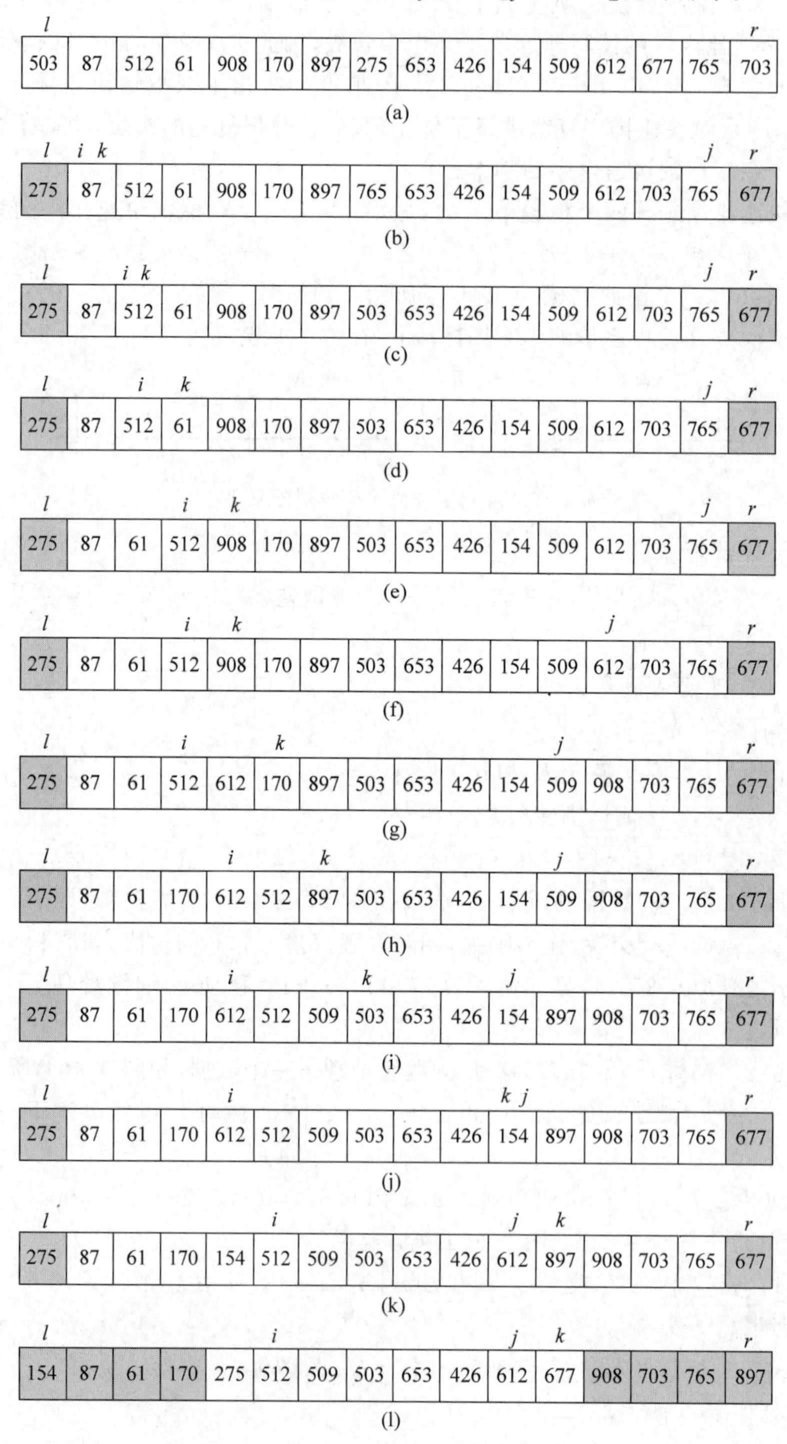

图 9.6 双枢轴快速排序划分过程

如果待排序数据全部等于枢轴，则单枢轴快速排序算法做了一些无意义的交换操作。假设枢轴为9，图9.7(a)的所有数据均等于枢轴，做了6次交换操作后的结果如图9.7(b)所示。这些交换操作没有实际意义，而且对划分得到的两个子数组递归排序时会再次做这些无意义的交换。做这些交换的有益之处在于划分后，枢轴处于中间位置，避免了其中一个子数组为空的最坏情况。

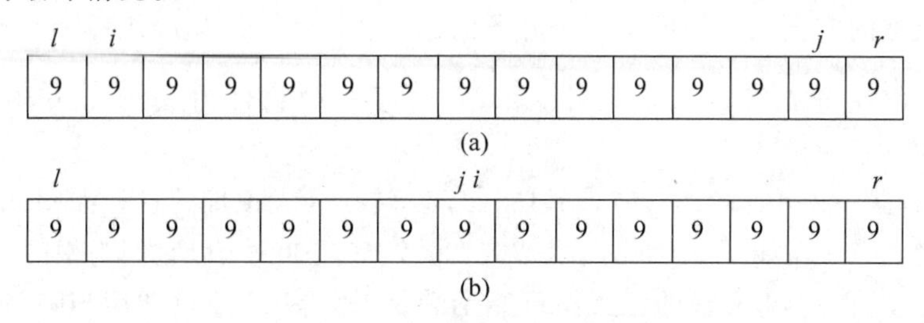

图9.7 单枢轴快速排序的无意义的交换

对 $a[i..j]$ 排序之前，双枢轴快速排序算法做了一个很关键的优化工作，尽可能地将与枢轴相等的数据交换到两端。优化过程如下：

(1) 若 $a[k]==p_1$，则交换 $a[k]$ 和 $a[i]$，$i=i+1$，转(3)。

(2) 若 $a[k]==p_2$，则：

① 交换 $a[k]$ 和 $a[j]$，$j=j-1$。

② 若 $a[k]==p_1$，则交换 $a[k]$ 和 $a[i]$，$i=i+1$。

(3) $k=k+1$，若 $k\leqslant j$，则转(1)，否则结束。

假设两个枢轴分别为1和5，优化前后的数据如图9.8(a)和图9.8(b)所示。

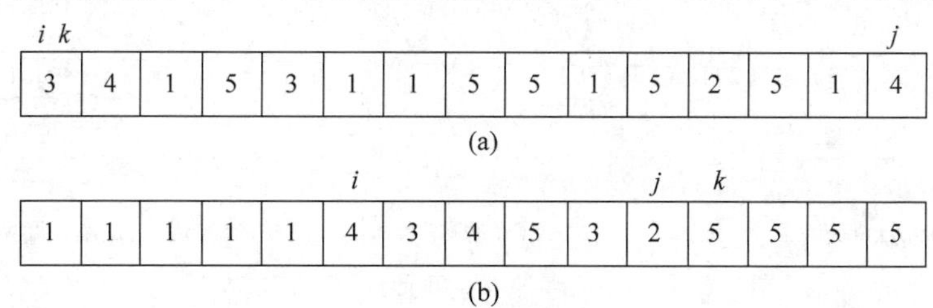

图9.8 双枢轴快速排序的优化工作

理论上可以证明，双枢轴快速排序算法的平均比较次数为 $2\times n\times \ln(n)$，平均交换次数为 $0.8\times n\times \ln(n)$，单枢轴快速排序的平均比较次数和平均交换次数分别为 $2\times n\times \ln(n)$ 和 $1\times n\times \ln(n)$。

Java类库的DualPivotQuicksort类实现了一个高度工程化的双枢轴快速排序算法。它综合运用了直接插入排序、堆排序、双枢轴快速排序，提高了排序速度，用于对基本类型的数据进行排序。

9.4 堆排序

1964年Willioms提出了堆排序(Heap Sort)算法，它是一种重要的基于选择的排序算法。堆排序使用了8.2节介绍的堆。

堆排序首先将不满足条件 8.2 的数据序列转换成大顶堆，称为建堆(Heapify)。建堆的过程是将数据序列视为完全二叉树，从二叉树的底层开始，逐层向上，对每个非叶子结点调用 siftDown 方法。

1. 建堆

有 n 个数据的完全二叉树的第一个叶子的编号为$\left\lfloor \frac{n}{2} \right\rfloor$，记为 m，编号大于 m 的数据都是叶子。为了使完全二叉树满足条件 8.3，需要逐一对编号为 $m-1,\cdots,0$ 的数据调用 siftDown 方法进行调整。

例如，将数据序列 49,38,65,97,76,13,27,50 转换为大顶堆的过程如图 9.9 所示。

初始的完全二叉树如图 9.9(a)所示，76、13、27、50 是叶子，以它们为根的二叉树满足条件 8.3。以 97、65、38、49 为根的二叉树可能不满足条件 8.3，通过调用 siftDown 方法使得以它们为根的二叉树满足条件 8.3。

97 的左孩子是叶子，右孩子是空树，它们满足条件 8.3，97 大于 50，以 97 为根的二叉树满足条件 8.3，调用 siftDown 方法后，二叉树没有任何变化。以 65 为根的二叉树满足条件 8.3，调用 siftDown 方法后，二叉树也没有任何变化。38 的左子树和右子树满足条件 8.3，调用 siftDown 方法后的结果如图 9.9(b)所示。49 的左子树和右子树满足条件 8.3，调用 siftDown 方法后的结果如图 9.9(c)所示。至此，整棵二叉树满足条件 8.3。

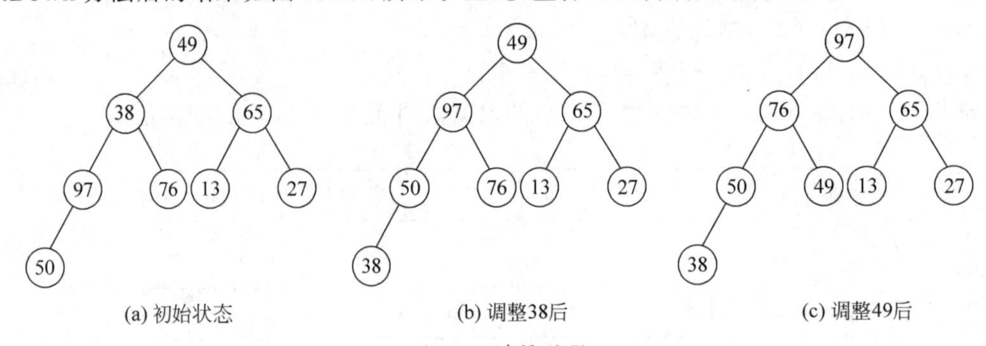

图 9.9　建堆过程

有 n 个数据的完全二叉树的高度 $h=O(\log n)$，对第 i 层($i\geqslant 0$)的数据执行 siftDown 操作所需的时间为 $O(h-i-1)$，第 i 层最多有 2^i 个数据，因此，对第 i 层的所有数据做 siftDown 操作所需的时间为 $O(2^i(h-i-1))$。从第 0 层到第 $h-2$ 层的所有数据做 siftDown 操作所需的时间为：

$$O\left(\sum_{i=0}^{h-2} 2^i(h-i-1)\right)=O\left(\sum_{k=1}^{h-1} k\,2^{h-k-1}\right)=O\left(2^h\sum_{k=1}^{h-1} k/2^{k+1}\right)=O(2^h)=O(n)$$

所以，建堆过程所需的时间为 $O(n)$。

2. 堆排序算法

堆排序算法：

输入：无序数组 a。

输出：数据从小到大的有序数组 a。

(1) $i=a.\text{length}-1$，$\text{size}=a.\text{length}$。

(2) 首先建堆,使数组 a 存储的数据成为大顶堆。

(3) 交换 $a[0]$和 $a[i]$。

(4) i -- , size -- 。

(5) 将子数组 $a[0..size-1]$调整为大顶堆。

(6) 若条件 $i<0$ 成立,则算法终止,否则转(3)。

例如,对数据序列 49,38,65,97,76,13,27,50 按从小到大排序,排序过程如图 9.10 所示。

首先建堆,结果如图 9.10(a)所示。交换 97 和编号最大的数据 38,执行语句 size -- ,从二叉树删除编号最大的数据 97,结果如图 9.10(b)所示。38 的左子树和右子树满足条件 8.3,对 38 调用 siftDown 方法后的结果如图 9.10(c)所示。交换 76 和编号最大的数据 27,从二叉树删除 76,对根调用 siftDown 方法后的结果如图 9.10(d)所示。继续处理其他的数据,最终结果如图 9.10(i)所示。

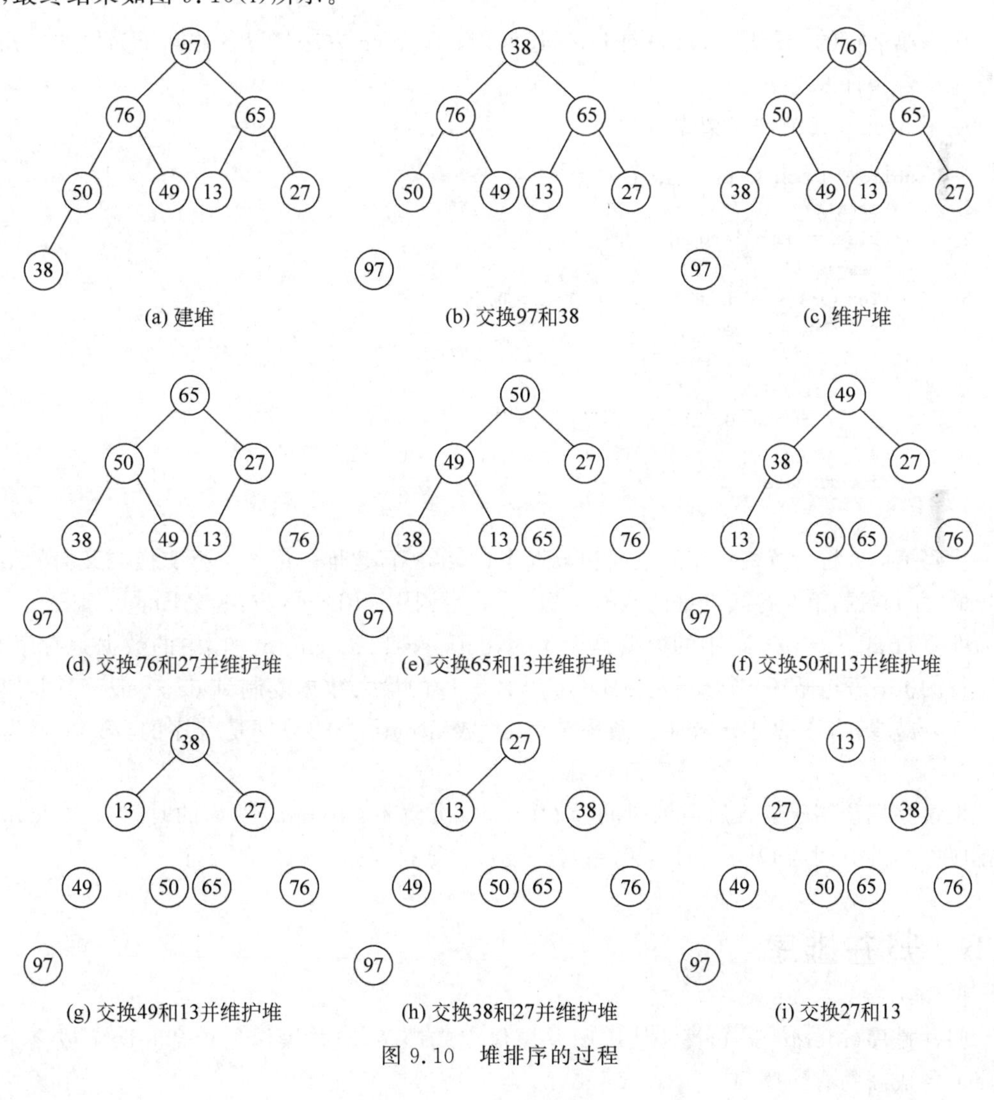

图 9.10 堆排序的过程

3. 堆排序算法的实现

HeapSort 类实现了堆排序算法。调用 heapify 方法之后,数组 data 存储的数据成为大顶堆,字段 size 记录了堆的数据个数。

```
public class HeapSort<T> {
    private T[] data;
    int size;
    …
}
```

heapify 方法创建大顶堆。

```
1   private void heapify() {
2       for (int i = (size >>> 1) - 1; i >= 0; i--)
3           siftDown(i, data[i]);
4   }
```

代码第 2 行的 for 语句,自底向上,通过调用 siftDown 方法将以各非叶子为根的二叉树调整为符合条件 8.3。

使用 heapSort 方法对数据排序。

```
1   public T[] heapSort(T[] a) {
2       data = a;
3       size = data.length;
4       heapify();
5       for (int i = data.length - 1; i > 0; i--) {
6           T t = data[i];
7           data[i] = data[0];
8           size--;
9           siftDown(0, t);
10      }
11      return data;
12  }
```

代码第 2、3 行设置待排序的数据和数据个数,第 4 行建堆。第 6、7 行交换二叉树的根和编号最大的数据,第 8 行减少堆的数据个数,第 9 行调用 siftDown 方法将 data[0..size-1]调整为堆。data[0..size-1]中的数据是无序的,data[size..a.length-1]中的数据是有序的,第 5 行的 for 语句循环一次,就将 data[0..size-1]的最大数据复制到 data[size-1],使无序的部分减少,有序的部分增加。循环结束后,数组 data 中的数据是有序的,第 11 行返回数组 data。

堆排序算法用于建堆所需的时间为 $O(n)$,每次循环 siftDown 所需的时间为 $O(\log n)$,堆排序所需的时间为 $O(n+n\log n)=O(n\log n)$。堆排序是不稳定的排序。

9.5 归并排序

归并排序(Merge Sort)算法使用归并操作完成排序,归并操作是指合并两个或多个有序序列形成新的有序序列。

合并两个有序序列的归并操作叫作两路归并。假设两个有序序列分别存储于子数组

$a[l..m]$和$a[m+1..r]$，令$q=m+1$，新序列存储于子数组$b[t..t+r-l]$，两路归并算法如下：

(1) 如果$a[l] \leqslant a[q]$，则$b[t]=a[l]$，$l=l+1$；否则$b[t]=a[q]$，$q=q+1$。

(2) $t=t+1$。

(3) 如果$l \leqslant m$ && $q \leqslant r$，则转(1)。

(4) 将$a[l..m]$或$a[q..r]$剩余的其他数据复制到$b[t..t+r-l]$，结束。

一个具体归并实例如图9.11所示。

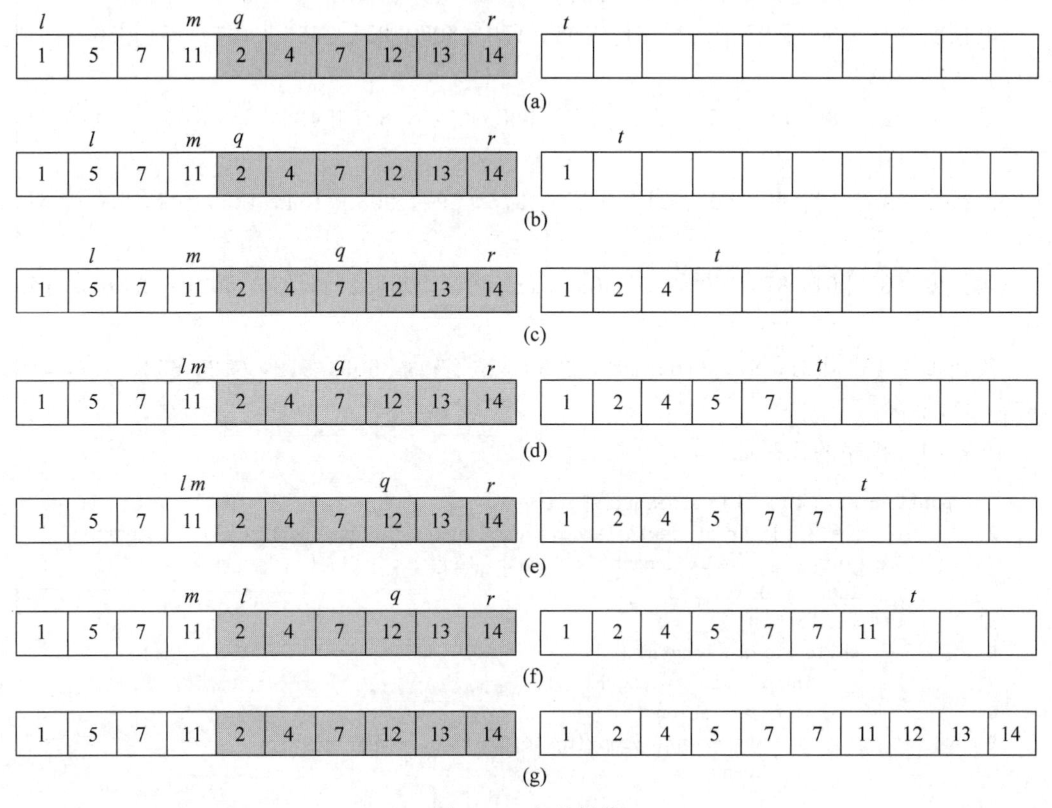

图9.11　归并操作

两路归并的代码如下：

```
1   private static <T> void twoWayMerge(T[] a, T[] b, int lo, int m, int hi, int t) {
2       int q = m + 1;
3       while (lo <= m && q <= hi) {
4           if (((Comparable<T>) a[lo]).compareTo(a[q]) < 0)
5               b[t++] = a[lo++];
6           else
7               b[t++] = a[q++];
8       }
9       if (lo <= m)
10          System.arraycopy(a, lo, b, t, m - lo + 1);
11      if (q <= hi)
12          System.arraycopy(a, q, b, t, hi - q + 1);
13  }
```

9.5.1 直接归并排序

数据中连续有序的片段叫作段(Run),段的数据个数称为段长度。直接归并排序通过合并两个段长度为1的段得到段长度为2的段,合并两个段长度为2的段得到段长度为4的段,以此类推,最终使数据有序。初始时,每个数据为一个段。

例如,使用直接归并对数据503,87,512,61,908,170,897,275,653,426,154,509,612,677,765,703排序的过程如下,括号[]表示一个段:

段长度=1 [503][87][512][61][908][170][897][275][653][426][154][509][612][677][765][703]

段长度=2 [87, 503][61, 512][170, 908] [275, 897][426, 653][154, 509][612, 677][703, 765]

段长度=4 [61, 87, 503, 512] [170, 275, 897, 908][154, 426, 509, 653] [612, 677, 703, 765]

段长度=8 [61, 87, 170, 275, 503, 512, 897, 908][154, 426, 509, 612, 653, 677, 703, 765]

段长度=16 [61, 87, 170, 154, 275, 426, 503, 509, 512, 612, 653, 677, 703, 765, 897, 908]

直接归并排序的代码如下:

```
1   public static <T> T[] mergeSort(T[] a) {
2       T[] b = (T[]) Array.newInstance(a.getClass().getComponentType(), a.length);
3       for (int length = 1; length < a.length; length <<= 1) {
4           int t = 0;
5           int lo = 0;
6           while (lo < a.length) {
7               int m = lo + length - 1;
8               if (m >= a.length) {
9                   System.arraycopy(a, lo, b, t, a.length - lo);
10                  break;
11              }
12              int hi = m + length;
13              if (hi >= a.length)
14                  hi = a.length - 1;
15              twoWayMerge(a, b, lo, m, hi, t);
16              t += hi - lo + 1;
17              lo = hi + 1;
18          }
19          T[] tmp = a;
20          a = b;
21          b = tmp;
22      }
23      return a;
24  }
```

代码第2行设置辅助数组b。第3~22行的for语句每次循环归并长度为length的段,循环后长度加倍。其中,第4行设置数组b的开始位置,第5行设置第1个段的开始位置。第6~18行每次循环归并相邻的两个段,变量lo和m是段在数组的起止位置,其相邻段的起止位置为 m+1 和 hi。第 8~11 行，如果这个段没有相邻段，则将其数据复制到辅助数组。第 15 行调用归并操作完成两个段的合并。第 16、17 行设置下一次循环时，段的开始位置和复制数组的位置。合并完所有长度为 length 的段后，归并后的数据存储于数组 b。进入下一次循环前，交换数组 a 和 b(第 19~21 行)。

直接归并排序也可以使用递归实现，代码如下：

```
1   public static <T> T[] rMergeSort(T[] a) {
2       T[] b = (T[]) Array.newInstance(a.getClass().getComponentType(), a.length);
3       rMergeSort(a, b, 0, a.length - 1);
4       return a;
5   }
6   private static <T> void rMergeSort(T[] a, T[] b, int lo, int hi) {
7       if (lo == hi)
8           return;
9       int m = (lo + hi) >>> 1;
10      rMergeSort(a, b, lo, m);
11      rMergeSort(a, b, m + 1, hi);
12      twoWayMerge(a, b, lo, m, hi, lo);
13      System.arraycopy(b, lo, a, lo, hi - lo + 1);
14  }
```

mergeSort 方法的第 3~22 行每次循环将所有长度为 length 的段归并为若干个长度为 2×length 的段，归并操作所需的时间复杂度是 $O(n)$，共需要 $O(\log n)$ 次循环，所以需要总的时间复杂度为 $O(n\log n)$。理论上可以证明，归并排序算法最好情况、最坏情况和平均情况的时间复杂度均为 $O(n\log n)$。归并排序是稳定的排序。

由于使用了大小为 n 的辅助数组来存储合并后的子数组，因此空间复杂度为 $O(n)$。

9.5.2 自然归并排序

直接归并排序是从段长度为 1 的段开始归并。在实际应用中，待排序数据已经部分有序，如果能利用数据的部分有序性，就能形成段长度大于 1 的段，这样会减少参与归并的段数，从而减少归并操作的次数，提高归并排序的性能。

假设最初段只有一个数据 $a[i]$，如果 $a[i] \leqslant a[i+1]$，则扩充段，段包含数据 $a[i]$、$a[i+1]$，如果 $a[i+1] \leqslant a[i+2]$，则继续扩充段，直至 $a[i+j] > a[i+j+1]$，最终段由 $a[i], a[i+1], \cdots, a[j]$ 构成，这样形成的段叫作自然段。

例如，数据 503,87,512,61,908,170,897,275,653,426,154,509,612,677,765,703 可划分为以下自然段：

[503][87,512][61,908][170,897][275,653][426][154,509,612,677,765][703]

上述方法形成的自然段的数据是从小到大排列，也可以形成逆序的自然段。假设最初段只有一个数据 $a[i]$，如果 $a[i] > a[i+1]$，则扩充段，段包含数据 $a[i]$、$a[i+1]$，如果 $a[i+1] > a[i+2]$，则继续扩充段，直至 $a[i+j] \leqslant a[i+j+1]$，最终段由 $a[i], a[i+1], \cdots, a[j]$ 构成。示例数据构成的逆序自然段如下：

[503,87][512,61][908,170][897,275][653,426,154][509][612][677][765,703]

归并排序是所有排序算法中比较操作次数最少的排序算法。基本类型的数据比较大小时只需执行一条计算机的指令，而 Java 比较对象大小时，必须调用 compareTo 方法或

compare 方法，代价较高。因此，Java 类库的 TimSort 类和 ComparableTimSort 类实现的归并排序供 Arrays. sort 对引用类型的数据进行排序。TimSort 类实现的归并排序属于自然归并排序算法。为了减少比较次数和归并次数，TimSort 类实现的归并排序进行了很多优化，其代码复杂、精巧，考虑全面。

9.6 基数排序

前几节介绍的排序算法通过调用 compareTo 方法获取两个数据的大小关系，但不依赖于 compareTo 方法的具体实现，即不依赖于比较大小关系的规则。

基数排序(Radix Sort)是一类新的排序算法，它利用了比较大小规则的信息，适用于按“位”比较大小的数据的排序。

假设按以下规则定义扑克牌的大小：

(1) ♣ <♦ <♥ <♠。

(2) 2<3<4<5<6<7<8<9<10<J<Q<K<A。

即先按花色定大小，同一花色再按面值定大小。各张牌的大小关系如下：

2♣ <…< A♣ <2♦ <…A♦ <2♥ <…A♥ <2♠ <…< A♠

根据上述大小关系，编写 compareTo 方法的代码，使用前述的任何一种排序算法，都可以对一手牌进行排序。

扑克牌游戏的玩家经常这样洗牌，先将同一花色牌集中在一起，从左至右按照梅花、方块、红桃和黑桃的次序排放，然后将所有梅花按面值排放，再按相同的方法处理方块、红桃和黑桃。

上述的扑克牌排序是先按高位排序，再按低位排序，这样的排序方法叫作高位优先基数排序。

对一组正整数可以这样排序，先按个位值排序，再按十位值排序，以此类推。

例如，对 503，87，512，61，908，170，897，275，653，426，154，509，612，677，765，703 进行排序。

按个位排序后：

170,61,512,612,503,653,703,154,275,765,426,87,897,677,908,509

按十位排序后：

503,703,908,509,512,612,426,653,154,61,765,170,275,87,677,897

按百位排序后：

61,87,154,170,275,426,503,509,512,612,653,677,703,765,897,908

上述的正整数排序是先按低位排序，再按高位排序，这样的排序方法叫作低位优先基数排序。

高位优先基数排序要求按高位将数据分成子序列，然后对各子序列分别排序。低位优先基数排序不必分成子序列，全部数据都参与排序，但除最高位的排序外，其他位的排序必须使用稳定的排序算法。

基数排序常用的实现方法是使用链表存储数据，并在排序过程中使用类似于基于分离链的哈希表作为辅助存储空间，桶的个数等于基数，桶的编号为 $0 \sim r-1$，r 是基数。每位的排序由分配和收集两个操作组成。分配操作扫描链表,对每个结点,如果位值为 k,则将该结点加入第 k 个桶的链表的表尾。收集操作将第 i 个桶的链表的表尾与第 $i+1$ 个桶的链表的表头相连接,i 从 0 开始,最终形成一个新链表,如图 9.12(a)~(d)所示。

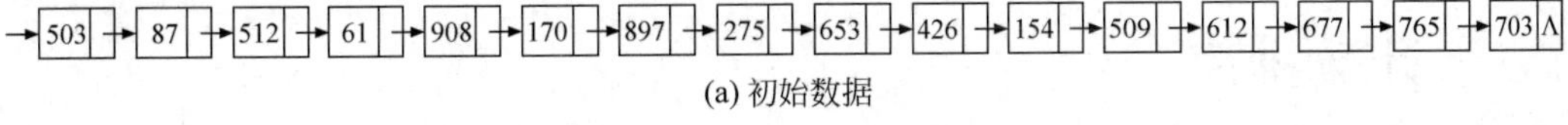

(a) 初始数据

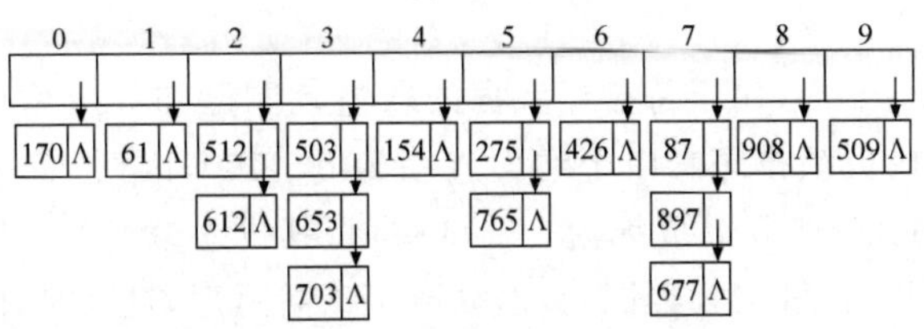

(b) 个位的分配-收集

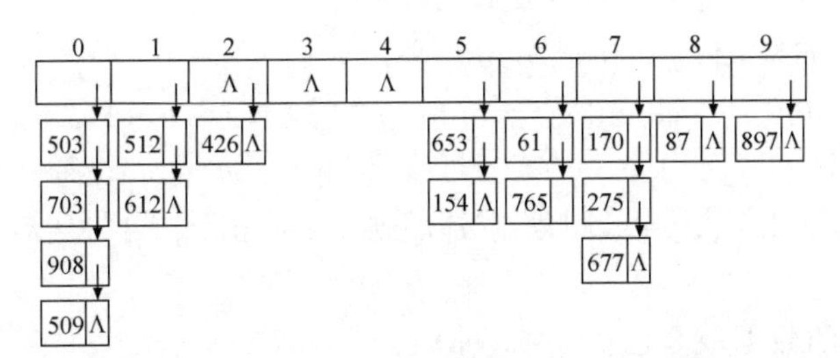

(c) 十位的分配-收集

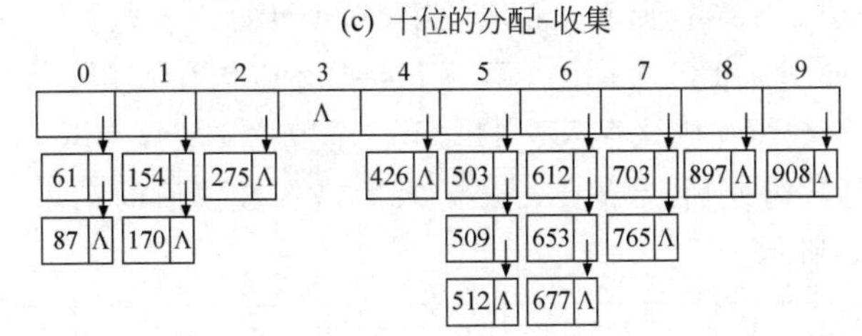

(d) 百位的分配-收集

图 9.12 链式基数排序

链式基数排序使用了链表,链表只需具有取链表第一个结点、连接两个链表的头和尾等简单功能,因此设计一个简单的链表即可。

如果待排序数据由 d 位组成,则基数排序需要 d 次分配-收集操作。链式基数排序的时间复杂度为 $O(d(n+r))$,因为分配操作的时间复杂度为 $O(n)$,收集操作的时间复杂度为 $O(r)$。

链式基数排序需要 r 个桶的辅助空间,因此其空间复杂度为 $O(r)$。链式基数排序是稳定的排序算法。

对位的理解不应局限于十进制数的个位、十位、百位等。Java 使用补码存储整数,int 占用 32 比特，long 占用 64 比特。对 int 型的数据，可以这样定义位，每位占用几比特。例如，每位占用 8 比特，则所有整数都是 4 位的整数，基数为 2^8。这样定义位后，取个位、十位、百位时，只需要使用位运算，而不必使用除法和取余数运算。

9.7 计数排序

计数排序(Counting Sort)用于待排序数据的取值范围已知的应用场景。例如，考试阅卷结束后，需要对试卷按成绩排序。由于卷面成绩为 0～100，因此，首先准备 101 个盒子，编号为 0～100，然后取出一张卷面成绩为 s 的试卷，将其投入编号为 s 的盒子，所有试卷投放完毕后，从 0 号盒子开始，依次收集试卷，即完成了试卷排序，这就是计数排序。假设试卷数为 n，则排序需要的时间为 $O(n)$。

假设数组 a 存储了 n 个数据，数据的取值范围为 $0 \sim m-1$，计数排序的过程如下：

(1) 设置辅助数组 count[m]，令各数组元素为 0。

(2) 遍历数组 a，如果 $a[i]=s$，则 count[s]++，$0 \leqslant i \leqslant n-1$。

(3) 求累加和，count[i]=count[i]+count[$i-1$]，$1 \leqslant i \leqslant n-1$。

(4) 设置辅助数据 $b[n]$。

(5) 遍历数组 a，如果 $a[i]=s$，则复制 $a[i]$ 到 b[count[s]-1]，然后，count[s]=count[s]-1，$0 \leqslant i \leqslant n-1$。

(6) 数组 b 存储的数据就是已排序的数据。

计数排序的示例如图 9.13 所示。图 9.13(a)是待排序的数据。算法的第(2)步求出各数据值的数据个数，如图 9.13(b)所示。算法的第(3)步计算出各数据值在数组 b 的终止位置(不包含这个位置)，如图 9.13(c)所示。第一个数据 3 应该存入 $b[9]$，下一个数据 3 应该存入 $b[8]$。同理，第一个数据 4 应该存入 $b[11]$，下一个数据 4 应该存入 $b[10]$，如图 9.13(d)所示。所有数据复制到数组 b 后，数组 count 记录的是各数据值的第 1 个数据在数组 b 的开始位置，如图 9.13(f)所示。

图 9.13 计数排序

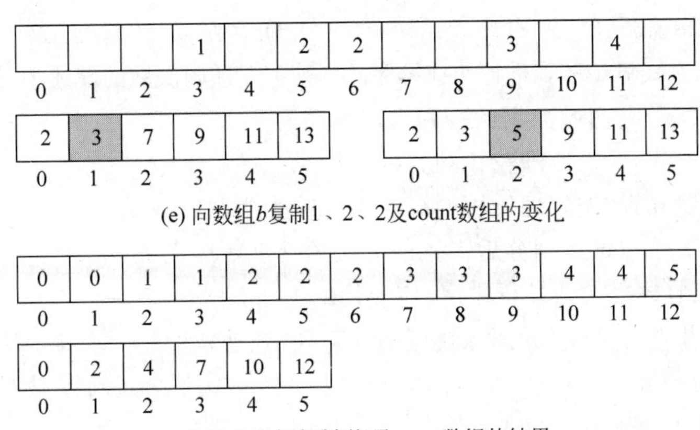

(e) 向数组b复制1、2、2及count数组的变化

(f) 所有数据复制到b及count数组的结果

图 9.13 （续）

计数排序是稳定的排序算法。算法的第(5)步要从右向左遍历数组 a(图 9.13 是从左向右遍历数组 a)。

计算排序需要辅助数组 count 和 b,其空间复杂度为 $O(n+m)$。

小结

多数排序算法通过比较数据的大小实现排序,好的排序算法的时间复杂度为 $O(n\log(n))$,理论上可以证明,这是基于比较的排序算法所能取得的最好结果。如果数据的统计特征满足某些要求,则排序算法的时间复杂度可以达到 $O(n)$。

工程上使用的排序算法都经过了精心的优化。例如,Java 类库对基本类型数据的排序就综合运用了双枢轴快速排序、直接插入排序及其变体。

限于篇幅,本章只介绍了部分排序算法,其他的排序算法可参阅文献[1]。

习题

1. 选择题

(1) 排序算法的稳定性是指(　　)。

A. 排序后能使关键字相同的元素保持原顺序中的相对位置不变

B. 排序后能使关键字相同的元素保持原顺序中的绝对位置不变

C. 排序算法的性能与被排序元素的个数关系不大

D. 排序算法的性能与被排序元素的个数关系密切

(2) 用直接插入排序对下列 4 个表进行(从小到大)排序,比较次数最少的是(　　)。

A. 94,32,40,90,80,46,21,69　　B. 21,32,46,40,80,69,90,94

C. 32,40,21,46,69,94,90,80　　D. 90,69,80,46,21,32,94,40

(3) 一组数据的关键字为(46,79,56,38,40,84),则利用快速排序,以 46 为枢轴,从小到大得到的一次划分结果为(　　)。

A. (38,40,46,56,79,84)　　B. (40,38,46,79,56,84)

C. (40,38,46,56,79,84) D. (40,38,46,84,56,79)

(4) 采用递归方式对顺序表进行快速排序。下列关于递归次数的叙述中,正确的是( )。

A. 递归次数与初始数据的排列次序无关

B. 每次划分后,先处理较长的分区可以减少递归次数

C. 每次划分后,先处理较短的分区可以减少递归次数

D. 递归次数与每次划分后得到的分区的处理顺序无关

(5) 对 10TB 的数据文件进行排序,应使用的方法是( )。

A. 计数排序 B. 插入排序 C. 快速排序 D. 归并排序

(6) 对给定的关键字序列 110,119,007,911,114,120,122 进行基数排序,第 2 次分配收集后得到的关键字序列是( )。

A. 007,110,119,114,911,120,122 B. 007,110,119,114,911,122,120

C. 007,110,911,114,119,120,122 D. 110,120,911,122,114,007,119

(7) 选择一个排序算法时,除了算法的时空效率外,下列因素中,还需要考虑的是( )。

Ⅰ. 数据的规模 Ⅱ. 数据的存储方式 Ⅲ. 算法的稳定性 Ⅳ. 数据的初始状态

A. 仅Ⅲ B. 仅Ⅰ、Ⅱ

C. 仅Ⅱ、Ⅲ、Ⅳ D. Ⅰ、Ⅱ、Ⅲ、Ⅳ

(8) 建堆的时间复杂度是( )。

A. $O(\log n)$ B. $O(n)$ C. $O(n\log n)$ D. $O(n^2)$

2. 填空题

(1) 若不考虑基数排序和计数排序,则在排序过程中,主要进行的两种基本操作是关键字的________和数据的________。

(2) 一组数据的关键字是(25,48,16,35,79,82,23,40,36,72),其中含有 5 个长度为 2 的有序表,按 2 路归并排序方法对该序列进行一次归并后的结果是________。

(3) 快速排序的空间复杂度为________。

(4) 堆排序是一种________排序,堆排序的时间复杂度是________,空间复杂度是________。

3. 应用题

(1) 将数组[3,5,6,7,20,8,2,9,12,15,30,17]建成大顶堆并排序。

(2) 设有 6 个有序表 A、B、C、D、E、F,分别含有 10、35、40、50、60、200 个关键字,各表中的关键字按升序排列。要求通过 5 次两两合并,将 6 个表最终合并成 1 个升序表并在最坏情况下比较的总次数最少。

(3) 在数组 A[0..$n-1$]中存放有 n 个不同的整数,其值均在 1~n。编写程序将 A 中 n 的个数从大到小排序后存储到数组 B[0..$n-1$]中,要求算法的时间复杂度为 $O(n)$。

(4) 编写程序,将一个整数序列中的所有负数移动到所有正数之前,要求时间复杂度为 $O(n)$,空间复杂度为 $O(1)$。

(5) 给定一个含 $n(n\geqslant 1)$个整数的数组,请设计一个在时间上尽可能高效的算法,找出数组中未出现的最小正整数。例如,数组(−5,3,2,3)中未出现的最小正整数是 1,数组(1,2,3)中未出现的最小正整数是 4。

(6) 若待排序序列使用静态链表存储,试实现其直接插入排序算法。

(7) 运用快速排序的思想设计递归算法,实现求 $n(n>1)$个不同元素集合中第 $k(1\leqslant k\leqslant n)$个最大的元素,要求时间复杂度为 $O(n)$。

(8) 设有一个数组中存放了 n 个无序的关键字序列。设计算法将关键字 x 放到正确的位置,即 x 大于左边的所有关键字,x 小于右边的所有关键字。

(9) 数据存放在数组 A 中,共有 $m+n$ 个数组元素,数组的前 m 个元素递增有序,后 n 个元素递增有序,设计算法,使得整个数组的数组元素有序,并给出时间复杂度和空间复杂度。

(10) 编写基数排序代码,实现对一组整数(可为正,可为负,也可以为 0)的排序。

第10章 图

本章学习目标

- 理解图的相关概念
- 掌握图的邻接矩阵和邻接表描述
- 掌握基于邻接矩阵和邻接表的图的实现
- 掌握图的搜索算法
- 了解最短路径问题和最小生成树问题的算法和相关的数据结构

图是离散数学的重要内容,很多实际应用需要使用图。本章介绍一种典型的实现图的方法,该方法将顶点作为数据,将边视为数据之间的关系,使用邻接矩阵和邻接表存储顶点的邻接点。在此基础上介绍了广度优先搜索算法和深度优先搜索算法和实现,以及运用图解决最短路径和最小生成树问题。

10.1 图的基本概念

图(Graph)是一个用途广泛的数学模型,很多实际问题都可以抽象为图。自 1736 年欧拉使用图解决哥尼斯堡七桥问题以来,图理论及其应用得到了极大的发展。

【定义 10.1】 无向图(Undirected Graph)G 是三元组,记为 $G=(V,E,\varphi)$。其中,V 是顶点(Vertex)的集合,E 是边(Edge)的集合,φ 是映射,将边映射为偶对(u,v),$u,v\in V$。如果 $\varphi(e)=(u,v)$,$e\in E$,则称边 e 关联(Incident)于顶点 u、v,顶点 u 和 v 是相互邻接的(Adjacent),顶点 u 和 v 互为邻接点。一般用 u-v 表示顶点 u 和 v 之间的边。

【定义 10.2】 有向图(Directed Graph)G 是三元组,记为 $G=(V,E,\varphi)$。其中,V 是顶点的集合,E 是弧(Arc)的集合,φ 是映射,将弧映射为有序偶对$<u,v>$,$u,v\in V$,弧也叫作有向边。如果 $\varphi(e)=(u,v)$,$e\in E$,则称弧 e 关联于顶点 u,关联至顶点 v,顶点 u 叫作尾(Tail),顶点 v 叫作头(Head),顶点 u 邻接至顶点 v,顶点 v 邻接于顶点 u。一般用 $u\rightarrow v$ 表示顶点 u 到 v 的弧。

顶点有名字,用于区分不同的顶点。顶点可以有标签(Label),标签是任意类型的数据,表示顶点的属性。边有名字,常使用边关联的两个顶点作为边的名字。边可以有标签,标签是任意类型的数据,表示边的属性。

经常采用图示的方式表示图,用圆表示顶点,圆内是顶点的名字或标签,用线段表示边,用带箭头的线段表示弧,边(弧)的标签依附于边(弧)。

有 6 个顶点、7 条边的无向图 $G1$ 如图 10.1 所示，图中使用圆表示顶点，圆内的字母是顶点的名字。使用线段表示边，使用边关联的两个顶点的名字命名边。顶点 A 和 B 互为邻接点，边 (A,B) 关联于顶点 A 和 B。

有 5 个顶点、7 条弧的有向图 $G2$ 如图 10.2 所示，图中使用圆表示顶点，圆内的字母是顶点的名字。使用带箭头的线段表示弧，使用弧关联的两个顶点的名字命名弧。顶点 A 关联至顶点 B，顶点 B 关联于顶点 A，弧 (A,B) 关联于顶点 A，关联至顶点 B。

带有标签的有向图 $G3$ 如图 10.3 所示，图中的数字是弧的标签，标签可以是任意数据类型，本书采用 double 类型，标签也叫作权，这样的有向图也叫作带权有向图。弧 (A,B) 的权是 9，弧 (A,E) 的权是 8。

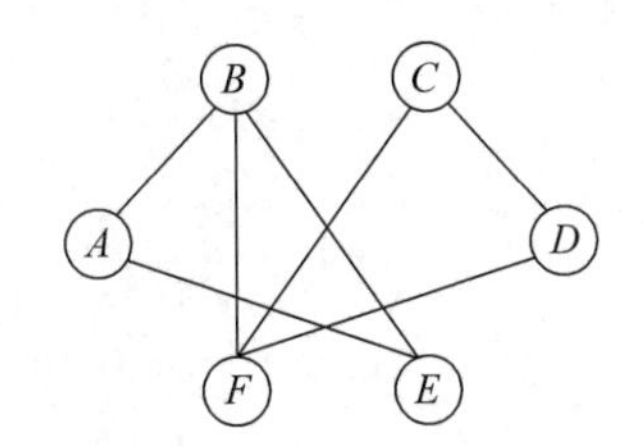

图 10.1 无向图 $G1$

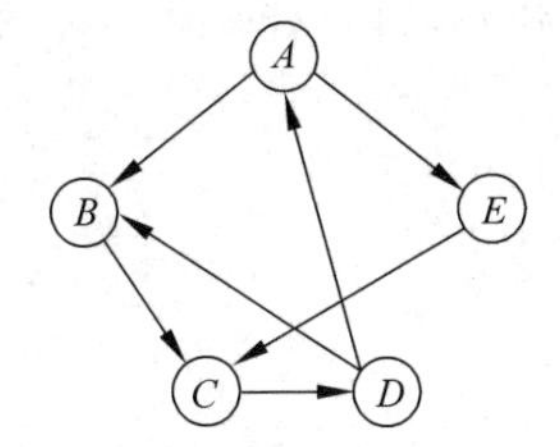

图 10.2 有向图 $G2$

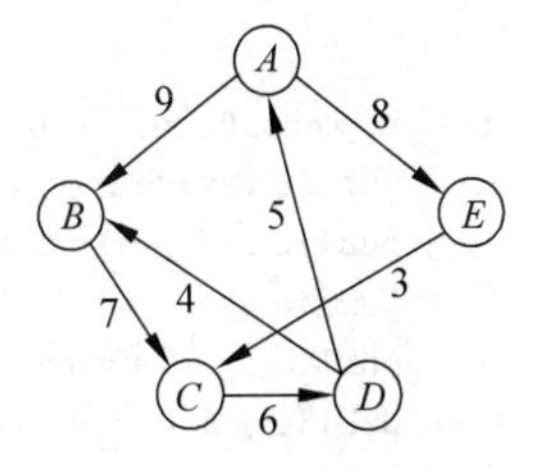

图 10.3 带权有向图 $G3$

【定义 10.3】 路径(Path)是顶点的序列，$v_1, v_2, \cdots, v_n$，并且存在偶对 (v_1, v_2)、(v_2, v_3)、(v_{n-1}, v_n)。有 n 个顶点的路径长度(Length)为 $n-1$。如果路径中没有相同的顶点（除 v_1 和 v_n 外），这样的路径叫作简单路径(Simple Path)。

图 $G1$ 的顶点 A 到 D 有若干条路径，例如 A-B-E-A-B-F-D，A-B-F-D，路径长度分别为 6 和 3，后者是简单路径。

图 $G2$ 的顶点 A 到 D 的路径有 $A \to B \to C \to D$ 和 $A \to E \to C \to D$，两条路径都是简单路径，长度为 3。顶点 D 到 A 的简单路径有 $D \to A$，非简单路径有 $D \to B \to C \to D \to A$。

【定义 10.4】 如果无向图 G 的任意两个顶点 u 与 v 之间存在路径，则称 G 为连通图(Connected Graph)。如果有向图 G 的任意两个顶点 u 与 v 之间存在路径，则称 G 为强连通图(Strong Connected Graph)。

图 $G1$ 的顶点 A 到 D 有若干条路径，由于边是无方向的，因此所有顶点 A 到 D 的路径也是顶点 D 到 A 的路径。可以验证，图 $G1$ 是连通图。

在验证 10 个顶点对后，可知，图 $G2$ 是强连通图。

【定义 10.5】 G 为有 n 个顶点的无向连通图，通过不断地删除 G 的边，得到有 $n-1$ 条边的连通图 G'，G' 称为 G 的生成树(Spanning Tree)。

图 $G1$ 删除边 (A,E) 和 (C,D) 就得到了生成树，如图 10.4 所示。

【定义 10.6】 u 是无向图 G 的顶点，u 的度(Degree)为 u 的邻接点的个数，或关联于 u 的边的条数。

图 $G1$ 的顶点 A 的度是 2，顶点 F 的度是 3。

【定义 10.7】 u 是有向图 G 的顶点，u 的出度(Out-Degree)为 u 邻接至的邻接点的个数，或以 u 为尾的弧的条数。u 的入度(In-Degree)为邻接于 u 的邻接点的个数，或以 u 为头的弧的条数。

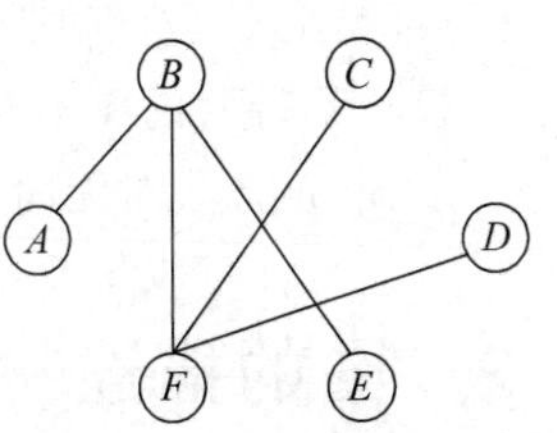

图 10.4 图 $G1$ 的生成树

图 $G2$ 的顶点 B 的出度是 1，入度是 2，顶点 D 的出度为 2，入度为 1。

本书将图分为有向图、无向图、带权的有向图和带权的无向图，枚举类 GraphKind 对此进行了定义。

```
public enum GraphKind {
  DirectedGraph, UnDirectedGraph, WeightedDirectedGraph, WeightedUnDirectedGraph
}
```

图的操作多种多样，一般由具体的应用决定。本书只讨论一些基本的操作，例如，增加边、删除边、设置或获取边的权，为了实现方便，没有提供增加顶点和删除顶点的操作。

以下的 IGraph 接口定义了图。要求每个顶点有唯一的编号，若图有 n 个顶点，则顶点的编号为 $0,1,\cdots,n-1$。参数 u 和 v 是顶点的编号，w 是边或弧的权。

```
public interface IGraph<T> {
    public GraphKind getGraphKind();
    public int numberOfVertices();
    public int numberOfEdges();
    public int inDegree(int v);
    public int outDegree(int v);
    public int degree(int v);
    public boolean addEdge(int u, int v);
    public boolean removeEdge(int u, int v);
    public void addWeightedEdge(int u, int v, double w);
    public double getWeight(int u, int v);
    public Iterator<Integer> iterator(int v);
}
```

- getGraphKind 方法返回图的类型。
- numberOfVertices 方法返回顶点个数。
- numberOfEdges 方法对无向图返回边数，对有向图返回弧数。
- inDegree 方法返回有向图顶点的入度，无向图不支持该方法。
- outDegree 方法返回有向图顶点的出度，无向图不支持该方法。
- degree 方法返回无向图顶点的度，有向图不支持该方法。
- addEdge 方法对无向图加入关联顶点 u 和 v 的边，对有向图加入以 u 为尾、以 v 为头的弧。
- removeEdge 方法对无向图删除关联顶点 u 和 v 的边，对有向图删除以 u 为尾、以 v 为头的弧。
- addWeightedEdge 方法对带权的无向图设置边 u-v 的权，对带权的有向图设置弧 $u \rightarrow v$ 的权。不带权的图不支持该方法。
- getWeight 方法对带权的无向图返回边 u-v 的权，对带权的有向图返回弧 $u \rightarrow v$ 的权。不带权的图不支持该方法。
- iterator 方法对无向图返回顶点 v 的邻接点，对有向图返回顶点 v 的邻接至邻接点。

10.2 图的描述

图的描述要根据应用的实际需求进行设计。本书采用以下设计方案：

(1) 将顶点视为数据，顶点有唯一的编号，用于区分顶点，对有 n 个顶点的图，顶点的编号为 0,1,…, $n-1$。

(2) 将边视为顶点之间的关系。

因此，图的描述就是要表达顶点之间的关系，即给出顶点的邻接点。常用的有邻接矩阵描述和邻接表描述。

10.2.1 邻接矩阵

若图 G 有 n 个顶点，则使用 $n \times n$ 矩阵(二维数组)存储各顶点的邻接点。对于无向图，如果顶点 u 的邻接点是顶点 v，则将矩阵的第 u 行第 v 列置为 1，否则，置为 0。对于有向图，如果顶点 u 邻接至顶点 v，则将矩阵的第 u 行第 v 列置为 1，否则，置为 0。

设图 $G1$ 的顶点 $A,B,\cdots,F$ 的编号为 0,1,…,5，其邻接矩阵如图 10.5(a)所示。为了阅读方便，后续的图示使用字母替代编号，如图 10.5(b)所示。邻接矩阵的第 A 行第 B 列、第 A 行第 E 列为 1，表示顶点 B 和 E 是顶点 A 的邻接点，或者说图有边 A-B、A-E。

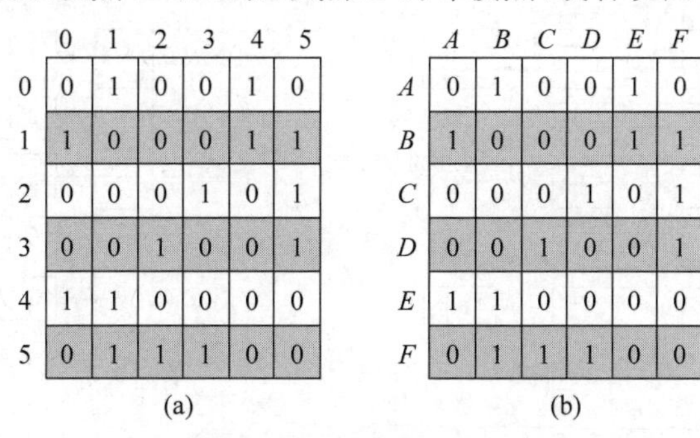

	0	1	2	3	4	5
0	0	1	0	0	1	0
1	1	0	0	0	1	1
2	0	0	0	1	0	1
3	0	0	1	0	0	1
4	1	1	0	0	0	0
5	0	1	1	1	0	0

(a)

	A	B	C	D	E	F
A	0	1	0	0	1	0
B	1	0	0	0	1	1
C	0	0	0	1	0	1
D	0	0	1	0	0	1
E	1	1	0	0	0	0
F	0	1	1	1	0	0

(b)

图 10.5 图 $G1$ 的邻接矩阵

有向图 $G2$ 的邻接矩阵如图 10.6 所示。邻接矩阵的第 A 行第 B 列为 1，则顶点 A 邻接至顶点 B，或者说图有弧 $A \rightarrow B$。

对于带权图，若顶点 u 到 v 有边(弧)，即顶点 u 的邻接点是顶点 v(顶点 u 邻接至顶点 v)，则将矩阵的第 u 行第 v 列设置为权，否则设置为 $+\infty$ 或 $-\infty$。带权有向图 $G3$ 的邻接矩阵如图 10.7 所示，为了清晰起见，图中使用空白表示顶点之间无弧。

	A	B	C	D	E
A	0	1	0	0	1
B	0	0	1	0	0
C	0	0	0	1	0
D	1	1	0	0	0
E	0	0	1	0	0

图 10.6 图 $G2$ 的邻接矩阵

	A	B	C	D	E
A		9			8
B			7		
C				6	
D	5	4			
E			3		

图 10.7 带权有向图 $G3$ 的邻接矩阵

邻接矩阵占用的存储空间是 $O(n^2)$。其优点是检查顶点之间是否存在边(弧)，增加、删除边(弧)的时间复杂度是 $O(1)$；缺点是对于稀疏图(边数 $e \ll n^2$)，会浪费大量的存储空间。

10.2.2 邻接表

顶点的邻接点可存储于线性表。对于边的增加和删除操作频繁的应用,一般使用链式描述的线性表,对于变化不频繁的应用,可使用数组描述的线性表,对于不发生增加和删除边的应用,也可直接使用数组。

邻接表由数组和线性表组成。顶点与数组元素一一对应,即 0 号顶点对应 0 号数组元素,1 号顶点对应 1 号数组元素,以此类推。数组元素引用存储邻接点的线性表。

图 $G1$ 的邻接表如图 10.8 所示,线性表是由链式描述的线性表。0 号顶点的邻接点有 1 号顶点和 4 号顶点,这些邻接点存放于 0 号数组元素引用的链表。

图 $G2$ 的邻接表如图 10.9 所示,0 号顶点邻接至 1 号顶点和 4 号顶点,这些邻接至顶点存放于 0 号数组元素引用的链表。这样的邻接表适合求顶点的出度等操作,但不利于求顶点的入度等操作。为了满足求入度等操作的需求,可以为有向图再设计一个逆邻接表。例如,图 $G2$ 的 0 号顶点邻接于 3 号顶点,则将 3 存入 0 号顶点的单向链表,如图 10.10 所示。

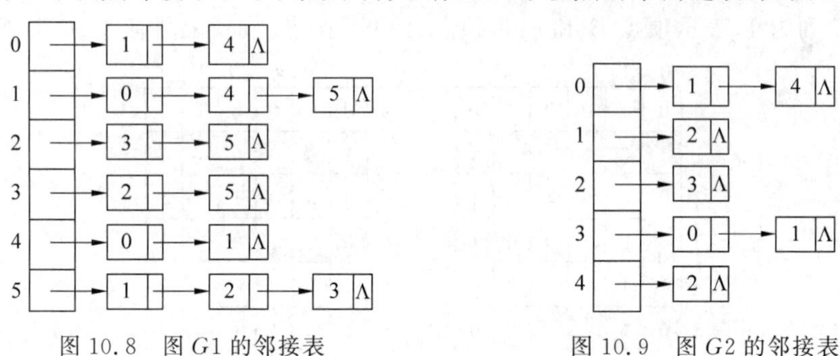

图 10.8 图 $G1$ 的邻接表　　图 10.9 图 $G2$ 的邻接表

带权有向图 $G3$ 的邻接表如图 10.11 所示,与有向图的邻接表的不同之处在于,需要使用偶对存放邻接点和权。

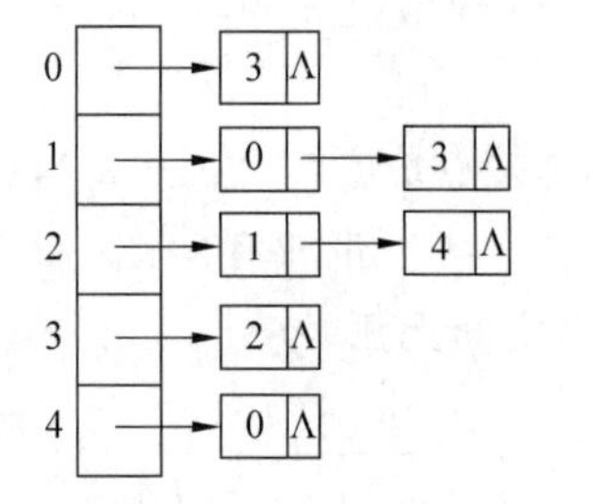

图 10.10 图 $G2$ 的逆邻接表

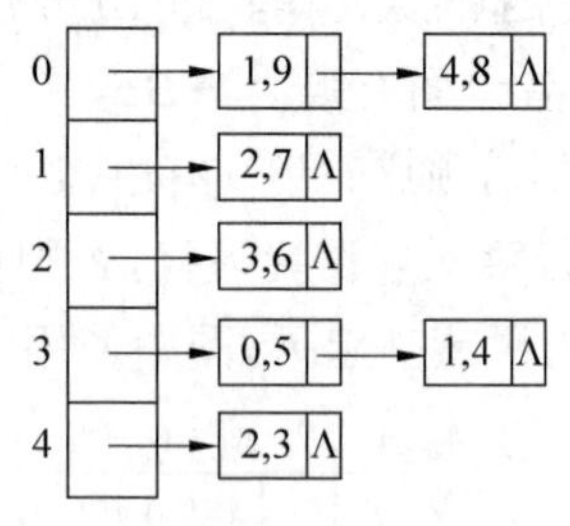

图 10.11 带权有向图 $G3$ 的邻接表

邻接表占用的空间为 $O(n+e)$,但检查顶点之间是否存在边(弧),增加、删除边(弧)的时间复杂度是 $O(n)$,适用于稀疏图。

10.3 图的实现

10.3.1 基于邻接矩阵的有向图的实现

AjacencyMatrixDirectedGraph 类是使用邻接矩阵实现的有向图。

1. AjacencyMatrixDirectedGraph 类

字段 graphKind 指明所存储的是有向图，数组 edges 存储顶点的邻接点，字段 n 是顶点的个数，字段 e 是弧数。

```
public class AjacencyMatrixDirectedGraph implements IGraph {
    public final static GraphKind graghKind = GraphKind.DirectedGraph;
    private int[][] edges;
    private int e;
    private final int n;
    ...
}
```

2. 构造器

构造器的参数是图的顶点个数。构造器构造了有 n 个顶点、0 条弧的图。

```
1   public AjacencyMatrixDirectedGraph(int nodes) {
2       this.n = nodes;
3       edges = new int[n][n];
4   }
```

3. rangeCheck 方法

rangeCheck 方法检查给定的顶点编号的有效性，供多个方法调用。

```
1   private void rangeCheck(int v) {
2       if (v < 0 || v >= n)
3           throw new IndexOutOfBoundsException();
4   }
```

4. outDegree 方法

outDegree 方法返回顶点的出度。顶点 v 的出度是形如(v,i)的弧的条数，弧(v,i)使邻接矩阵第 v 行第 i 列为 1。

```
1   public int outDegree(int v) {
2       rangeCheck(v);
3       int count = 0;
4       for (int i = 0; i < n; ++i)
5           count += edges[v][i];
6       return count;
7   }
```

代码第 4、5 行累加第 v 行，循环变量 i 表示矩阵的列号。例如，图 10.2 的图 $G2$，有弧 (A,B)和(A,E)，因此，顶点 A 的出度为 2。图 10.6 为图 $G2$ 的邻接矩阵，第 A 行值的累加和为 2。

5. inDegree 方法

inDegree 方法返回顶点的入度。顶点 v 的入度是形如(i,v)的弧的条数，弧(i,v)使邻接矩阵第 i 行第 v 列为 1。

```
1   public int inDegree(int v) {
2       rangeCheck(v);
3       int count = 0;
4       for (int i = 0; i < n; ++i)
```

```
5            count += edges[i][v];
6        return count;
7    }
```

代码第4、5行累加第v列，循环变量i表示矩阵的行号。例如，图10.2的图$G2$，有弧(A,B)和(D,B)，顶点B的入度为2。图10.6为图$G2$的邻接矩阵，第B列值的累加和为2。

6. degree方法

degree方法返回顶点的度。有向图没有定义顶点的度，属于不支持的操作。对不支持的操作，直接抛出异常UnsupportedOperationException。

```
1    public int degree(int v) {
2        throw new UnsupportedOperationException();
3    }
```

7. addEdge方法

addEdge方法增加弧u→v，即为顶点u增加一个邻接至邻接点v。

```
1    public boolean addEdge(int u, int v) {
2        rangeCheck(u);
3        rangeCheck(v);
4        if (edges[u][v] == 0) {
5            edges[u][v] = 1;
6            ++e;
7            return true;
8        }
9        return false;
10   }
```

代码第2、3行判断编号u、v的有效性，第4行判断弧是否已经存在，若edges[u][v]==0为真，则不存在弧u→v，令edges[u][v]=1，向图中增加了顶点u到顶点v的弧，同时表示更新字段e。若edges[u][v] == 0为假，则存在弧u→v，第9行返回false，表示没有向图增加弧。

8. removeEdge方法

removeEdge方法从图删除弧u→v，处理流程同addEdge方法。

```
1    public boolean removeEdge(int u, int v) {
2        rangeCheck(u);
3        rangeCheck(v);
4        if (edges[u][v] != 0) {
5            edges[u][v] = 0;
6            --e;
7            return true;
8        }
9        return false;
10   }
```

9. 迭代器

内部类Itr实现了迭代器，返回顶点邻接至的所有邻接点。

```
1    private class Itr implements Iterator<Integer> {
```

```
2         private int vertex;
3         private int cursor;
4         public Itr(int v) {
5             rangeCheck(v);
6             vertex = v;
7         }
8         public boolean hasNext() {
9             for (; cursor < n; cursor ++) {
10                if (edges[vertex][ cursor] != 0)
11                    break;
12            }
13            return cursor == n ? false : true;
14        }
15        public Integer next() {
16            return cursor ++;
17        }
18    }
```

字段 vertex 是查找的顶点编号，即矩阵的行号。字段 cursor 是顶点的编号，即矩阵的列号，初值为 0。第 10 行测试条件 edges[vertex][cursor] !=0，如果条件成立，则说明编号为 cursor 的顶点是 vertex 的邻接至邻接点，第 11 行中断循环，第 13 行返回 true。代码第 16 行返回一个邻接点，同时 cursor++，为第 9 行提供初值，这样，cursor 依次取值为 0、1、…、$n-1$。若第 13 行测试的条件 cursor==n 成立，则 cursor 取尽了所有编号，遍历了所有邻接点，返回 false。

10. 性能分析

addEdge 方法和 removeEdge 方法直接操作邻接矩阵的某行某列，时间复杂度为$O(1)$。outDegree 方法要检查某行的各列，时间复杂度为 $O(n)$。inDegree 方法检查某列的各行，时间复杂度为 $O(n)$。迭代器总体上要检查某行的各列，时间复杂度为 $O(n)$。

10.3.2 基于邻接表的有向图的实现

LinkedListDirectedGraph 类是使用邻接表实现的有向图。

1. LinkedListDirectedGraph 类

数组 edges 的各数组元素引用了线性表，线性表用于记录顶点的邻接点，字段 e 记录弧的条数，顶点 n 记录顶点的个数。

```
public class LinkedListDirectedGraph implements IGraph {
    public final static GraphKind graghKind = GraphKind.DirectedGraph;
    private List < Integer >[] edges;
    private int e;
    private final int n;
    ...
}
```

2. 构造器

构造器构造了有 n 个顶点、0 条弧的图。

```
1    @SuppressWarnings("unchecked")
```

```
2    public LinkedListDirectedGraph(int nodes) {
3        n = nodes;
4        edges = (List<Integer>[]) new List<?>[n];
5        for (int i = 0; i < n; i++)
6            edges[i] = new LinkedList<>();
7    }
```

代码第 6 行使数组元素引用链式描述的线性表 LinkedList 对象。

3. outDegree 方法

outDegree 方法返回顶点的出度。顶点 v 的出度就是其邻接至的顶点的个数,即存储其邻接点的线性表的数据个数,其值等于 size 方法的返回值。

```
1    public int outDegree (int v) {
2        rangeCheck(v);
3        int count = edges[v].size();
4        return count;
5    }
```

4. inDegree 方法

inDegree 方法返回顶点的入度。顶点 v 的入度就是邻接至它的顶点个数。

```
1    public int inDegree(int v) {
2        rangeCheck(v);
3        int count = 0;
4        for (int u = 0; u < n; u++) {
5            if (edges[u].indexOf(v) != -1)
6                ++count;
7        }
8        return count;
9    }
```

代码第 4～7 行通过循环对每个顶点调用 indexOf,检测其线性表是否包含 v,如果包含 v,则条件 indexOf(v)!=−1 成立,顶点 u 邻接至顶点 v,v 的入度加 1。

5. addEdge 方法

addEdge 方法添加弧 u→v。

```
1    public boolean addEdge(int u, int v) {
2        rangeCheck(u);
3        rangeCheck(v);
4        List<Integer> list = edges[u];
5        if (list.indexOf(v) == -1) {
6            list.add(v);
7            ++e;
8            return true;
9        }
10       return false;
11   }
```

代码第 5 行调用 indexOf 检测顶点 u 的线性表是否包含顶点 v,即弧 u→v 是否存在,如果这条弧不存在,则第 7 行调用 add 方法将顶点 v 加入顶点 u 的线性表,即添加了弧 u→v。

6. removeEdge 方法

removeEdge 方法删除弧 u→v。其思路很简单：若顶点 v 是顶点 u 的邻接点,则将顶点

v 从顶点 u 的线性表删除。

```
1  public boolean removeEdge(int u, int v) {
2      rangeCheck(u);
3      rangeCheck(v);
4      if (edges[u].remove(Integer.valueOf(v))) {
5          -- e;
6          return true;
7      }
8      return false;
9  }
```

Java 类库的线性表 List 有两个 remove，原型分别为 T remove(int index)和 boolean remove(Object)，前者需提供数据在线性表的位置，后者需提供要删除的数据。如果要使用前者，则要先调用 indexOf 获取 v 在线性表的位置，这样需要两次扫描线性表，效率低。因此，代码第 4 行调用 remove(Object)方法将 v 从线性表删除。

7. 迭代器

迭代器返回顶点的所有邻接点，即邻接表存储的数据。

```
1  public Iterator<Integer> iterator(int v) {
2      rangeCheck(v);
3      return    edges[v].iterator();        // 使用 List 的迭代器
4  }
```

代码第 3 行直接使用线性表的迭代器。

以上基于邻接表的有向图实现使用 Java 类库的 List 接口和 LinkedList 类，提高了代码的编写效率和质量。

10.3.3 基于邻接矩阵的带权有向图的实现

基于邻接矩阵实现带权有向图的关键是如何表示顶点之间无弧。如果权的类型是引用类型，则可以使用 null 表示顶点之间无弧。如果权的类型是 float 或 double，则可以使用 $+\infty$或$-\infty$表示顶点之间无弧。

AjacencyMatrixWeightedDirectedGraph 类是使用邻接矩阵实现的带权有向图，权的类型为 double，使用 Double. **POSITIVE_INFINITY** 表示两个顶点之间无弧。

1. AjacencyMatrixWeightedDirectedGraph 类

字段 noEdge 表示顶点之间无弧，其值为$+\infty$，字段 edges 表示邻接矩阵，字段 e 记录弧的条数，字段 n 记录顶点的个数。

```
public class AjacencyMatrixWeightedDirectedGraph implements IGraph {
    public final static GraphKind graghKind = GraphKind.WeightedDirectedGraph;
    public final static double noEdge = Double.POSITIVE_INFINITY; /
    private double[][] edges;
    private int e;
    private final int n;
    ...
}
```

2. 构造器

Java 语言的二维数组是通过嵌套实现的,数组元素 edges[i]引用了一维数组。

```
1   public AjacencyMatrixWeightedDirectedGraph(int nodes) {
2       n = nodes;
3       edges = new double[n][n];
4       for (int i = 0; i < n; ++i)
5           Arrays.fill(edges[i], noEdge);
6   }
```

代码第 5 行调用 fill 方法将各数组元素引用的数组设置为 noEdge。构造器构造了有 n 个顶点、0 条弧的带权有向图。

3. addWeightedEdge 方法

addWeightedEdge 方法添加弧 u→v,弧的权为 w。

```
1   public void addWeightedEdge(int u, int v, double w) {
2       rangeCheck(u);
3       rangeCheck(v);
4       if (edges[u][v] == noEdge) {
5           edges[u][v] = w;
6           ++e;
7           return;
8       }
9       edges[u][v] = w;
10  }
```

代码第 4 行检测弧 u→v 是否存在,如果不存在,即条件 edges[u][v]==**noEdge** 成立,则置数组的第 u 行第 v 列为 w,即添加了权为 w 的弧 u→v。如果存在,则第 9 行更新弧的权为 w。

其他代码请见本书配套资源中的 project。

10.3.4 基于邻接表的带权有向图的实现

基于邻接表实现带权有向图的关键是如何将顶点的邻接点和弧的权“装入”线性表。

1. Pair 类

Pair 类封装了顶点的邻接点和弧的权,字段 vertex 是邻接点,字段 weight 是权。Pair 对象作为数据“装入”线性表。

```
1   private static class Pair {
2       int vertex;                 // 邻接点
3       double weight;              // 权
4       Pair(int v, double w) {
5           vertex = v;
6           weight = w;
7       }
8       Pair() {
9       }
10      Pair setNode(int u) {
11          vertex = u;
12          return this;
```

```
13        }
14        public boolean equals(Object o) {          // List 的 indexOf、remove 要使用
15            if (o instanceof Pair)
16                return this.vertex == ((Pair) o).vertex;
17            return false;
18        }
19    }
```

由于 inDegree 方法和 removeEdge 方法需要调用 List 接口的 indexOf 方法和 remove 方法，这两个方法需要比较两个数据是否相等，Pair 类需要覆盖 equals 方法，代码第 16 行定义两个 Pair 对象的 vertex 一致即为相等。

2. LinkedListWeightedDirectedGraph 类

LinkedListWeightedDirectedGraph 类是使用邻接表实现的带权有向图，字段 pair 保存一个 Pair 对象，减少生成不必要的 Pair 对象，字段 edges 的数组元素引用了线性表，线性表用于记录顶点的邻接点和弧的权，字段 e 记录弧的条数，字段 n 记录顶点的个数。

```
public class LinkedListWeightedDirectedGraph implements IGraph {
    public final static GraphKind graghKind = GraphKind.WeightedDirectedGraph;
    public final static double noEdge = Double.POSITIVE_INFINITY;
    private final Pair pair = new Pair();            // 用于单向链表的 indexOf 和 remove
    private List<Pair>[] edges;
    private int e;
    private final int n;
    …
}
```

3. addWeightedEdge 方法

addWeightedEdge 方法首先要确定弧 u→v 是否存在。如果先调用 indexOf 检测邻接点 v 是否存在，若存在，再调用 set 更新权，则需要扫描两次线性表，代价较高。使用迭代器是一种较好的替代方案。

```
1   public void addWeightedEdge(int u, int v, double w) {
2       rangeCheck(u);
3       rangeCheck(v);
4       List<Pair> list = edges[u];
5       Iterator<Pair> it = list.iterator();
6       while (it.hasNext()) {
7           Pair pair = it.next();
8           if (pair.vertex == v) {
9               pair.weight = w;
10              return;
11          }
12      }
13      list.add(new Pair(v, w));
14      ++e;
15  }
```

代码第 5 行获取线性表的迭代器，第 6～12 行使用迭代器遍历线性表的数据，如果线性表存储了邻接点 v，则第 8 行的条件成立，第 9 行更新弧的权。如果遍历完线性表的所有数据，没有发现顶点 v，则弧 u→v 不存在，第 13 行向顶点 u 的线性表增加弧及其权。

4. removeEdge 方法

removeEdge 方法删除弧 u→v。

```
1   public boolean removeEdge(int u, int v) {
2       rangeCheck(u);
3       rangeCheck(v);
4       if (edges[u].remove(pair.setNode(v))) {
5           -- e;
6           return true;
7       }
8       return false;
9   }
```

代码第 4 行向 List 的 remove 方法提供了待删除的 Pair 对象,这个对象与线性表存储的封装了顶点 v 的 Pair 对象相等。

其他代码请见本书配套资源中的 project。

10.3.5 基于邻接矩阵的无向图的实现

无向图顶点的邻接关系是对称的,u 是 v 的邻接点,v 也是 u 的邻接点。无向图的邻接矩阵的第 u 行第 v 列与第 v 行第 u 列相同,即无向图的邻接矩阵是以主对角线为对称轴的对称矩阵,如图 10.12 所示。

AjacencyMatrixUnDirectedGraph 类是使用下三角矩阵实现的无向图。使用下三角矩阵存储邻接点可以节省存储空间。

	A	*B*	*C*	*D*	*E*	*F*
A	0	1	0	0	1	0
B	1	0	0	0	1	1
C	0	0	0	1	0	1
D	0	0	1	0	0	1
E	1	1	0	0	0	0
F	0	1	1	1	0	0

图 10.12 无向图 $G1$ 邻接矩阵的对称性

1. AjacencyMatrixUnDirectedGraph 类

字段 edges 表示邻接矩阵,它是不规则数组,字段 e 记录边的条数,字段 n 记录顶点的个数。

```
public class AjacencyMatrixUnDirectedGraph implements IGraph {
    public final static GraphKind graghKind = GraphKind.
UnDirectedGraph;
    private int[][] edges;
    private int e;
    private final int n;
    …
}
```

2. 构造器

构造器构造了下三角矩阵。

```
1   public AjacencyMatrixUnDirectedGraph(int nodes) {
2       n = nodes;
3       edges = new int[n][];
4       for (int i = 0; i < n; ++i)
5           edges[i] = new int[i + 1];              // 下三角矩阵
6   }
```

代码第 3 行创建有 n 个数组元素的数组,每个数组元素引用了数组。第 5 行为数组

edges 的第 i 个数组元素创建一个有 i+1 个数组元素的数组,这样就得到了一个下三角矩阵。

3. degree 方法

使用下三角矩阵存储邻接点,顶点 v 的邻接点存储于两处。假设顶点 u 是顶点 v 的邻接点,若 u < v,则 edges[v][u]=1,若 u > v,则 edges[u][v]=1。

从图 10.12 可知,第 B 行第 A 列为 1,第 E 行第 B 列为 1,第 F 行第 B 列为 1,所以顶点 B 的邻接点有顶点 A、E 和 F,即顶点 B 的邻接点是使第 B 行为 1 的顶点和使第 B 列为 1 的顶点。

```
1    public int degree(int v) {
2        rangeCheck(v);
3        int count = 0;
4        for (int i = 0; i <= v; ++i)
5            count += edges[v][i];
6        for (int i = v + 1; i < n; ++i)
7            count += edges[i][v];
8        return count;
9    }
```

代码第 4、5 行求编号小于 v 的邻接点的个数,第 6、7 行求编号大于 v 的邻接点的个数。

4. addEdge 方法

addEdge 方法首先要判断边 u-v 是否存在,若不存在,则加入边,返回 true。若存在,则不做任何工作,返回 false。

若存在边 u-v,则顶点 u 和 v 互为邻接点。判断边 u-v 是否存在就转换为判断顶点 v 是不是顶点 u 的邻接点。从 degree 方法的分析可知,若 u > v,则判断条件 edges[u][v]==0 是否成立。若 u < v,则判断条件 edges[v][u]==0 是否成立,如果交换变量 u 和 v,则判断条件就变为 edges[u][v]==0。这样,在保证 u > v 的前提下,判断边 u-v 是否存在就统一为判断条件 edges[u][v]==0 是否成立。

```
1    public boolean addEdge(int u, int v) {
2        rangeCheck(u);
3        rangeCheck(v);
4        if (u < v) {
5            int tmp = u;
6            u = v;
7            v = tmp;
8        }
9        if (edges[u][v] == 0) {
10           edges[u][v] = 1;
11           ++e;
12           return true;
13       }
14       return false;
15   }
```

当 u < v 时,代码第 4~8 行交换 u 和 v。第 9 行判断条件 edges[u][v] == 0 是否成立,若成立,则边 u-v 不存在,第 10 行执行 edges[u][v]=1,将边加入图。

交换两个整型变量还可以通过位运算实现,执行效率会高一些,代码如下:

```
if (v > u) {
    v = v ^ u;
    u = v ^ u;
    v = v ^ u;
}
```

其他代码请见本书配套资源中的 project。

10.4 图的搜索与应用

图的搜索是指从给定的顶点 u 出发，搜索所有顶点 u 可以到达的顶点 v。顶点 u 可以到达顶点 v 是指存在从顶点 u 到顶点 v 的路径。图的搜索有两种方法：广度优先搜索(Breadth First Search)和深度优先搜索(Depth First Search)，深度优先搜索的用途更广泛。

10.4.1 广度优先搜索

广度优先搜索是从给定顶点出发，沿所有路径齐头并进，即搜索长度为 1 的路径能到达的所有顶点，长度为 2 的路径能到达的所有顶点，以此类推。

以图 10.1 的图 $G1$ 为例，搜索从顶点 A 能到达的所有顶点。首先找到 A 的所有邻接点集合 $S_1=\{B,E\}$，这些顶点是从 A 出发，经过一步所能到达的顶点。对 S_1 的每个顶点，找到其所有邻接点，合并后的集合 $S_2=\{A,F,E,B\}$，由于顶点 A 已经被搜索过，如果再次搜索 A 的邻接点，就会出现重复搜索。同样，顶点 B、E 也已经被搜索过。所以，删除这些已经搜索过的顶点后，$S_2=\{F\}$。从顶点 F 出发，找到其所有邻接点集合 $S_3=\{B,C,D\}$，删除已经搜索过的顶点 B，$S_3=\{C,D\}$。从 S_3 的每个顶点出发，找到其所有邻接点，合并后的集合为$\{F,D,C\}$，删除已经搜索过的顶点，结果为空集。所以，从 A 出发所能到达的顶点为$\{A\}\cup S_1\cup S_2\cup S_3=\{A,B,E,F,C,D\}$。

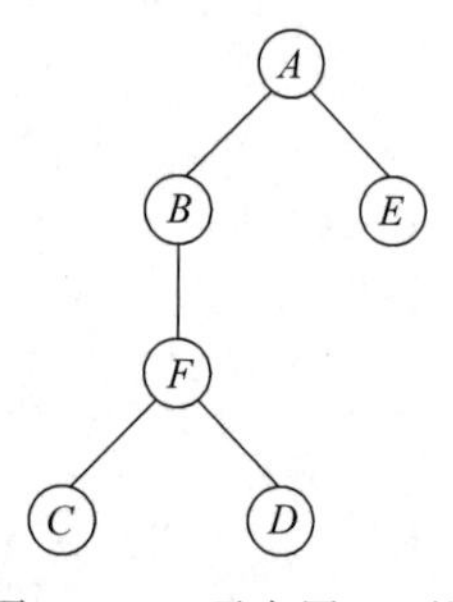

图 10.13　无向图 $G1$ 的广度优先搜索

上述搜索过程如图 10.13 所示，从上到下，路径长度逐渐增加。

有向图的搜索过程同无向图的搜索过程。以图 10.2 的图 $G2$ 为例，搜索从顶点 A 能到达的所有顶点。首先找到 A 邻接至的所有邻接点 $S_1=\{B,E\}$，这些顶点是从 A 出发，经过一步所能到达的顶点。对 S_1 的每个顶点，找到其所有邻接至的邻接点，合并后的集合 $S_2=\{C\}$。从顶点 C 出发，找到其所有邻接至的邻接点集合 $S_3=\{D\}$。找到顶点 D 所有邻接至的邻接点$\{A,B\}$，顶点 A 和 B 已经被搜索过，删除顶点 A 和 B 后，结果为空集。所以，从 A 出发所能到达的顶点为$\{A\}\cup S_1\cup S_2\cup S_3=\{A,B,E,C,D\}$。

广度优先搜索算法的实现使用数组 reached[]标识某个顶点是否已经被搜索过，初始时各数组元素为 false，表示顶点尚未被搜索。使用队列 Q 记录那些可到达的顶点集合，初始时为空。算法如下：

(1) 初始化 reached[]、队列 Q。

(2) 将 u 入队，reached[u]=true。

（3）while(Q 不为空)：
（4）　出队=>u。
（5）　for(u 的每个 reached[v] == false 的邻接点 v)：
（6）　　将 v 入队。
（7）　　reached[v]=true。

GraphAlgorithms 类使用了 IGraph 接口提供的图的操作，实现了图的若干算法。广度优先算法就是其中之一。

GraphAlgorithms 类的声明如下：

```
1  public class GraphAlgorithms {
2      private IGraph graph;      // 使用的接口
3      int n;
4      boolean[] reached;
5      public GraphAlgorithms(IGraph graph) {
6          this.graph = graph;
7          n = graph.numberOfVertices();
8      }
9  ...
10 }
```

GraphAlgorithms 类的方法 bfs 实现了广度优先算法：

```
1  public void bfs(int u) {
2      reached = new boolean[n];
3      Deque<Integer> queue = new ArrayDeque<>();      // Java 队列
4      queue.offer(u);
5      reached[u] = true;
6      while (!queue.isEmpty()) {
7          u = queue.poll();
8          System.out.print(u + " ");                     // 将其替换为期望的处理
9          for (Iterator<Integer> it = graph.iterator(u); it.hasNext();) {
10             int next = it.next();
11             if (!reached[next]) {
12                 queue.offer(next);
13                 reached[next] = true;
14             }
15         }
16     }
17     System.out.println();
18 }
```

代码第 3 行使用 ArrayDeque 作为队列，第 9 行使用 IGraph 接口提供的迭代器获取顶点的邻接点。

以图 10.1 的无向图 $G1$ 为例，队列的变化过程如图 10.14 所示。初始时，队列为空。顶点 A 入队后，队中只有 A。A 出队，然后将其未被搜索过的邻接点 B、E 入队。B 出队，将其未被搜索过的邻接点 F 入队。以此类推。按出队的次序，顶点 A 可到达的顶点依次为 A、B、E、F、C、D。

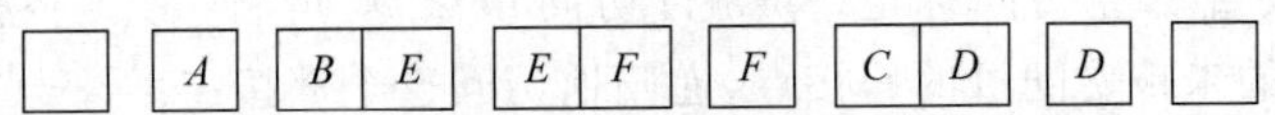

图 10.14　无向图 $G1$ 的广度优先搜索的队列变化过程

广度优先搜索算法对每一个从开始顶点 u 出发可到达的顶点做已搜索过标记、入队、出队各一次，获取邻接点时遍历邻接矩阵的某一行或邻接表一次。假设可到达的顶点有 s 个，如果图的实现采用邻接矩阵，则时间复杂度为 $O(sn)$，如果图的实现采用邻接表，则时间复杂度为 $O(\sum d_i)$，d_i 是被标记的顶点的出度。

10.4.2 深度优先搜索

深度优先搜索是一条路走到底，无路可走时，再回退找新的路。深度优先搜索有两个关键操作，即扩展和回退。假设路径 P 初始时只有开始顶点，扩展操作将 P 的最后一个顶点的一个未搜索过的邻接点添加到 P，从而延展 P。回退操作删除 P 的最后一个顶点，从而缩短 P。深度优先搜索不断执行扩展操作，若无法扩展，则执行回退操作，然后执行扩展操作，直到 P 为空。

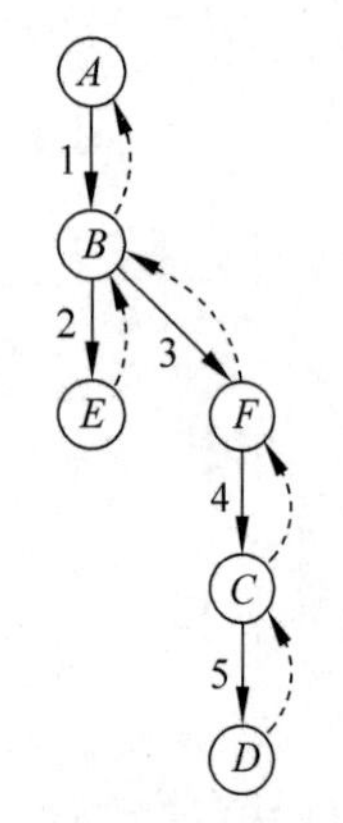

图 10.15 无向图 $G1$ 的深度优先搜索

以图 10.1 的无向图 $G1$ 为例，搜索从顶点 A 能到达的所有顶点。扩展顶点 A，将 A 的邻接点 B 添加到路径。扩展顶点 B，将 B 的邻接点 E 添加到路径。顶点 E 没有未被搜索的邻接点，不能被扩展，回退到顶点 B。扩展顶点 B，将 B 的邻接点 F 添加到路径。扩展顶点 F，将 F 的邻接点 C 添加到路径。扩展顶点 C，将顶点 D 添加到路径。扩展顶点 D，顶点 D 没有未被搜索的邻接点，不能继续扩展，回退到顶点 C。然后，依次回退到 F、回退到 B、回退到 A，继续执行回退操作，路径为空，搜索结束。按照搜索的次序，A 可以到达的顶点为 A、B、E、F、C、D。

上述搜索过程如图 10.15 所示，图中的数字给出了扩展操作的次序，虚线描述了回退操作。

使用递归实现深度优先搜索算法，扩展操作就是递归调用，递归调用返回时，就相当于执行了回退操作。

```
1    public void dfs(int u) {
2        reached = new boolean[n];
3        rdfs(u);
4        System.out.println();
5    }
6    private void rdfs(int u) {
7        reached[u] = true;
8        System.out.print(u + " ");              // 替换为期望的处理
9        for (Iterator<Integer> it = graph.iterator(u); it.hasNext();) {
10           int next = it.next();
11           if (!reached[next])
12               rdfs(next);
13       }
14   }
```

代码第 7 行设置已经访问标记，第 8 行访问顶点 u，可将 print 替换成希望的操作。第 9～13 行，对 u 的未被访问过的邻接点，递归地访问这个邻接点。

非递归实现的深度优先搜索算法使用栈 S 记录构成路径的顶点，栈顶是路径的最后一个顶点。因为回退操作是删除路径的最后顶点，扩展操作是找一个未被搜索过的邻接点，两个操作联合执行的结果就是先出栈，然后将最后一个顶点的尚未被搜索过的所有顶点压栈。以下是算法描述：

(1) 初始化 reached[]、栈 S。
(2) 将 u 压栈，reached[u]=true。
(3) while(S 不为空)，则：
(4) 　　出栈=> u。
(5) 　　for(u 的每个 reached[v] ==false 的邻接点 v)：
(6) 　　　　将 v 压栈。
(7) 　　　　reached[v]=true。

以图 10.1 的无向图 $G1$ 为例，栈的变化过程如图 10.16 所示。初始时，栈为空。顶点 A 压栈后，栈只有 A。A 出栈，然后将其未被搜索过的邻接点 E、B 压栈。B 出栈，将其未被搜索过的邻接点 F 压栈。以此类推。按出栈的次序，顶点 A 可到达的顶点依次为 A、B、F、C、D、E。

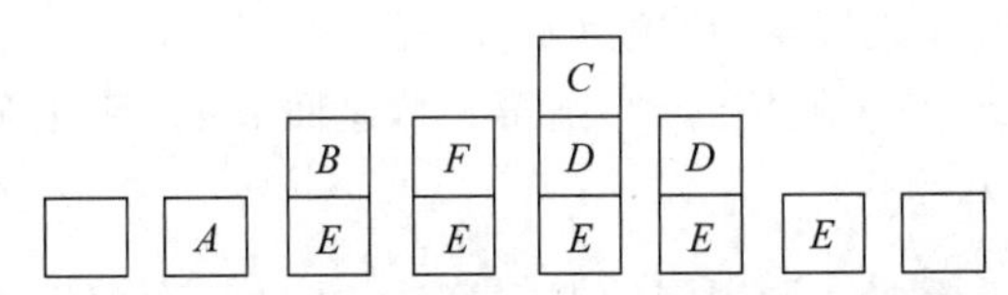

图 10.16　无向图 $G1$ 的非递归深度优先搜索的栈的变化过程

非递归实现的深度优先搜索的搜索过程是准备好全部的路，从中选择一条路走下去，无路可走时，回退，然后从预先准备好的其他的路继续走下去。图 10.1 的无向图 $G1$ 的非递归深度优先搜索过程如图 10.17 所示。从顶点 A 开始搜索，有两条路 $A \to B$ 和 $A \to E$ 可选，选择 $A \to B$ 继续走下去，…，当从 B 回退到 A 后，再沿 $A \to E$ 继续搜索。

深度优先搜索与广度优先搜索有相同的时间复杂度和空间复杂度。

10.4.3 连通图及其连通分量

如果无向图 G 的任意两点之间都有路径，则称 G 为连通图，如图 10.1 的图 $G1$。否则称为非连通图，如图 10.18 所示。图 10.18 的顶点 C 与 A 之间没有路径。

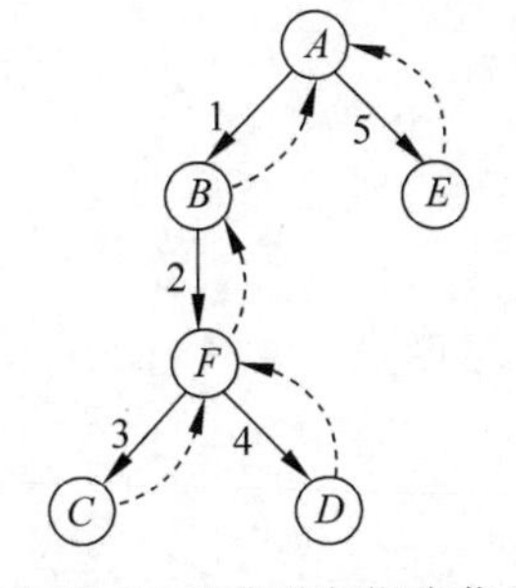

图 10.17　无向图 $G1$ 的非递归深度优先搜索的过程

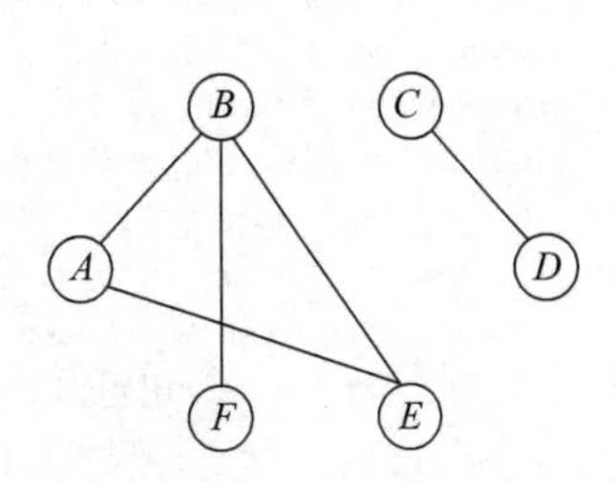

图 10.18　非连通图

非连通图由若干个子图构成，连通的子图叫作连通分量，图 10.18 的图由两个连通分量组成，第 1 个连通分量包含顶点 A、B、E 和 F 以及它们之间的边，第 2 个连通分量包含顶点

C 和 D 以及边 $C-D$。

1. 判断无向图是不是连通图

可以证明，判断无向图 G 是否为连通图等价于从任意顶点 u 开始搜索，u 可以到达所有顶点。

判断无向图是否为连通图首先要调用 bfs 或 dfs，然后检查是否所有顶点都被搜索到。

```
1   public boolean connected() {
2       if (graph.getGraphKind() != GraphKind.UnDirectedGraph)
3           return false;
4       reached = new boolean[n];
5       dfs(0);
6       for (int i = 0; i < n; i++) {
7           if (!reached[i])
8               return false;
9       }
10      return true;
11  }
```

代码第 5 行调用深度优先搜索，从顶点 0 开始搜索。第 6～9 行检查是否所有顶点都被搜索到，如果有任何一个顶点未被搜索到，则第 8 行返回 false，否则第 10 行返回 true。

2. 求无向图的连通分量

求无向图的连通分量要多次调用图的搜索算法，并且每次搜索采用不同的标记搜索过的顶点，使得同一个连通分量的所有顶点具有相同的标记，不同的连通分量的顶点具有不同的标记。

```
1   public int connectedComponent() {
2       if (graph.getGraphKind() != GraphKind.UnDirectedGraph)
3           throw new IllegalStateException();
4       int[] labeled = new int[n];
5       int label = 1;
6       for (int i = 0; i < n; i++) {
7           if (labeled[i] == 0)
8               bfs(i, label++, labeled);
9       }
10      return --label;
11  }
12  private void bfs(int u, int label, int[] labeled) {
13      Deque<Integer> queue = new ArrayDeque<>();
14      queue.offer(u);
15      labeled[u] = label;
16      while (!queue.isEmpty()) {
17          u = queue.poll();
18          for (Iterator<Integer> it = graph.iterator(u); it.hasNext();) {
19              int next = it.next();
20              if (labeled[next] == 0) {
21                  queue.offer(next);
22                  labeled[next] = label;
23              }
24          }
25      }
26  }
```

代码第 4 行创建类型为 int 的标记数组 labeled，初始时数组元素为 0，表示顶点未被搜索过。代码第 5 行设置第一个连通分量的编号。第 6～9 行对未被搜索过的顶点进行一次广度优先搜索，这次搜索到达的顶点构成了一个连通分量，每个顶点的标记都是 label。第 10 行返回连通分量的个数。如果想确定编号为 k 的连通分量有哪些顶点，则在数组 labeled 查找值等于 k 的数组元素，这些数组元素的下标就是构成连通分量的顶点的编号。

代码第 12～26 行是 10.4.1 节的广度优先搜索代码的变体，主要区别是没有使用 true 和 false 标记顶点是否被搜索过，而是用 label 标记顶点属于哪个连通分量。

10.4.4 边数最少的路径

求任意两点之间边数最少的路径应该使用图的广度优先搜索，因为广度优先搜索是按路径长度递增的次序搜索可到达的顶点。例如，图 10.19(a)的无向图 $G4$ 的顶点 B 到顶点 I 的边数最少的路径有 B-A-E-I，这条路径的广度优先搜索的过程如图 10.19(b)所示，搜索经过的顶点和边构成了生成树。

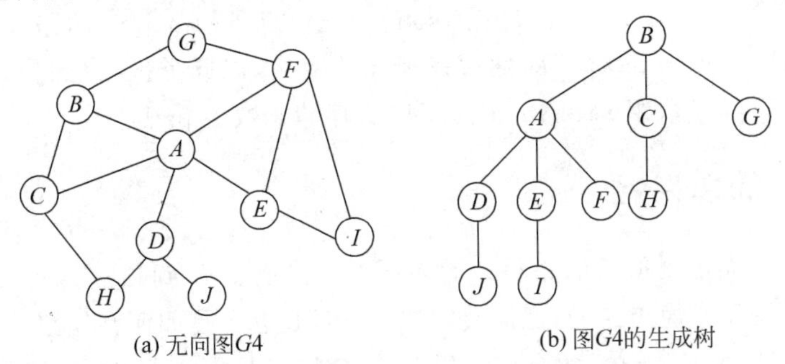

图 10.19 无向图 $G4$ 和广度优先搜索得到的生成树

```
1   public int[] shortestPath(int source, int destination) {
2       reached = new boolean[n];
3       Deque<Integer> queue = new ArrayDeque<>();
4       int[] tree = new int[n];
5       tree[source] = -1;
6       queue.offer(source);
7       reached[source] = true;
8       while (source != destination && !queue.isEmpty()) {
9           source = queue.poll();
10          for (Iterator<Integer> it = graph.iterator(source); it.hasNext();) {
11              int next = it.next();
12              if (!reached[next]) {
13                  queue.offer(next);
14                  reached[next] = true;
15                  tree[next] = source;
16              }
17          }
18      }
19      if (source == destination) {
20          int[] reversePath = new int[n + 1];
21          int pos = 0;
22          int k = destination;
23          while (tree[k] != -1) {
```

```
24                reversePath[pos++] = k;
25                k = tree[k];
26            }
27            reversePath[pos] = k;
28            int[] path = new int[pos + 1];
29            for (int i = 0; i < path.length; i++) {
30                path[i] = reversePath[pos--];
31            }
32            return path;
33        }
34        return null;
35    }
```

代码第 6～18 行在广度优先算法代码的基础上增加了存储生成树的两行代码。搜索过程形成的生成树以双亲表示法存储于数组 tree。第 5 行 tree [source]=−1 说明 source 没有双亲，它是树的根。第 15 行 tree [next]=source 说明在搜索过程中，先搜索到了顶点 source，然后搜索了其邻接点 next，在生成树中顶点 source 是顶点 next 的双亲。

代码第 19～33 行从生成树获取顶点 source 到顶点 destination 的路径。第 22～26 行首先找到顶点 destination 的双亲 k，然后找到 k 的双亲，以此类推，直到找到根。获取的路径以逆序的形式存储于数组 reversePath，正序后存储于数组 path。

10.4.5 简单路径

简单路径是指无重复顶点的路径。无向图 $G4$ 的顶点 B 到顶点 I 有 13 条简单路径。深度优先搜索可用于求简单路径，但需要解决三个问题：一是如何存储路径，二是会不会产生像 B-A-C-H-D-A-E-I 这样的有重复顶点的路径，三是如何求出所有简单路径。第一个问题的答案是在递归搜索的同时，将顶点压栈，使用栈存储路径。如果恰当地设置标记和管理栈，则不会出现第二个问题。例如，有递归调用序列 rdfs(B)→rdfs(A)→rdfs(C)→rdfs(H)→rdfs(D)，栈存储的顶点是 $BACHD$，执行 rdfs(D)时首先查找顶点 D 的未被搜索过的邻接点，只有顶点 J，将顶点 J 压栈，然后调用 rdfs(J)，执行 rdfs(J)时，因为顶点 J 没有未被搜索过的邻接点，所以 rdfs(J)结束，将 J 出栈，返回 rdfs(D)，rdfs(D)也结束执行，将 D 出栈。随后 rdfs(H)和 rdfs(C)也相继结束，执行两次出栈操作后，现在的递归调用序列为 rdfs(B)→rdfs(A)，栈存储的顶点是 BA，rdfs(A)继续执行，调用 rdfs(E)，将 E 压栈，然后调用 rdfs(I)，此时已经到达目的顶点，栈保存的数据 BAE 以及顶点 I 就是顶点 B 到 I 的简单路径。解决第三个问题需要适时清除标记。

rfindAllSimplePath 方法是在 rdfs 方法的基础上形成的。

```
1   public void findAllSimplePath(int source, int destination) {
2       reached = new boolean[n];
3       Deque<Integer> stack = new ArrayDeque<>();
4       if (!rfindAllSimplePath(source, destination, stack))
5           System.out.println("there isn't simple path");
6   }
7   public boolean rfindAllSimplePath(int source, int destination, Deque<Integer> stack) {
8       if (source == destination) {
9           for (int vertex : stack)
10              System.out.print(vertex + " ");
```

```
11          System.out.print(destination + "\n");
12          return true;
13      }
14      reached[source] = true;
15      stack.offerLast(source);
16      Iterator<Integer> it = graph.iterator(source);
17      boolean exist = false;
18      while (it.hasNext()) {
19          int next = it.next();
20          if (!reached[next]) {
21              if (rfindAllSimplePath(next, destination, stack))
22                  exist = true;
23          }
24      }
25      stack.pollLast();
26      reached[source] = false;
27      return exist;
28  }
```

代码第 8～13 行处理已经到达目的顶点的情形，输出栈保存的路径。第 14 行设置标记，第 15 行将顶点压栈。第 16～24 行递归地搜索所有未被搜索过的邻接点。执行第 25 行时，意味着无法达到目的顶点，此时需要将顶点出栈。第 26 行清除标记，若不清除标记，则只能输出部分简单路径。

10.4.6 拓扑排序

有向无环图(Directed Acyclic Graph)是不存在环的有向图，即对任意顶点 u，无顶点 u 到顶点 u 的路径，有向无环图 $G5$ 如图 10.20 所示。理论上可以证明，顶点个数有限的有向无环图一定有入度为 0 和出度为 0 的顶点。

有向无环图常用于表示算术表达式的语法结构，算术表达式 $(a+b)*c-(a+b)$ 的语法结构图如图 10.21 所示。

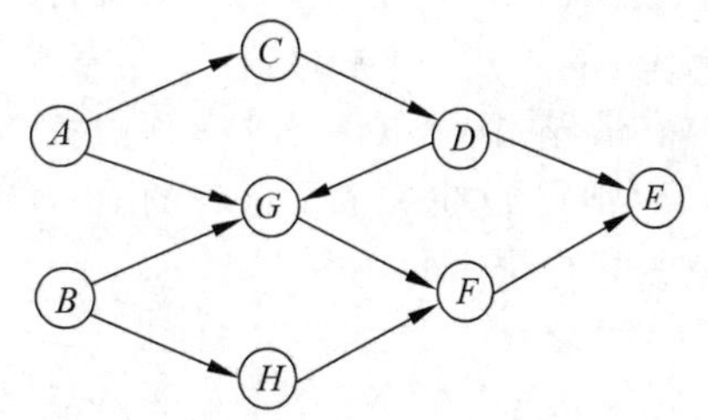

图 10.20 有向无环图 $G5$

如果用有向图的弧表示元素之间的关系，则有向无环图可以表示集合上的偏序关系，即有些元素之间可以比较“大小”，有些元素之间不能比较“大小”。5 门课程之间的先修和后修关系如图 10.22 所示，课程 $C1$ 和 $C2$ 是课程 $C4$ 的先修课程，课程 $C2$ 是课程 $C3$ 的先修课程，课程 $C3$ 和 $C4$ 是课程 $C5$ 的先修课程。

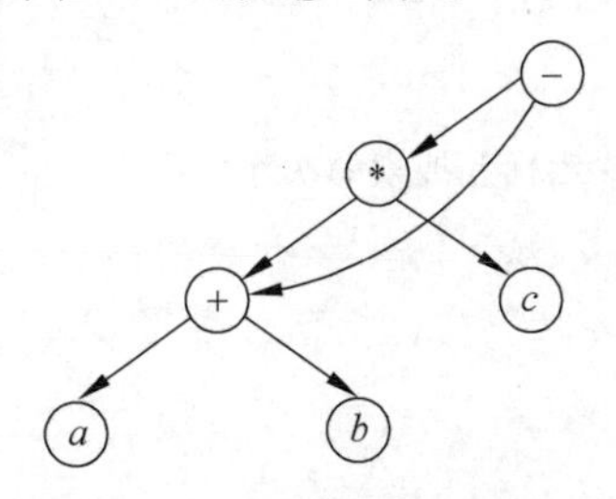

图 10.21 表达式语法结构图

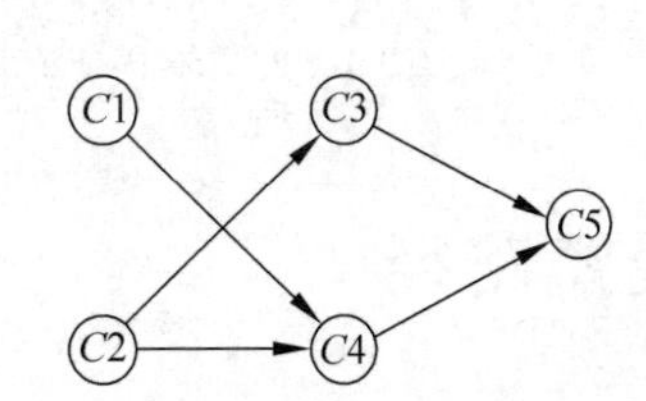

图 10.22 先修/后修课程关系图

根据弧给出的关系，将图的顶点排成序列，如果有弧 $u \to v$，则顶点 u 排在顶点 v 的前面，如果顶点 u 和 v 之间没有弧，则顶点 u 既可以排在顶点 v 的前面，也可以排在顶点 v 的后面，这个过程叫作**拓扑排序**。

Kahn 算法：

(1) 从有向图任选一个入度为 0 的顶点，并输出。

(2) 从有向图"删除"此顶点以及所有以它为尾的弧。

(3) 重复第(1)步和第(2)步，直至图成为空图。

以图 10.20 的有向无环图 $G5$ 为例，从顶点 A 和 B 中选取顶点 B，输出 B，"删除"顶点 B、弧 $B \to H$ 和 $B \to G$。从顶点 A 和 H 中选取顶点 H，输出 H，"删除"顶点 H、弧 $H \to F$。选取顶点 A，输出 A，"删除"顶点 A、弧 $A \to C$ 和 $A \to G$，以此类推，最终输出 B、H、A、C、D、G、F、E。

删除顶点和弧，并不是真正的删除顶点和弧，而是让弧头指向的顶点的入度减 1。由于可能有多个入度为 0 的顶点供选择，因此拓扑排序的结果不唯一。

上面的算法是从入度为 0 的顶点开始拓扑排序。如果从出度为 0 的顶点开始拓扑排序，则算法依然能正确工作，只是输出结果为拓扑排序的逆序。具体过程如下：

(1) 从有向图中选取一个出度为 0 的顶点，并输出。

(2) 从有向图中"删除"此顶点以及所有以它为头的弧。

(3) 重复第(1)步和第(2)步，直至图成为空图。

除了 Kahn 算法外，还可以用深度优先搜索实现拓扑排序。深度优先搜索 rdfs 是一个递归方法，最先完成 rdfs 的顶点的出度一定为 0。假设顶点 u 有邻接点 v_1、…、v_k，方法 rdfs(u)会依次调用 rdfs(v_i)，$i=1,\cdots,k$。某个顶点 v_j 的 rdfs 完成后，就相当于"删除"了顶点 v_j 和弧 $u \to v_j$。顶点 u 的所有邻接点的 rdfs 都完成后，就相当于 u 的出度变为 0。

使用深度优先搜索实现拓扑排序，要逐一地对入度为 0 的顶点调用 rdfs。假设先调用 rdfs(A)，再调用 rdfs(B)，各顶点完成 rdfs 的次序如图 10.23 的数字所示。顶点 E 的出度为 0，它最先完成 rdfs。其次，顶点 F 完成了 rdfs。顶点 D 的邻接点 E 和 F 完成各自的 rdfs 后，顶点 D 也完成了自身的 rdfs，以此类推。最终的输出结果为 E、F、G、D、C、A、H、B，它是拓扑排序的逆序。

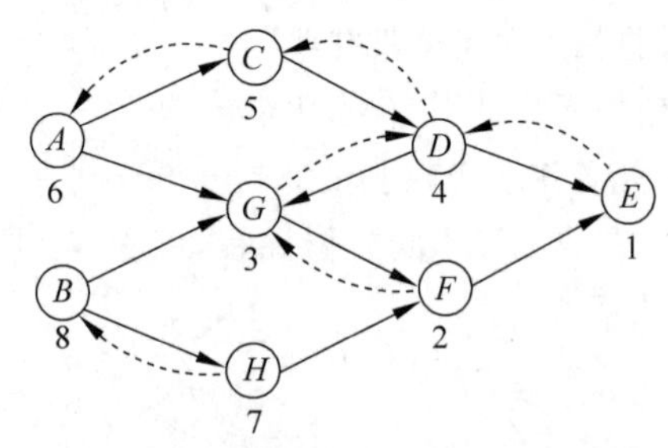

图 10.23 有向无环图 $G5$ 完成深度优先搜索的次序

10.5 最短路径

带权有向图应用广泛。例如，带权有向图表示交通图，顶点代表高铁站，边表示站与站之间的线路，权是两站之间的距离。

最短路径问题是带权有向图的一个典型问题。两个顶点之间的加权路径长度是路径上边的权之和，两个顶点之间的最短路径是两个顶点之间所有路径中加权路径长度最少的路径。

最短路径问题分为单源点最短路径、单对顶点之间的最短路径、每对顶点之间的最短路径、单终点最短路径等。

权一般是实数，可为正，可为负，也可以为0。图可以有回路，如果存在负权回路，即回路的加权路径长度为负数，则最短路径无定义。一个有负权回路的带权有向图如图10.24所示，回路$B \to C \to C \to B$的加权路径长度为-1，使得顶点A到顶点B的加权路径长度为$-\infty$。

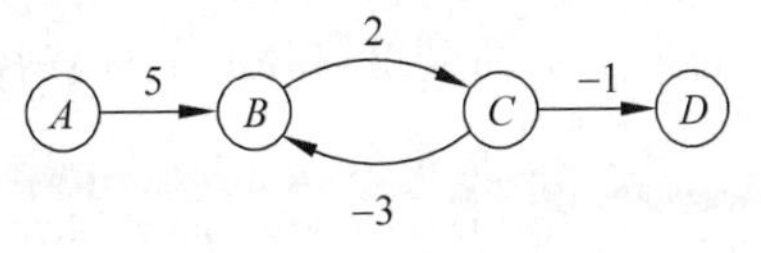

图10.24 负权回路

最短路径的重要性质是其具有最优子结构，即最短路径的子路径是最短路径。

设$p=\langle v_1, v_2, \cdots, v_k\rangle$是从$v_1$到$v_k$的最短路径，对于任意的$i$、$j$，$1 \leqslant i \leqslant j \leqslant k$，设$p_{ij}=\langle v_i, v_{i+1}, \cdots, v_j\rangle$为$p$的从顶点$v_i$到顶点$v_j$的子路径。那么$p_{ij}$是从$v_i$到$v_j$的最短路径。

证明：如果将路径p分解为$v_1 \rightsquigarrow v_i \rightsquigarrow v_j \rightsquigarrow v_k$，则有$w(p)=w(p_{1i})+w(p_{ij})+w(p_{jk})$，$w(p)$是路径$p$的加权路径长度。假设$p_{ij}$不是从$v_i$到$v_j$的最短路径，则存在路径$p_{ij}'$，$w(p_{ij}')<w(p_{ij})$，使用$p_{ij}'$替换$p_{ij}$，得到另一条$v_1$到$v_k$的路径$p'$，有$w(p')<w(p)$，与$p$是$v_h$到$v_k$的最短路径相矛盾。

单源点最短路径问题有以下算法。

- Bellman-Ford算法：允许存在负权回路，如果存在负权回路，则会给出提示。
- DAG算法：适用于无回路的有向图，允许负权。
- Dijkstra算法：适用于无负权的有向图。

本节介绍单源点最短路径问题的两个算法。首先引入以下符号和操作。

- s：源点，算法求从顶点s到其他顶点的最短路径。
- $\delta(s, u)$：顶点s到顶点u的最短路径的加权路径长度。
- $d[u]$：顶点s到顶点u的加权路径长度的上界。
- $p[u]$：顶点s到顶点u的最短路径上u的前驱顶点的编号。
- 初始化操作：

```
InitilizeSingleSource(G, s){
    for u ∈ V[G]{
        d[u] = +∞;
        p[u] = -1;
    }
    d[s] = 0;
}
```

- 松弛操作：

```
Relax(u, v, w_uv){                    // w_uv 是弧 u→v 的权
    if(d[v] > d[u] + w_uv){
        d[v] = d[u] + w_uv;
        p[v] = u;
    }
}
```

10.5.1 Bellman-Ford 算法

Bellman-Ford 算法能解决一般情况下的单源点最短路径问题。算法返回一个布尔值，如果存在负权回路，则返回 false，表示问题无解；否则返回 true，表示问题有解，d[u]是顶点 s 到顶点 u 的最短路径的加权路径长度。算法的伪代码如下：

```
BellmanFord(G,s){
    InitilizeSingleSource(G, s);
    for(i = 1; i < |V[G]|; i++){
        for u→v ∈ E[G]{
            Relax(u, v, w_uv);
        }
    }
    for u→v ∈ E[G]{
        if(d[v] > d[u] + w_uv)
            return false;
    }
}
```

Bellman-Ford 算法在图 10.25(a)的图 $G6$ 上的执行过程如图 10.25(b)～(f)所示。顶点 v_0 是源点，按照弧 $v_1 \to v_2$、$v_4 \to v_1$、$v_2 \to v_4$、$v_3 \to v_2$、$v_3 \to v_4$、$v_0 \to v_1$、$v_0 \to v_3$、$v_0 \to v_4$ 的次序进行松弛操作。

图 10.25(b)设置各顶点的 d 值，圆内的数字是顶点的 d 值。图 10.25(c)是弧 $v_0 \to v_1$、$v_0 \to v_3$、$v_0 \to v_4$ 松弛后的结果。$d[v_1]$、$d[v_2]$、$d[v_3]$发生了变化，$p[v_1]=p[v_3]=p[v_4]=v_0$。图 10.25(d)是弧 $v_3 \to v_2$、$v_3 \to v_4$ 松弛后的结果，$d[v_2]$、$d[v_3]$发生了变化，$p[v_2]=p[v_4]=v_3$。图 10.25(e)是弧 $v_2 \to v_4$ 松弛后的结果，$d[v_4]$发生了变化，$p[v_4]=v_2$。图 10.25(f)是弧 $v_4 \to v_1$ 松弛后的结果。算法最终返回 true。

图中的加粗线段表示引发松弛操作的弧。数组 p 记录了顶点 v_0 到其他各顶点的最短路径，例如 $p[v_4]=v_2$，$p[v_2]=v_3$，$p[v_3]=v_0$，则顶点 v_0 到顶点 v_4 的最短路径是 $v_0 \to v_3 \to v_2 \to v_4$。

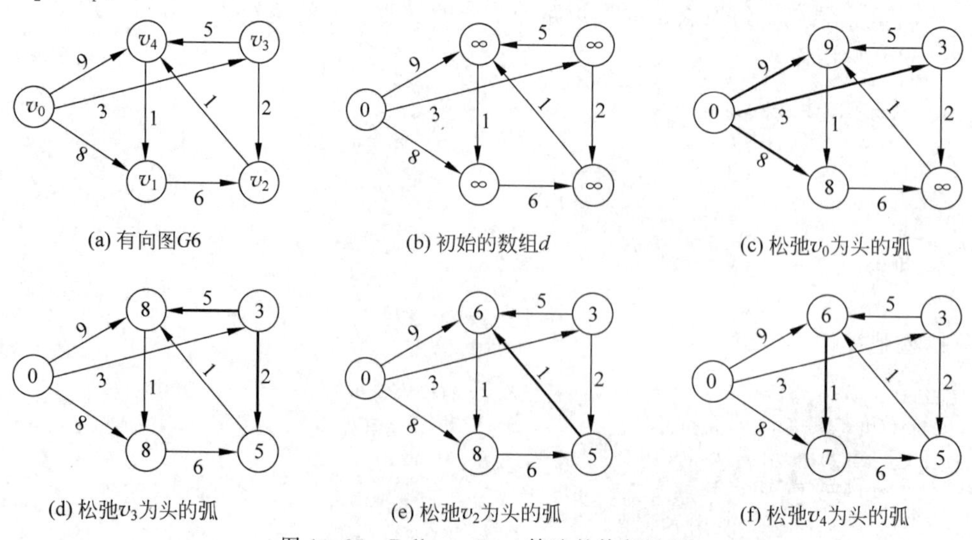

图 10.25 Bellman-Ford 算法的执行过程

Bellman-Ford 算法所需的时间为 $O(|V|\times|E|)$。因为初始化需要的时间为 $O(|V|)$，第 1 个 for 语句循环 $|V|-1$ 次，每次循环所需的时间为 $O(|E|)$，总时间为 $O(|V|\times|E|)$，第 2 个 for 语句所需的时间为 $O(|E|)$。

算法的正确性证明请见参考文献[10]。首先，最短路径既不能包含负权回路，也不能包含正权回路，它最多包含 $|V|-1$ 条边，所以，第 1 个 for 语句的循环次数为 $|V|-1$。其次，从源点可达的所有顶点的最短路径构成了一棵以源点为根的生成树。算法的循环操作实际上就是按顶点距离源点的层数逐层构造生成树的过程。这个过程类似于图的广度优先搜索，不同的是，如果顶点被搜索过，但是其 d 值发生了变化，则需要再次从该顶点搜索。每次循环，部分顶点的 d 值会减少，当顶点 u 的 $d[u]=\delta(s, u)$ 时，$d[u]$ 就不再发生变化，如果图中无负权回路，则一次循环至少有一个顶点 u，$d[u]=\delta(s, u)$。

Bellman-Ford 算法返回以源点为根的生成树。图 $G6$ 的生成树是以 v_0 为根的一棵单枝树，第 1 个 for 语句刚好循环 $|V|-1$ 次。一般而言，源点到各顶点的最短路径构成了一棵以源点为根的生成树，循环次数小于或等于 $|V|-1$。例如，将图 $G6$ 弧 $v_2 \rightarrow v_4$ 的权改为 3，则图 $G6$ 的生成树就不再是一棵单枝树，3 次循环就能得到各顶点的最短路径。

实现 Bellman-Ford 算法时，可做一些优化工作。例如，如果上一次循环顶点 u 的 d 值没有变化，则弧 $u \rightarrow v$ 的松弛操作就不会改变顶点 v 的 d 值，属于多余的操作。如果一次循环后，没有任何一个顶点的 d 值发生了变化，就可以终止循环。

10.5.2 支持 decrease 操作的优先级队列

8.3 节介绍的优先级队列有一个隐含的约定：数据入队后，不能随意更改，否则可能违反条件 8.3，使得出队或探测操作没有返回最大数据。

有些应用需要更改数据，使之变小，例如本章介绍的 Dijkstra 算法和 Prim 算法。支持 decrease 操作的优先级队列有多种实现方法，比较理想的方法是基于偶堆实现优先级队列。

本节介绍一种折中的实现方法，在 8.3 节基于堆实现的最大优先级队列的基础上，实现支持 decrease 操作的最小优先级队列。

因为数据发生了变化，decrease 操作需要调用 siftUp 进行调整以满足堆的条件，调用 siftUp 时需要提供数据在堆的位置，但数据在堆的位置是不断变化的，为此引入嵌套类 Entry，它封装了数据和数据在堆的位置。

1. Entry 类

字段 data 引用数据，字段 index 是数据在堆的位置。

```java
private static class Entry<T> {
    private int index;
    private T data;
    public Entry(T value) {
        this.data = value;
    }
    public String toString() {
        return index + ":" + data;
    }
}
```

2. PriorityQueueWithDecrease 类

PriorityQueueWithDecrease 类是基于小顶堆实现的最小优先级队列，数组 elements 的数组元素引用了 Entry 对象。字段 map 关联数据和 Entry 对象。

```
public class PriorityQueueWithDecrease<T> implements IQueue<T> {
    private Object[] elements;
    private int size;
    private Map<T, Entry<T>> map = new HashMap<>();
    …
}
```

PriorityQueueWithDecrease 类的各方法与 PriorityQueueMax 类的方法只有微小的差异，接下来只简单介绍部分方法的代码。

3. siftUp 方法

与 8.3 节的 siftUp 方法的代码相比，主要的差异是第二个参数的类型由 T 变为 Entry <T>，并增加了第 9 行和第 13 行，将数据在堆的位置的变化反馈到 Entry 对象。

```
1   private void siftUp(int k, Entry<T> x) {
2       Comparable<? super T> key = (Comparable<? super T>) x.data;
3       while (k > 0) {
4           int parent = (k - 1) >>> 1;
5           Entry<T> e = (Entry<T>) elements[parent];
6           if (key.compareTo(e.data) > 0)
7               break;
8           elements[k] = e;
9           e.index = k;
10          k = parent;
11      }
12      elements[k] = x;
13      x.index = k;
14  }
```

4. offer 方法

与 8.3 节的 offer 方法的代码相比，主要的差异是增加了第 8、9 行。第 8 行将入队的数据封装到 Entry 对象，第 10 行将键-值对<e, Entry>存入 Map。

```
1   public boolean offer(T e) {
2       if (e == null)
3           throw new NullPointerException();
4       int i = size;
5       if (i >= elements.length)
6           throw new IllegalStateException(String.valueOf(i));
7       size = i + 1;
8       Entry<T> entry = new Entry<>(e);
9       entry.index = 0;
10      map.put(e, entry);              // 加入 map
11      if (i == 0)
12          elements[0] = entry;
13      else {
14          siftUp(i, entry);
15      }
```

```
16        return true;
17    }
```

5. decrease 方法

decrease 方法使数据变小。decrease 方法有两种形式：decrease(T)用于数据修改前后是同一个对象的情形，代码第 2 行查找数据对应的 Entry 对象；decrease(T，T)用于数据修改前后是不同对象的情形，代码第 6 行查找数据对应的 Entry 对象，第 7 行更新数据。

```
1    public void decrease(T value) {
2        Entry<T> e = map.get(value);
3        siftUp(e.index, e);
4    }
5    public void decrease(T oldValue, T newValue) {
6        Entry<T> e = map.get(oldValue);
7        e.data = newValue;
8        siftUp(e.index, e);
9    }
```

6. 性能分析

peek 方法、siftUp 方法和 siftDown 方法的时间复杂度为 $O(\log n)$，分析方法请见 8.3 节。offer 方法、poll 方法和 decrease 方法需要查找 Entry 对象和调整堆，时间复杂度为 $O(\log n)$。

7. 应用示例

```
1    public static void main(String[] args) {
2        Integer[] distance = { 7, 1, 9, 2, 8, 6, 5, 4, 10 };
3        PriorityQueueWithDecrease<Integer> queue = new
                             PriorityQueueWithDecrease<>(distance.length);
4        for (int i = 0; i < distance.length; i++) {
5            queue.offer(distance[i]);
6        }
7        System.out.println(queue);
8        e = Integer.valueOf(3);
9        queue.decrease(distance[8], e);
10       distance[8] = e;
11       System.out.println(queue);
12       class Test implements Comparable<Test> {
13           Integer d;
14           Test(int i) {
15               d = i;
16           }
17           public int compareTo(Test other) {
18               return Integer.compare(this.d, other.d);
19           }
20           public String toString() {
21               return d + " ";
22           }
23       }
24       PriorityQueueWithDecrease<Test> queue1 = new
                                    PriorityQueueWithDecrease<>(10);
25       queue1.offer(new Test(10));
```

```
26        queue1.offer(new Test(8));
27        queue1.offer(new Test(12));
28        Test t = new Test(20);
29        queue1.offer(t);
30        System.out.println(queue1);
31        t.d = 5;
32        queue1.decrease(t);
33        System.out.println(queue1);
34  }
```

运行结果如下：

```
0:1  1:2  2:5  3:4  4:8  5:9  6:6  7:7  8:10
0:1  1:2  2:5  3:3  4:8  5:9  6:6  7:7  8:4
0:8  1:10  2:12  3:20
0:5  1:8   2:12  3:10
```

代码第4～6行将9个Integer对象入队。Integer类没有提供更改整数值的操作，如果要更改Integer对象的整数值，只能再生成一个新的Integer对象。第8行生成了值为3的Integer对象，第9行调用decrease方法的第二种形式，将队列中值为10的Integer对象替换成值为3的Integer对象，即将数组元素distance[8]由10更改为3，并调整其在队列中的位置。

代码第12～23行声明了Test类，它封装了一个整数值，并且允许直接修改这个值。

代码第25～29行生成了4个Test对象，并将它们入队。第31行将对象t的整数值由20更改为5。第32行调用decrease方法的第一种形式，调整对象t在队列中的位置。

其他方法请见本书配套资源中的project。

10.5.3 Dijkstra算法

荷兰科学家Dijkstra提出了求非负权的带权有向图的单源点最短路径算法。Dijkstra算法是一种利用了最短路径的最优子结构性质的贪心算法。

假设源点 v_0 到顶点 v_k 的最短路径为 $v_0 \rightsquigarrow v_j \rightarrow v_k$，根据最优子结构，$v_0 \rightsquigarrow v_j$ 一定是 v_0 到 v_j 的最短路径，由于权非负，$v_0 \rightsquigarrow v_j$ 短于 $v_0 \rightsquigarrow v_k$，因此可以按照由短到长的次序求 v_0 到其他顶点的最短路径。如果已经求出了 v_0 到 $v_1, v_2, \cdots, v_j$ 的最短路径，则下一条最短路径一定按以下方式产生：

$$v_0 \rightsquigarrow v_k = \min\{v_0 \rightsquigarrow v_i \rightarrow v_k, i=1,2,\cdots,j, v_i \rightarrow v_k \in E\}$$

Dijkstra算法如下。

- $d[\,]$：源点 v_0 到顶点的距离。
- $p[\,]$：最短路径上顶点的前驱顶点的编号。
- S：已经求出最短路径的顶点集合。
- Q：存放顶点的最小优先级队列，按照顶点的 d 值比较大小。

(1) InitilizeSingleSource(G, s)。
(2) $S=\varnothing$；$Q=V$。
(3) while $Q \neq \varnothing$：
(4) 　　从 Q 中取出顶点 u，u 的 d 值最小。
(5) 　　$S=S \cup \{u\}$。

(6)　　for $u \rightarrow v \in E$，且 $v \notin S$。

(7)　　　Relax(u, v, w_{uv})。

以图 10.25 的图 $G6$ 为例，Dijkstra 算法的执行过程如图 10.26 所示。图 10.26(a)是初始化后的结果。图 10.26(b)是从 Q 选择具有最小 d 值的顶点 v_0，并对以 v_0 为尾的弧：$v_0 \rightarrow v_1$、$v_0 \rightarrow v_3$、$v_0 \rightarrow v_4$ 执行松弛操作后的结果。图 10.26(c)是从 Q 选择具有最小 d 值的顶点 v_3，并对以 v_3 为尾的弧：$v_3 \rightarrow v_2$、$v_3 \rightarrow v_4$ 执行松弛操作后的结果，其中，$p[2]=3$ 表示 v_0 到 v_2 的最短路径上，顶点 v_2 的前驱是 v_3。图 10.26(d)～(f)是选择顶点 v_2、v_4 和 v_1 并执行松弛操作后的结果。

(a)

	v_0	v_1	v_2	v_3	v_4
d	0	∞	∞	∞	∞
p	−1	−1	−1	−1	−1

$S=\{\}$　$Q=\{v_0, v_1, v_2, v_3, v_4\}$

(b)

	v_0	v_1	v_2	v_3	v_4
d	0	8	∞	3	9
p	−1	0	−1	0	0

$S=\{v_0\}$　$Q=\{v_1, v_2, v_3, v_4\}$

(c)

	v_0	v_1	v_2	v_3	v_4
d	0	8	5	3	8
p	−1	0	3	0	3

$S=\{v_0, v_3\}$　$Q=\{v_1, v_2, v_4\}$

(d)

	v_0	v_1	v_2	v_3	v_4
d	0	8	5	3	6
p	−1	0	3	0	2

$S=\{v_0, v_3, v_2\}$　$Q=\{v_1, v_4\}$

(e)

	v_0	v_1	v_2	v_3	v_4
d	0	7	5	3	6
p	−1	4	3	0	2

$S=\{v_0, v_3, v_2, v_4\}$　$Q=\{v_1\}$

(f)

	v_0	v_1	v_2	v_3	v_4
d	0	7	5	3	6
p	−1	4	3	0	2

$S=\{v_0, v_3, v_2, v_4, v_1\}$　$Q=\{\}$

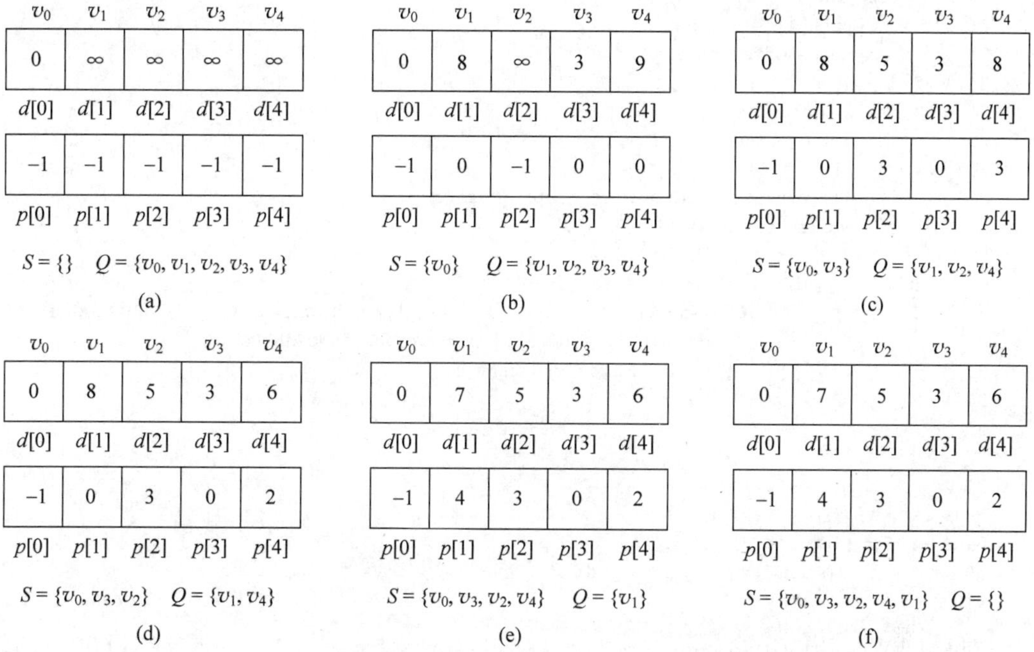

图 10.26　Dijkstra 算法的执行过程

Dijkstra 算法的运行时间与选用的数据结构有关，假设使用基于堆实现的支持 decrease 操作的优先级队列。将全部的顶点入队，所需的时间为 $|V|\log|V|$。执行出队，需要的时间为 $\log|V|$，第 3 步的 while 循环 $|V|$ 次，总的时间为 $|V|\log|V|$。第 7 步需要对以 u 为尾的弧执行松弛操作，操作后，如果顶点的 d 值减少了，则需要做一次 decrease 操作，需要的时间为 $\log|V|$，第(3)步的 while 和第(6)步 for 语句的整体效果最多对每条弧执行一次 decrease 操作，所需要的总时间为 $|E|\log|V|$。因此，算法的运行时间为 $O(|V|\log|V| + |E|\log|V|)$。

```
1   private void dijkstraWithPriorityQueue(int source, double[] distance, int[] path) {
2       class Entry implements Comparable<Entry> {
3           int id;                     // 顶点编号
4           double d;                   // d 值
5           Entry(int v, double d) {
6               id = v;
7               this.d = d;
8           }
9           public int compareTo(Entry rhd) {
```

```
10                return Double.compare(d, rhd.d);
11            }
12        }
13        PriorityQueueWithDecrease<Entry> queue = new
                                  PriorityQueueWithDecrease<>(n);
14        Entry[] data = new Entry[n];
15        for (int i = 0; i < n; i++) {
16            data[i] = new Entry(i, Double.POSITIVE_INFINITY);
17        }
18        data[source].d = 0.0;
19        int[] S = new int[n];
20        for (int i = 0; i < n; ++i) {
21            path[i] = -1;
22            queue.offer(data[i]);
23        }
24        while (queue.size() != 0) {
25            int u = queue.poll().id;
26            S[u] = 1;
27            Iterator<Integer> it = graph.iterator(u);
28            while (it.hasNext()) {
29                int v = it.next();
30                if (S[v] == 0) {
31                    if (data[v].d > data[u].d + graph.getWeight(u, v)) {// d[v] > d[u] + w
32                        data[v].d = data[u].d + graph.getWeight(u, v);
33                        queue.decrease(data[v]);
34                        path[v] = u;
35                    }
36                }
37            }
38        }
39        for (int i = 0; i < n; ++i)
40            distance[i] = data[i].d;
41    }
```

DijkstraWithPriorityQueue 方法实现了 Dijkstra 算法。局部类 Entry 封装了顶点的编号和 d 值。

代码第 15～18 行进行初始化工作，每个顶点对应一个 Entry 对象，Entry 对象封装了顶点的编号和源点到顶点的最短路径的加权路径长度的初值+∞。

第 20～23 行将 Entry 对象入队，并初始化 path，使各顶点最短路径的前驱顶点的编号为－1，即尚无前驱顶点。

第 24～38 行是 Dijkstra 算法的主体部分。第 25 行取出具有最小 d 值的顶点的编号，第 26 行设置 S[u]=1，表示已经求出了源点到顶点 u 的最短路径。第 28～37 行对顶点 u 的邻接点进行松弛操作。第 29 行取出顶点 u 的邻接点 v，若未求出从源点到顶点 v 的最短路径，则第 31～35 行松弛弧 u→v，若顶点 v 的 d 值变小，则第 33 行调用 decrease 通知优先级队列，第 34 行记住在最短路径上顶点 u 是顶点 v 的前驱。

第 39、40 行从 Entry 对象取出各顶点的最短路径的加权路径长度。

运行结束后，数组 distance 记录了各顶点的最短路径的加权路径长度，数组 path 记录了各顶点在最短路径上的前驱顶点的编号。

```
1    public void dijkstra (int source) {
2        if (graph.getGraphKind() != GraphKind.WeightedDirectedGraph)
```

```
3            return;
4        double[] distance = new double[n];
5        int[] path = new int[n];
6        dijkstraWithPriorityQueue(source, distance, path);
7        int[] tmp = new int[n];
8        for (int i = 0; i < n; ++i) {
9            int count = 0;
10           int back = i;
11           while (path[back] != -1)
12               tmp[count++] = back = path[back];
13           System.out.print(source);
14           for (int j = count - 2; j >= 0; --j)
15               System.out.print("->" + tmp[j]);
16           System.out.println("->" + i + " " + distance[i]);
17       }
18   }
```

Dijkstra 方法是一个辅助方法，它根据 dijkstraWithPriorityQueue 返回的结果，由代码第 8～17 行构造源点到各顶点的最短路径。其中，第 10～12 行求出顶点 i 的最短路径上的各顶点，请见 10.5.1 节的解释。第 14～16 行在屏幕上输出这条最短路径。

10.6 最小生成树

无向带权图用途广泛。图 10.27 的无向带权图 $G7$ 表示一个通信网络，顶点代表城市，顶点之间的边表示对应的城市之间可以敷设一条光缆，边的权表示建设费用。一个实际问题是在哪些城市之间敷设光缆，使得各城市之间可以通信，但建设费用最少？这就是最小生成树问题，即求无向连通图的一棵生成树，这个生成树的边的权之和在所有生成树中最少。

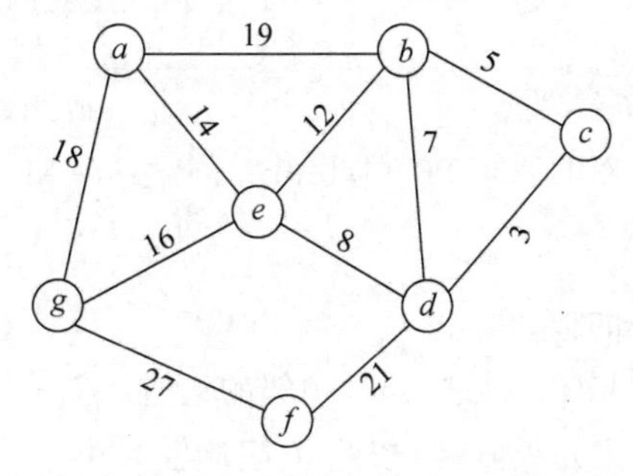

图 10.27 无向带权图 $G7$ 表示通信网络

本节介绍求无向连通带权图的最小生成树算法，无向连通图的顶点个数和边的条数满足条件 $|V|<|E|<|V|^2$。求最小生成树有两个常用的算法，分别是 Prim 算法和 Kruskal 算法，二者都属于贪心算法，但使用了不同的防止产生回路的策略，前者使用预防的策略，后者使用检测的策略。

10.6.1 Prim 算法

Prim 算法的基本思想是将顶点集合 V 划分为子集合 U 和 $V-U$，初始时 $U=\{u\}$，u 是任意顶点。然后不断地通过关联 U 和 $V-U$ 中顶点的边将 $V-U$ 中满足条件的顶点"拉"入

U。随着“拉”操作的不断进行，U 的顶点以及“拉”操作涉及的边所构成的子图逐步成长为一棵最小生成树。

如图 10.28(a)所示，初始时，U 只包含顶点 u。图 10.28(b)是执行两次“拉”操作后的结果，顶点 u_1 和 u_2 被拉入 U，增加了顶点 u_1、u_2，以及边 u-u_1 和 u_1-u_2。

$V-U$ 的顶点可能和 U 的多个顶点相关联，例如，图 10.28(b)的顶点 v，在“拉”入顶点 v 时，为了得到最小生成树，只需要通过权最小的那条边 u_2-v，不需要记忆另外的两条边，因此使用 $d[v]$保存顶点 v 到 U 的最短边的权。

“拉”入的顶点应是 d 值最小的顶点，如图 10.28(c)所示，有 4 个可“拉”入的顶点，应该“拉”入顶点 v。

“拉”入顶点 v 后，顶点 v_1 原来通过边 u-v_1 与 U 关联，权为 11，现在可以通过 v-v_1 与 U 关联，假设权为 6，而且这条边的权更小，需要更改 v_1 的 d 值，如图 10.28(d)所示。

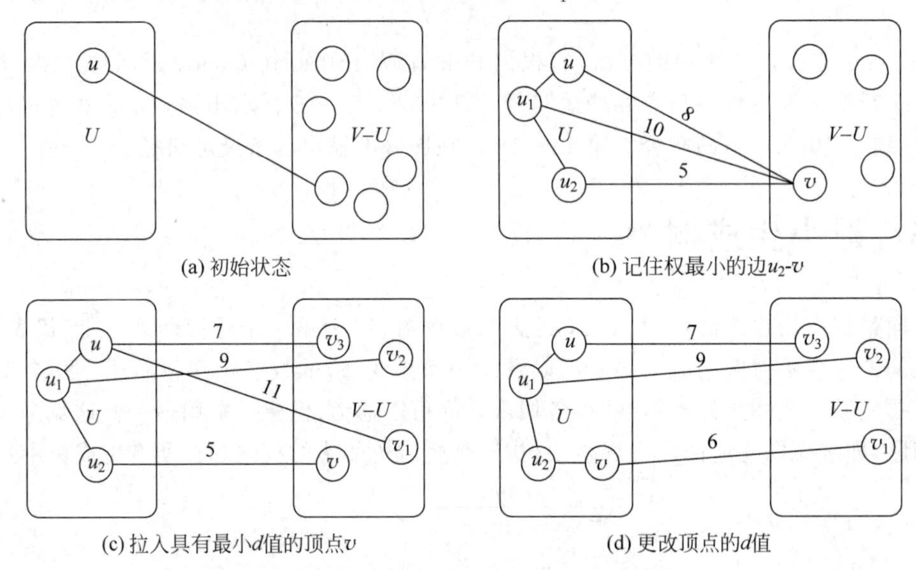

图 10.28　Prim 算法的基本思想示意图

Prim 算法的描述如下：

- $d[]$：进入 U 的最小的权。
- $p[]$：$p[v_j]=v_i$，如果 v_j 通过与 v_i 相邻的边进入 U。
- Q：存放顶点的最小优先级队列，按照 d 值比较大小。

(1) 初始化：$d[v_0]=0, d[v_i]=+\infty$；$p[v_i]=-1$；$U=\varnothing$；$Q=V$。

(2) while $Q\neq\varnothing$。

(3)　　从 Q 取出顶点 u，u 的 $d[u]$最小。

(4)　　$U=U\cup\{u\}$。

(5)　　for u 的邻接点 v，$v\notin U$。

(6)　　　　if $w(u, v)< d[v]$ then $d[v]=w(u, v)$，$p[v]=u$。

以图 10.27 的图 $G7$ 为例，Prim 算法的运行过程如图 10.29 所示。通过设置顶点 a 的 d 值为 0，使 a 成为集合 U 的初始顶点，如图 10.29(a)所示。每次将一条权最小的边以及其关联的顶点添加到子图。顶点 a 通过权为 19、14、18 的 3 条边分别关联顶点 b、e、g，因此通

过边 $a-e$“拉”入顶点 e，如图 10.29(b)所示。“拉”入其他顶点的过程如图 10.29(c)～(g)所示。

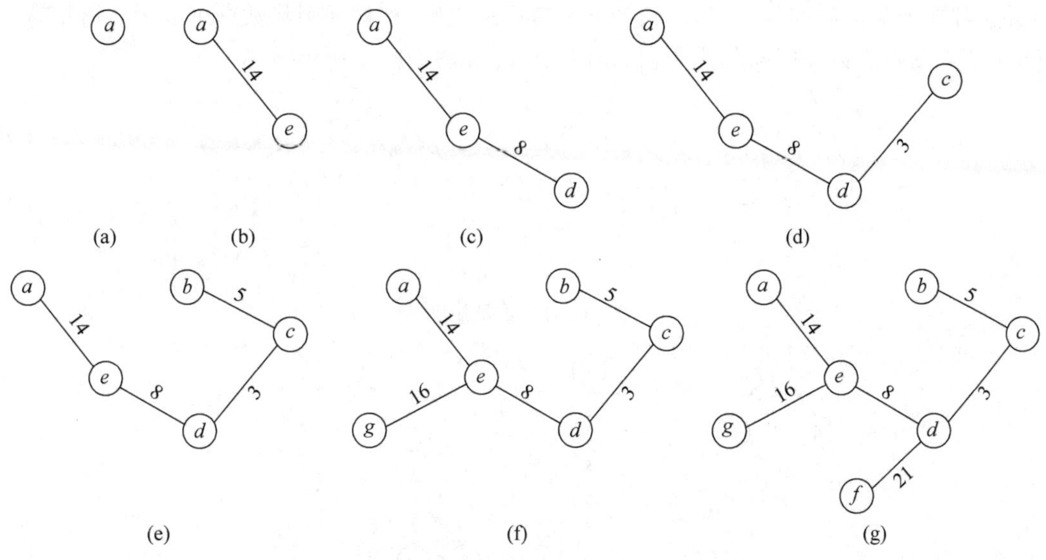

图 10.29 Prim 算法在图 $G7$ 上的运行过程

可参照图 10.26 给出 Prim 算法的数组 d 和 p 的变化过程，不再赘述。Prim 算法的代码与 Dijkstra 算法的代码十分相似，留作练习。

如果采用堆实现优先级队列，Prim 算法的运行时间为 $O(|V|\log|V|+|E|\log|V|)=O(|E|\log|V|)$，分析过程请参见 Dijkstra 算法。如果采用斐波那契堆实现优先级队列，Prim 算法的运行时间可改进为 $O(|V|+|E|\log|V|)$。

10.6.2 不相交集合

一些应用需将具有 n 个元素的集合划分成一组不相交集合。用 S 表示这组不相交集合，即 $S=\{S_1,S_2,\cdots,S_k\}$，$S_i\cap S_j=\varnothing$。每个集合选择某个元素作为其标识。不相交集合有以下操作：

- MAKE-SET(x)：建立一个新的集合。其唯一的成员就是 x，x 作为集合的标识。因为各集合是不相交的，所以要求 x 没有出现于其他集合。
- FIND-SET(x)：返回 x 所属集合的标识。
- UNION(x,y)：合并两个集合。假设包含 x 和 y 的集合分别为 S_x 和 S_y，该操作首先执行 $S_z=S_x\cup S_y$，由于要求各集合是不相交的，因此执行 $S=S-\{S_x,S_y\}\cup\{S_z\}$。

本节采用树-森林实现不相交集合。用树表示集合 S_i，不相交集合就是森林。集合{2,4,6,8}的元素作为树的数据，根作为集合的标识，如图 10.30 所示。

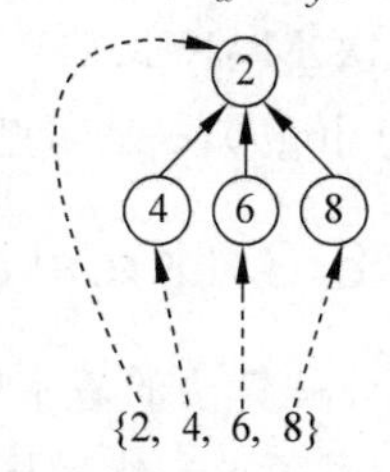

图 10.30 使用树表示集合

MAKE-SET(x)建立只有根的树，根作为集合的标识，所需的时间为 $O(1)$。

FIND-SET(x)从 x 开始，逐层向上查找，直到根，根就是这个元素所属集合的标识。查找操作所需的时间为

$O(h)$，h 是树的高度。

UNION(x,y)首先找到 x 和 y 所属的树，然后将其中的一棵树作为另一棵树的子树，合并两棵树所需的时间为 $O(1)$。树的合并有两种规则，重量规则将数据个数少的树作为子树，高度规则将层数少的树作为子树，如图 10.31 和图 10.32 所示。

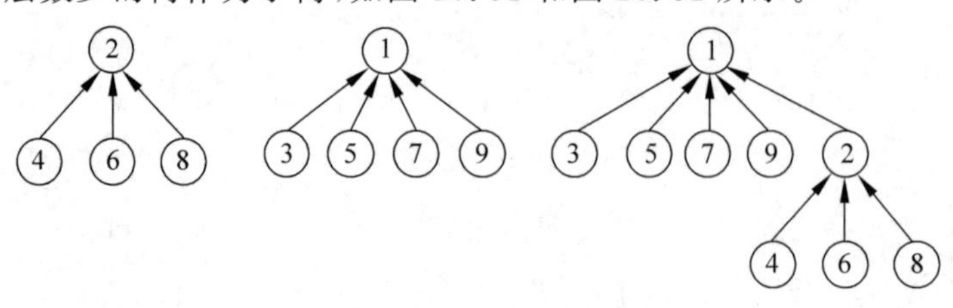

图 10.31　重量规则

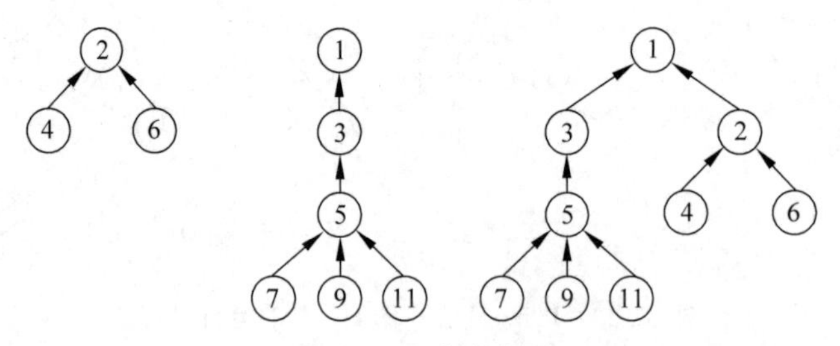

图 10.32　高度规则

为了降低树的高度，查找过程也进行合并，称为查找路径折叠或路径压缩，即将查找数据到根的路径上的所有数据都作为根的子树。如图 10.33 所示，查找 5，则将以 5 和 3 为根的树都作为根的子树。查找路径折叠可与重量规则联合使用。由于使用高度规则会改变树的高度，如果和查找路径折叠联合使用，则不使用具体的高度，而是使用高度的估计值(秩)。

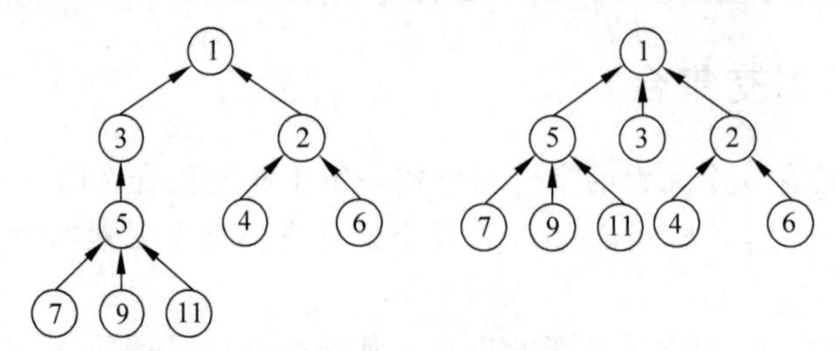

图 10.33　查询路径折叠

不相交集合的典型应用要执行多次合并和查找操作，一般不关心每次操作花费了多少时间，而是关心整体消耗了多少时间，称为**均摊分析**。不相交集合的时间复杂度分析十分复杂，感兴趣的读者请参阅参考文献[10]。一个重要的结论是，假设执行了 n 次 MAKE-SET 操作，m 次 MAKE-SET、FIND-SET 和 UNION 操作，则总的时间为 $O(m\alpha(n))$，其中 $\alpha(n)=O(\log n)$，α 是阿克曼(Ackermann)函数。

10.6.3　Kruskal 算法

Kruskal 算法的基本思想是首先构造具有 n 个连通分量的非连通图 G'，每个连通分量只包含一个顶点。然后从边的集合 E 选择一条权最少的边 e，如果将 e 加入 G' 不形成回路，则将 e 加入 G'，$E=E-\{e\}$，否则，丢弃这条边。继续尝试加入其他边，直到 G' 有 $n-1$ 条边。如何测试是否形成回路是 Kruskal 算法的巧妙之处。

以图 10.27 的图 $G7$ 为例,算法的初始状态如图 10.34(a)所示,有 7 个连通分量,编号为 0～6。选择权最少的边,权为 3,它关联了分属于不同连通分量的顶点 c 和 d,因此加入这条边不会形成回路,加入这条边后,顶点 c 和 d 属于同一个连通分量,编号为 2,如图 10.34(b)所示。选择下一条权最少的边,权为 5,加入这条边,如图 10.34(c)所示。选择下一条权最少的边,权为 7,但它关联的两个顶点 b 和 d 属于同一个连通分量,加入后会形成回路,因此丢弃这条边,继续选择下一条权最少的边,权为 8,加入这条边,如图 10.34(d)所示。继续加入边 a-e 和 g-e,如图 10.34(e)和(f)所示,最小生成树如图 10.34(g)所示。

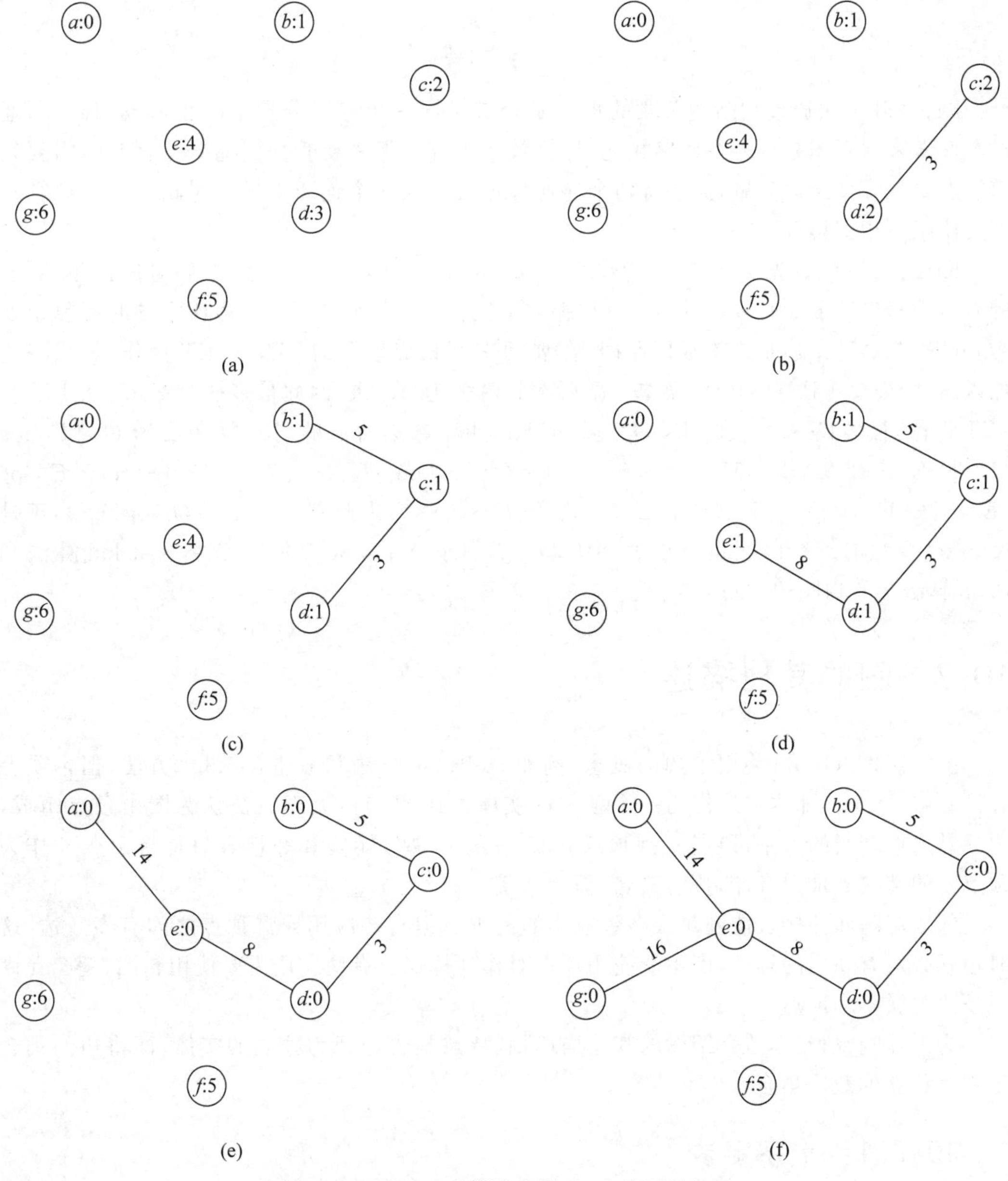

图 10.34　Kruskal 算法在图 $G7$ 上的运行过程

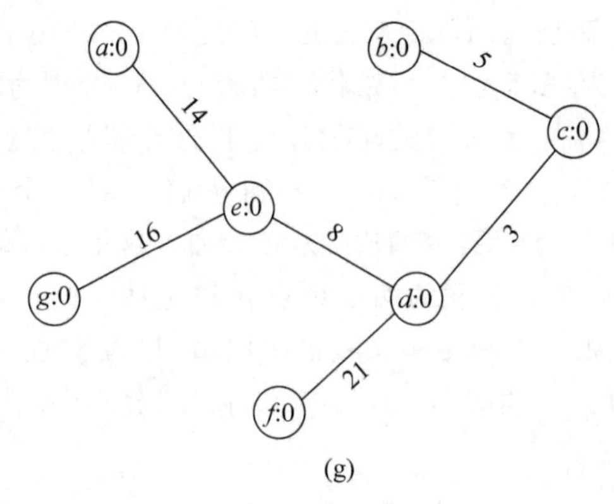

(g)

图 10.34 (续)

Kruskal 算法通过判断边关联的顶点是否属于同一个连通分量来防止形成回路，与通过图搜索来判断图是否存在回路相比，计算效率更高。但需要管理连通分量，例如，需要知道顶点属于哪个连通分量，需要将两个连通分量合并成一个连通分量。因此，Kruskal 算法需要使用不相交集合。

Kruskal 算法首先执行 $|V|$ 次 MAKE-SET 操作构造不相交集合，然后对边排序，需要的时间为 $O(|E|\log|E|)$。后续的每次循环，选择一条当前权最少的边所需的时间复杂度为 $O(1)$，测试这条边是否构成回路时，需要两次不相交集合的 FIND-SET 操作，如果将边加入图，则需要 1 次 UNION 操作。循环次数最多为 $|E|$ 次，因此最多执行 $2|E|$ 次 FIND-SET 操作，最多 $|V|-1$ 次 UNION 操作，Kruskal 算法所需的时间复杂度为 $O(|E|\log|E|+|E|+(2|E|+2|V|-1)\alpha(|V|))=O(|E|\log|E|+|E|\alpha(|V|))=O(|E|\log|E|+|E|\log|V|)=O(|E|\log|E|)$。由于 $|E|<|V|^2$，因此有 $\log|E|=O(\log|V|)$，于是 Kruskal 算法的运行时间也可以表述为 $O(|E|\log|V|)$，从渐进意义讲，Kruskal 算法和 Prim 算法具有相同的时间复杂度。

10.7 图的其他描述

虽然接口 IGraph 使用了边的概念，例如 addEdge 方法和 removeEdge 方法，但本质上并没有像 10.1 节那样将边作为一个独立的实体。10.2 节的处理方法认为图由顶点组成，边只是顶点之间的关系，顶点 u 到顶点 v 有一条边，邻接矩阵和邻接表只是将顶点 v 作为顶点 u 的邻接点加以存储，边有其名，但无其实。

邻接矩阵和邻接表能满足大多数应用的需求。但有些应用允许顶点之间有多条边，这时边就必须有独立的标识，而不能使用顶点对作为标识。有些应用需要使用超图，超图允许一条边关联多个顶点。

为了开阔视野，本节介绍图的其他描述，其特点是将边视为独立的实体，即将边的集合 E 视为独立的数据集合。

10.7.1 十字链表

十字链表(Orthogonal List)分别使用 Vertex 对象和 Arc 对象表示有向图的顶点和弧，

并根据顶点和弧的关联关系将它们连接在一起。

Vertex 类的字段 data 存储顶点的数据，字段 inLink 引用以顶点为头的弧，字段 outLink 引用以顶点为尾的弧。

```
public class Vertex<T, E> {
    T data;
    Arc<E> inLink;
    Arc<E> outLink;
}
```

Arc 类的字段 data 存储弧的数据，字段 tail 和 head 分别是弧关联的尾顶点和头顶点的编号，字段 tailLink 引用以 tail 为尾的下一条弧，字段 headLink 引用以 head 为头的下一条弧。

```
public class Arc<T> {
    T data;
    int tail;
    int head;
    Arc<T> headLink;
    Arc<T> tailLink;
}
```

图 10.35(a)的有向图 $G8$ 的十字链表如图 10.35(b)所示。顶点对应 Vertex 对象，这些 Vertex 对象存储于数组，弧对应 Arc 对象。Vertex 对象有两个单向链表，分别将关联于顶点和关联至顶点的弧连接在一起，通过这两个单向链表，既可以找到顶点关联的弧，也可以找到顶点的邻接点。

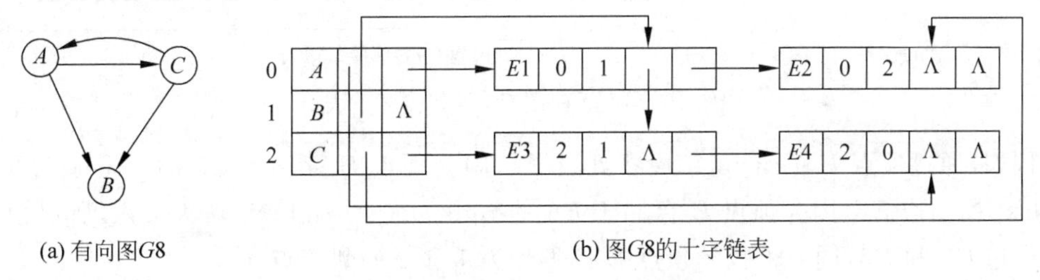

(a) 有向图$G8$ (b) 图$G8$的十字链表

图 10.35 有向图 $G8$ 及十字链表

例如，通过顶点 A 的字段 outLink 找到弧 $E1$，因为顶点 A 是弧 $E1$ 的尾，所以通过字段 tailLink 找到弧 $E2$，因为顶点 A 是弧 $E2$ 的尾，但字段 tailLink 为 null，所以关联于顶点 A 的弧为 $E1$ 和 $E2$，同样的查找过程也找到了顶点 A 的编号为 1、2 的邻接至邻接点。通过顶点 A 的字段 inLink 找到弧 $E4$，因为顶点 A 是弧 $E4$ 的头，字段 headLink 为 null，因此关联至顶点 A 的弧只有 $E4$，同时也找到了顶点 A 的编号为 2 的邻接于邻接点。

10.7.2 邻接多重表

邻接多重表(Adjacency Multi-List)使用 Vertex 对象和 Edge 对象表示无向图的顶点和边，并根据顶点和边的关联关系将它们连接在一起。

Vertex 类的字段 data 存储顶点的数据，字段 next 引用顶点关联的边。

```
public class Vertex<T, E> {
```

```
        T data;
        Edge<E> next;
    }
```

Edge类的字段data存储边的数据，字段left和right分别是边关联的顶点的编号，字段leftNext和rightNext分别引用顶点left和right邻接的下一条边。

```
    public class Edge<T> {
        T data;
        int left;
        int right;
        Edge<T> leftNext;
        Edge<T> rightNext;
    }
```

图10.36(a)的无向图$G9$的邻接多重表如图10.36(b)所示。使用数组存储Vertex对象，使用Edge对象表示边，Vertex对象的单向链表将顶点关联的边连接在一起。通过这个单向链表，既可以找到顶点关联的边，也可以找到顶点的邻接点。

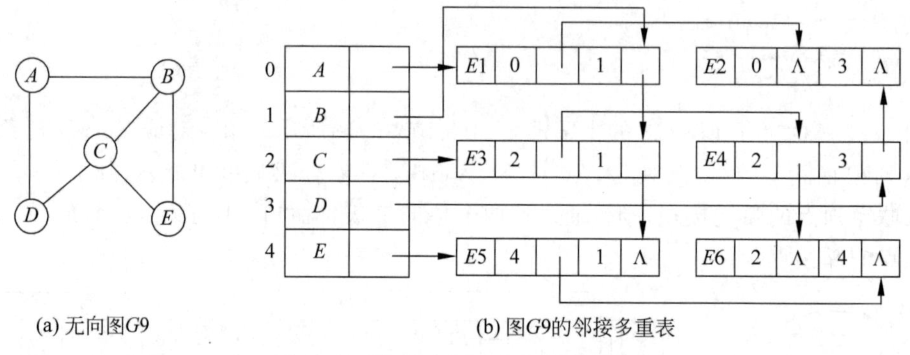

图10.36 无向图$G9$及邻接多重表

例如，通过顶点E的next字段找到边$E5$，因为顶点E存储于$E5$的left，通过$E5$的leftNext找到边$E6$，因为顶点E存储于$E6$的right，$E6$的rightNext为null，所以顶点E关联了边$E5$和$E6$，同时也找到顶点E的编号为1和2的邻接点。

小结

图是一种应用广泛的数学模型。在很多实际应用中，可以将边视为顶点之间的邻接关系，用边关联的顶点对作为边的标识。图的描述一般采用邻接矩阵和邻接表，邻接矩阵和邻接表存储了顶点的邻接点。邻接矩阵适用于稠密图，邻接表适用于稀疏图。

图的算法十分丰富，图的搜索是最基本的算法。广度优先搜索是在所有路径上进行齐头并进式的搜索，深度优先搜索是不断扩展一条路径进行搜索，当无法继续扩展时，回退到其他的路径继续搜索。

有些应用要将边作为独立的概念，这时需要使用十字链表、邻接多重表。

本章的核心是综合运用前面学习的数组描述、链式描述作为图的描述，使用线性表、栈、队列、优先级队列、树等数据结构实现图的算法。

习题

1. 选择题

(1) 顶点 v 在有向图的邻接表出现的次数是（　　）。

A. 顶点 v 的度　　B. 顶点 v 的出度

C. 顶点 v 的入度　　D. 依附于顶点 v 的边数

(2) 用邻接表存储图所用的空间大小（　　）。

A. 与图的顶点数和边数都有关

B. 只与图的边数有关

C. 只与图的顶点数有关

D. 与边数的平方有关

(3) 对邻接表的叙述中，（　　）是正确的。

A. 无向图的邻接表中，第 i 个顶点的度是第 i 个单向链表的结点数的 2 倍

B. 邻接表比邻接矩阵的操作更简单

C. 邻接矩阵比邻接表的操作更简单

D. 求有向图顶点的度必须遍历整个邻接表

(4) 判断图的任意两个顶点之间是否有边（或弧）相连，适用的图的描述是（　　）。

A. 邻接矩阵　　B. 邻接表　　C. 十字链表　　D. 邻接多重表

(5) 无向图的邻接矩阵是（　　）矩阵。

A. 下三角　　B. 上三角　　C. 稀疏　　D. 对称

(6) 用邻接表表示图进行深度优先遍历时，通常采用（　　）实现算法。

A. 栈　　B. 队列　　C. 树　　D. 图

(7) 采用邻接表存储有 n 个顶点和 e 条边的图，则拓扑排序算法的时间复杂度为（　　）。

A. $O(n)$　　B. $O(n+e)$　　C. $O(n^2)$　　D. $O(n^3)$

(8) 对图 $G10$ 进行拓扑排序，得到的拓扑序列可能是（　　）。

A. 3,1,2,4,5,6　　B. 3,1,2,4,6,5

C. 3,1,4,2,5,6　　D. 3,1,4,2,6,5

(9) 对图 $G11$ 进行拓扑排序，可以得到不同拓扑序列的个数是（　　）。

A. 4　　B. 3　　C. 2　　D. 1

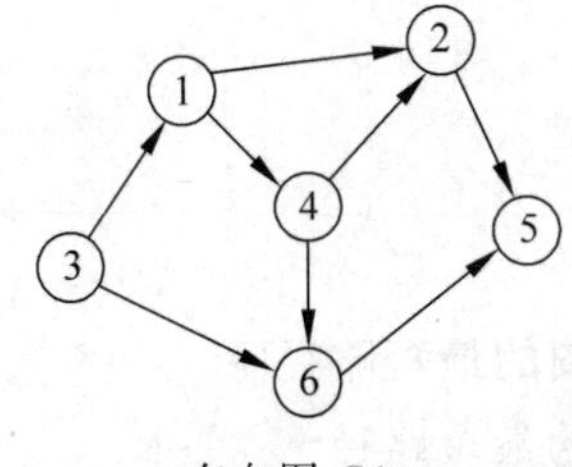

有向图 $G10$

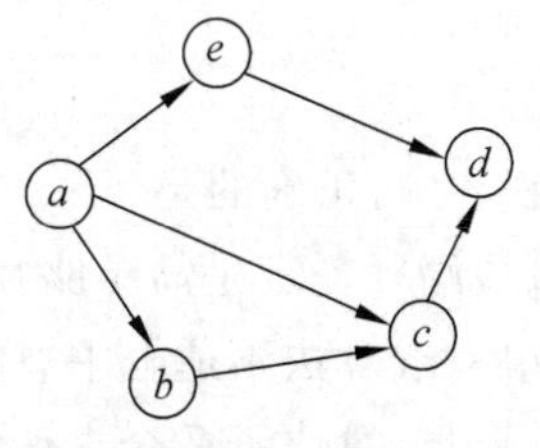

有向图 $G11$

(10) 有关图的路径的定义，表述正确的是(　　)。

A. 路径是顶点和相邻顶点偶对构成的边所形成的序列

B. 路径是图中相邻顶点的序列

C. 路径是不同边所形成的序列

D. 路径是不同顶点和不同边所形成的集合

(11) 使用 Prim 算法和 Kruskal 算法构造图的最小生成树，所得到的最小生成树(　　)。

A. 相同　　B. 不相同

C. 可能相同，也可能不同　　D. 无法比较

(12) 在具有 n 个顶点的图 G 中，若最小生成树不唯一，则(　　)。

A. G 的边数一定大于 $n-1$　　B. G 的权最小的边一定有多条

C. G 的最小生成树的代价不一定相等　　D. 以上选项都不对

(13) 下列关于最小生成树的叙述中，正确的是(　　)。

A. 最小生成树的代价唯一

B. 所有权最小的边一定会出现在全部的最小生成树中

C. 使用 Prim 算法从不同的顶点开始得到的最小生成树一定相同

D. 使用 Prim 算法和 Kruskal 算法得到的最小生成树总不相同

(14) 任何一个带权无向连通图的最小生成树(　　)。

A. 有一棵或多棵　　B. 只有一棵

C. 一定有多棵　　D. 可能不存在

(15) 求带权无向连通图 $G12$ 的最小生成树时，可能是 Kruskal 算法第 2 次选中，但不是 Prim 算法(从顶点 V_4 开始)第 2 次选中的边是(　　)。

A. (V_1, V_3)　　B. (V_1, V_4)　　C. (V_2, V_3)　　D. (V_3, V_4)

(16) 使用 Kruskal 算法求图 $G13$ 的最小生成树，加入最小生成树中的边依次为(　　)。

A. $(b,f),(b,d),(a,e),(c,e),(b,e)$

B. $(b,f),(b,d),(b,e),(a,e),(c,e)$

C. $(a,e),(b,e),(c,e),(b,d),(b,f)$

D. $(a,e),(c,e),(b,e),(b,f),(b,d)$

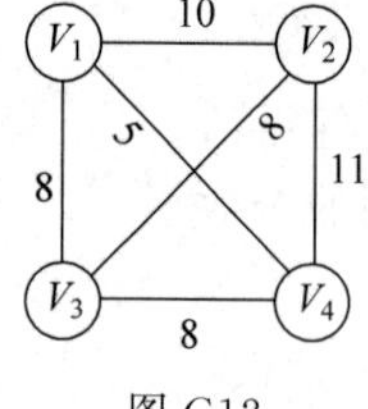

图 $G12$

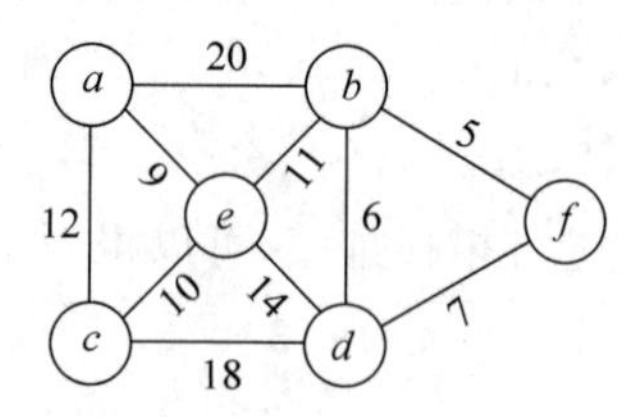

图 $G13$

(17) 以下叙述中，正确的是(　　)。

A. 最短路径一定是简单路径

B. Dijkstra 算法不适合求有回路的带权图的最短路径

C. Dijkstra 算法不适合求任意两个顶点的最短路径

D. Dijkstra 算法适合求权任意的带权图的最短路径

(18) 使用 Dijkstra 算法求图 $G14$ 的顶点 a 到其他顶点的最短路径，则得到的第一条最短路径的目标顶点是 b，第二条最短路径的目标顶点是 c，后续得到的其余各最短路径的目标顶点依次为(　　)。

A. d,e,f　　B. e,d,f　　C. f,d,e　　D. f,e,d

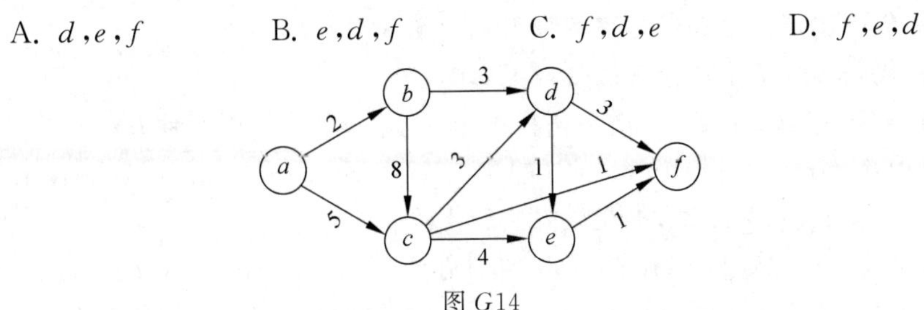

图 $G14$

2. 填空题

(1) 已知一个图的邻接矩阵，删除所有从顶点 i 出发的边的方法是________。

(2) 若一个无向图的邻接表有 m 个邻接点，则图的边数为________。

(3) 为了实现图的广度优先搜索，除了一个数组标记已访问的顶点外，还需________存放顶点以实现搜索。

(4) n 个顶点的无向连通图的邻接矩阵至少有________个非 0 元素。

(5) 拓扑排序产生的拓扑序列的最后一个顶点必定是________的顶点。

(6) 已知一个无向图 $G=(V,E)$，其中 $V=\{a,b,c,d,e,f\}$，$E=\{(a,b),(a,d),(a,c),(d,c),(b,e)\}$。

现用某种图的搜索算法从顶点 a 开始搜索，得到的序列为 $abecd$，则采用的是________搜索方法。

(7) 已知一个无向图 $G=(V,E)$，其中 $V=\{a,b,c,d,e,f\}$，$E=\{(a,b),(a,e),(a,f),(b,c),(c,d),(e,c),(b,e)\}$，该图的邻接矩阵包含的 1 的个数为________。

(8) 具有 n 个顶点的无向图，边数最多为________。

(9) n 个顶点的无向连通图的连通分量个数为________。

(10) n 个顶点的有向图，每个顶点的出度最多为________。

(11) 一个有 n 个顶点和 e 条边的连通图的生成树有________条边。

(12) 带权无向连通图的最小生成树的代价是________。

(13) 如果带权有向图的权可以为负数，则应该使用________算法求单源点最短路径。

(14) 如果带权有向图中没有回路，则应该使用________算法求单源点最短路径。

(15) Dijkstra 算法、Prim 算法和 Kruskal 算法属于________算法。

(16) 在求解最短路径和最小生成树时，使用树的________描述保存生成树。

3. 应用题

(1) 画出图 $G4$ 的邻接矩阵和邻接表。

(2) 画出图 $G5$ 的邻接矩阵和邻接表。

(3) 求图 $G4$ 从顶点 A 出发的深度优先搜索和广度优先搜索的顶点序列。

(4) 求图 $G5$ 从顶点 B 出发的深度优先搜索和广度优先搜索的顶点序列。

(5) 求图 $G4$ 从顶点 A 出发进行深度优先搜索和广度优先搜索产生的生成树。

(6) 简单路径是指没有重复顶点的路径，例如图 $G4$ 的 $BAEI$，但 $BACHDAEI$ 不是简单路径，因为出现了两个顶点 A。求图 $G4$ 的顶点 B 到顶点 I 之间的所有简单路径。

(7) 编写代码实现基于邻接表的无向图。

(8) 编写代码实现基于邻接矩阵的带权无向图。

(9) 编写代码实现基于邻接表的带权无向图。

(10) 为类 GraphAlgorithms 增加拓扑排序的方法，要求使用两种方法。

(11) 修改类 GraphAlgorithms 的方法：private void rdfs(int v)为 private void rdfs(int, Consumer<T>)，并测试，提交该方法的代码。

(12) 为类 LinkedListDirectedGraph 增加方法：public AjacencyMatrixDirectedGraph toMatrixGraph()，该方法将基于邻接表存储的有向图转换为基于邻接矩阵存储的有向图。

(13) 为类 AjacencyMatrixDirectedGraph 增加方法：public LinkedListDirectedGraph toLinkedListGraph()，该方法将基于邻接矩阵存储的有向图转换为基于邻接表存储的有向图。

(14) 将类 AjacencyMatrixDirectedGraph 的以下语句：

```
private int[][] edges;
```

替换成：

```
private ArrayList<ArrayList<Integer>> edges;
```

调试各方法。

(15) 将类 LinkedListDirectedGraph 的以下语句：

```
private Object[] edges;
```

替换成：

```
private ArrayList<LinkedList<Integer>> edges;
```

调试各方法。

(16) 编写代码实现基于十字链表的有向图。

(17) 编写代码实现基于邻接多重表的无向图。

(18) 实现 Bellman-Ford 算法，作为类 GraphAlgorithms 的方法。

(19) 实现 Prim 算法，作为类 GraphAlgorithms 的方法。

(20) 编写代码实现不相交集合。

(21) 实现 Kruskal 算法，作为类 GraphAlgorithms 的方法。

参考文献

[1] KNUTH D E. The Art of Computer Programming Volume1: Fundamental Algorithms[M]. Third Edition. 北京：机械工业出版社，2008.

[2] KNUTH D E. The Art of Computer Programming Volume2: Sorting and Searching[M]. Second Edition. 北京：机械工业出版社，2008.

[3] HOROWITZ E，SAHNI S. Fundamentals of Data Structures[M]. Woodland Hills: Computer Science Press，1976.

[4] GOTLIEB C C，GOTLIEB L R. Data Types and Structures[M]. New Jersey: Prentice-Hall，Inc.，1978.

[5] BARON R J，SHAPIRO L G. Data Structures and Their Implementation[M]. New York: Van Nostrand Reinhold Company，1980.

[6] 严蔚敏，沈佩娟，等. 数据结构[M]. 北京：国防工业出版社，1981.

[7] AHO A V，HOPCROFT J E，ULLMAN J D. Data Structures and Algorithms[M]. Boston: Addison-Wesley Publishing Company，1987.

[8] 严蔚敏，吴伟民. 数据结构(C语言版)[M]. 北京：清华大学出版社，1997.

[9] WEISS M A. 数据结构与问题求解Java语言描述[M]. 翁惠玉，严骏，等译. 3版. 北京：人民邮电出版社，2006.

[10] CORMEN T H，LEISERSON C E，RIVEST R L，等. 算法导论[M]. 潘金贵，顾铁成，李成法，等译. 2版. 北京：机械工业出版社，2007.

[11] SAHNI S. 数据结构、算法与应用C++语言描述[M]. 王立柱，刘志红，译. 2版. 北京：机械工业出版社，2015.

[12] 陈守孔，胡潇琨，李玲，等. 算法与数据结构考研试题精析[M]. 4版. 北京：机械工业出版社，2020.

图书资源支持

感谢您一直以来对清华版图书的支持和爱护。为了配合本书的使用，本书提供配套的资源，有需求的读者请扫描下方的"书圈"微信公众号二维码，在图书专区下载，也可以拨打电话或发送电子邮件咨询。

如果您在使用本书的过程中遇到了什么问题，或者有相关图书出版计划，也请您发邮件告诉我们，以便我们更好地为您服务。

我们的联系方式：

地　　址：北京市海淀区双清路学研大厦 A 座 714

邮　　编：100084

电　　话：010-83470236　010-83470237

客服邮箱：2301891038@qq.com

QQ：2301891038（请写明您的单位和姓名）

资源下载：关注公众号"书圈"下载配套资源。

资源下载、样书申请

书圈

图书案例

清华计算机学堂

观看课程直播